プログラミングの教科書

Standard Textbook of Programming Language

かんたん

Visual C++

堀義博 著 Yoshihiro Hori

改訂3版

技術評論社

●注意事項

本書に記載された内容は、情報の提供のみを目的としております。したがって、本書を用いた運用は、必ずお客様ご自身の責任と判断によって行ってください。これらの情報の運用結果について、著者および技術評論社はいかなる責任も負いません。あらかじめ、ご了承ください。

本書掲載のプログラムは下記の環境で動作検証を行っております。

OS	Windows 11 Pro 22H2
開発環境	Visual Studio Community 2022
Framework	.NET 6.0.402

なお、本書の記載内容は、2022 年 10 月末日現在のものを掲載しておりますので、ご利用時には変更されている場合もあります。また、ソフトウェアはバージョンアップされる場合があり、本書での説明と機能内容や画面図などが異なってしまうこともありえます。本書ご購入の前に、必ずバージョンをご確認ください。

●補足情報

本書の正誤情報などの補足情報は弊社ウェブページに掲載させていただいております。ご確認いただけるようお願いします。

http://gihyo.jp/book/2022/978-4-297-13126-5

●サンプルファイル

本書の解説で使用したサンプルファイルは、以下のページよりダウンロードできます。ご使用の環境に合わせて文字コードを変更してご利用ください。

http://gihyo.jp/book/2022/978-4-297-13126-5/support

- サンプルプロジェクト ……… 本誌で作成したプロジェクト一式
  - 4 章
  - 5 章
  - 6 章
- 練習問題プロジェクト ……… 練習問題で作成したプロジェクト一式
  - 4 章
  - 5 章
  - 6 章

はじめに

改訂二版では Visual Studio 2017 を対象に執筆しましたが、執筆当時は Visual Studio 2017 が出始めたばかりで、Visual Studio をアップデートするとユーザーインターフェースが変更されていて書き直したり、使用していた PC が悪かったせいか非常に不安定でビルドするのにも困っていたことを思い出します。

その 2 年後に発表された Visual Studio 2019 では、プリコンパイル済ヘッダーが変更されたことにより改訂二版のソースとの乖離が発生し、Visual Studio 2019 上で学習するには支障がある状態でした。それでも MFC や .NET Framework はほぼ変わりなく使用できる状態でしたので、読み替えれば対応できる状態でした。

Visual Studio 2022 では .NET Framework から .NET に転換したいわゆる「破壊的変更」により、Visual C++ は他プログラミング言語とは異なる道を歩むことになりました。.NET Framework は現在でも使用することはできますが、今後は .NET が主流になっていくことから .NET 上で Visual C++ ができることを 16 章で書いてみました。改訂二版からの大きな変更点として 17 章に Windows ランタイムを追加しています。Windows ランタイムは応用的に .NET につながっていく技術となります。従来の UWP ランタイムと比較するとまだカバーできていない機能もありますが、.NET の更新が進むにつれ解消されることでしょう。

MFC については、Visual Studio 2022 ではユーザーインターフェースが変わり、「何でそんなところまで変わったの？」と思うようなところも見受けられました。コンパイラの変更による影響を受け、ソースコードに多少変更を加えた箇所がありますが、内容自体あまり変えていません。

Visual Studio のバージョンが変わる度に多少なりに影響が出ているので、サポートのためのブログを立ち上げることを検討しています。本書もあまり変わってないからと油断して変更し忘れていた箇所があればサポート出来たらいいな、と思っています。

本書は MFC のプログラミングを学ぶことをメインとしていますが、Windows アプリ開発でよく使われる技術も説明しています。本書を通して、読者の皆様の何かしらのお役に立てれば幸いです。

2022 年 10 月末　堀 義博

目次 Standard Textbook of Programming Language

1章 Visual C++ とは

2章 Visual C++ プログラミングの基礎

3章 Visual C++ 特有の言語仕様

4章 MFC プロジェクトの作成

5章 コードウィザード

8章 コモンコントロール

9章 デバイスコンテキスト

10章 MFCの仕組み

11章 SDI/MDI アプリケーション

12章 スレッド

13章 ソケット

14章 Windows API

15章 ダイナミックリンクライブラリ

16章 C++/CLI プログラミング

1章

Visual C++とは

本書はVisual C++を利用したプログラミングの方法について学んでいきます。
はじめに、Visual C++がどういった特徴を持った言語なのかを説明します。

01 Visual C++とは

Keyword ☑ Visual C++の特徴

Visual C++の特徴

　マイクロソフトは、特定のプログラミング言語に依存することなくアプリケーション開発が行える「.NET Framework」を2002年から展開しています。.NET Framework上で動作するアプリケーションを開発する場合、どのプログラミング言語を選択しても同じように開発することができるようになりました。

　また、Windows以外のOS上で動作するアプリケーションを開発するクロスプラットフォームフレームワークとして「.NET」を2016年から展開しています（.NETの中には.NET Frameworkも含まれていますが、.NET FrameworkはWindows OSに限定したフレームワークです）。

▼図1-1　.NETがサポートするOSとプログラミング言語の関係

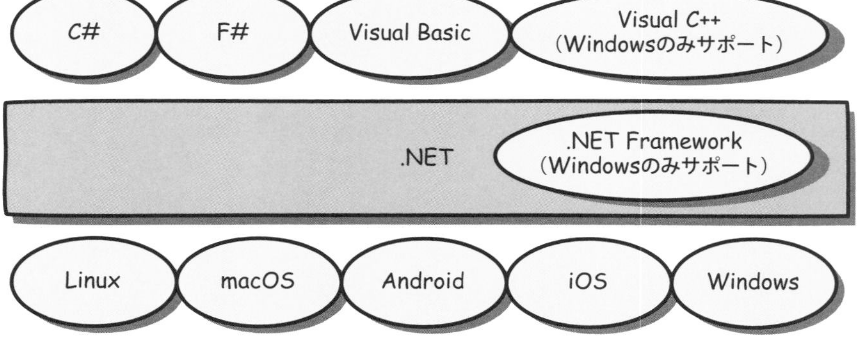

.NETが正式にサポートするプログラミング言語はC#、F#、Visual Basicとなっており、Visual C++は含まれていません。その理由は、Visual C++はWindows OSに限定したアプリ開発で利用されることが前提となり、クロスプラットフォームで開発することができないからです。

Visual C++が他プログラミング言語と大きく異なる点として、.NETに依存しないアプリケーションが作成可能なことがあげられます。C#、F#、Visual Basicは.NET上で動作するアプリケーションしか作成できませんが、Visual C++であればWindows OSのみの動作に限定されますが、.NETのアプリケーションと、.NETに依存しないアプリケーションの両方を作成することができます。

Visual C++はどのような場面で使えばいいのか？

それでは、どのような場面でVisual C++を選択すればいいでしょうか？

本書でVisual C++を学ぼうとしている読者の皆様がWindowsの本質を理解したいのであれば、.NETを利用しないコードを書くことをおすすめします。本書では**Microsoft Foundation Class（以下、MFC）**と呼ばれるクラスを利用したアプリケーション作成方法を中心に解説していきます。MFCを学ぶことでWindowsの根本的な動作を少しずつ学ぶことができるようになるでしょう。

.NETではGUIなどで使用するコントロール群をはじめ、必要なユーティリティが多岐に渡って用意されているため、比較的短期間でアプリケーションを作成することができます。一見、.NETさえあれば必要なアプリケーションはすべて作成できると思われがちですが、すべてのライブラリが.NETに同梱されているわけではありません。たとえば、iniファイルの読み書き処理を実装したい場合や、パソコンとの周辺機器接続に使用するドライバを開発する場合は、.NETにある情報だけでは開発することができません。

.NETでは対応していないアプリケーションを作成することになった場合、**Windows API（Application Programming Interface）**やMFCといったOSと直接対話できるライブラリ群を別途使用する必要があります。

Visual C++を活用すればWindows OSのすべての機能を使うことができる、と言っても過言ではありません。

Microsoft OfficeやAdobe Acrobat Readerなど、私たちが日頃よく利用するアプリケーションはVisual C++を利用して作られたものがほとんどです。まだまだVisual C++が活躍する場面は多いのではないでしょうか。

使用するプログラミング言語

Visual C++で使用する主なプログラミング言語は、その名の通りC++言語になります。C++言語はC言語を拡張して作成されたプログラミング言語ですので、C 言語も使用することができます。そのため、C言語やC++言語の習得にVisual C++を利用することができます。C言語やC++言語の概要は**2章**を参照してください。

本書では.NETに対応したアプリケーションを作成するために、**C++/CLI（Common Language Infrastructure: 共通言語基盤）**というプログラミング言語を使用します。C++/CLIの概要は**16章**を参照してください。

また、主にユニバーサルWindowsプラットフォーム（UWP）アプリを開発するための**C++/WinRT**というプログラミング言語も使用します。C++/WinRTの概要は**17章**を参照してください。

02 マネージコードとアンマネージコード

Keyword　☑ マネージコード　☑ アンマネージコード

マネージコード・アンマネージコードとは？

Windows OS上で動作するプログラムコードは、マネージコードとアンマネージコードの2つの種類に分けることができます（図1-2）。

マネージコードとは、.NET上でのみ動作するコードのことを指します。

アンマネージコードとは、.NETに依存せずにWindows OS上で直接動作するコードのことを指します。

この節では、マネージコードとアンマネージコードの特徴、動作の違い、短所・長所について紹介していきます。

▼図1-2　Windows OS上で動作するコードの種類

マネージコードの使われ方

マネージコードで作成されたプログラムは、各種プログラミング言語のコンパイラを使用してコンパイルを行うと、**MSIL（Microsoft Intermediate Language）**と呼ばれる中間コードに変換されます。マネージコードとはこの中間コードのことを指します。中間コードは.NETの**共通言語ランタイム（CLR：Common Language Runtime）**環境上で実行可能な形式になっています。

MSILは実行時に**JIT（Just In Time）**コンパイラと呼ばれるコンパイラにより、OS上で実行可能なコードに変換されます。この実行可能コードのことを**ネイティブコード**と言います。ネイティブコードは.NETによって管理され、CPU上で識別できるようになっています。

▼図1-3　マネージコードの実行

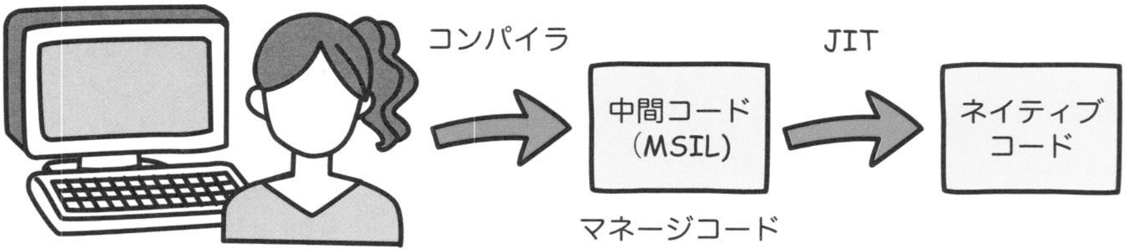

アンマネージコードの使われ方

アンマネージコードアプリケーションは、コンパイラによりWindows OSで直接実行可能なコード（ネイティブコード）に変換されます。このようにして変換されたネイティブコードは.NET上で管理されないことから、アンマネージコードとも呼ばれます。

▼図1-4　アンマネージコードの実行

NET Frameworkが登場する以前はVisual C++ではWindows APIやMFCを利用してプログラミングをし、ネイティブコードを出力するのが一般的でした。このプログラミングスタイルは.NET Framework登場以降も続く伝統的なものとなっています。

マネージコードとアンマネージコードの違い

ところで、アンマネージコードとマネージコードはコードの変換形式と実行方法の他に、どのような違いがあるでしょうか？

アンマネージコードは、特にVisual C++のような言語になると厳密なメモリ管理をアプリケーション内で行う必要があります。メモリ管理を誤ると、**メモリリーク**と呼ばれる許容量を大きく超えたことを示すエラーを発生させたり、最近よく聞かれるコンピュータウイルスに侵入される原因になります。

それに対し、マネージコードはメモリ管理を行ってくれる機能（**ガベージコレクタ**）が.NETに用意されているため、アンマネージコードよりも厳密にメモリ管理を行う必要がないという特徴を持っています。

マネージコードとアンマネージコードの違いや長所／短所を十分理解した上で、作成するアプリケーションの用途に合わせて、どちらを利用すべきかを検討する必要があります。

表1-1にマネージコードとアンマネージコードの比較を示します。

▼**表1-1 マネージコードとアンマネージコードの比較**

	マネージコード	アンマネージコード
開発	易しい	難しい
開発期間	短い	長い
動作速度	同じ	同じ （マネージコードより速くなる場合もある）
安全性	高い	低い
メモリ管理	自動	手動
生成コード	中間コード	ネイティブコード
実行	.NET上	Windows OS直接
依存	.NETに依存	OSに依存
歴史	先進的	伝統的

表1-1からアンマネージコードのほうに欠点が多いように思われます。実際にVisual C++を使用したアンマネージコードの開発は、Visual BasicやVisual C#を使用したマネージコードの開発よりも難しいです。しかし、昔からあるアンマネージコードをすべてマネージコードに置き換えるよりも、コードを再利用して新しいアプリケーションを作成した方が良い場合もあります。

Visual C++は古いコードを再利用しやすい言語ですので、このプログラミング言語を使用する価値はあります。

03 開発環境の入手とインストール

Keyword ☑ Visual Studio

Visual Studioの入手

この節ではVisual Studioを入手してVisual C++でプログラミングを行う準備を行います。2021年11月にリリースされたVisual Studio 2022の提供形式（エディション）は下位から、無償のCommunity、有償のProfessional、Enterpriseがあります。

MFCを利用したアプリケーション開発は、Visual Studio 2015以降から無償のCommunityエディションでも開発できるようになりました。本書ではVisual Studio Community 2022を使用する前提で説明していきます。

Visual Studio Communityはインターネットからダウンロードして入手します。ブラウザで以下のサイトにアクセスします。

```
https://www.visualstudio.com/ja/free-developer-offers/
```

アクセスすると**図1-5**のように表示されますので、左下の「Visual Studio Community」の「無料ダウンロード」をクリックします。

▼図1-5　Visual Studio Communityのダウンロードサイト

クリックするとセットアップ用の実行ファイルのダウンロードが始まります（図1-6）。

▼図1-6　Visual Studio Communityのダウンロード

Visual Studio Community 2022 のインストール

前項でダウンロードしたファイルを実行し、インストールを行います。インストール開始時に**図1-7**のような画面が表示されますので[続行]ボタンを押します。

▼**図1-7　インストール開始時の画面**

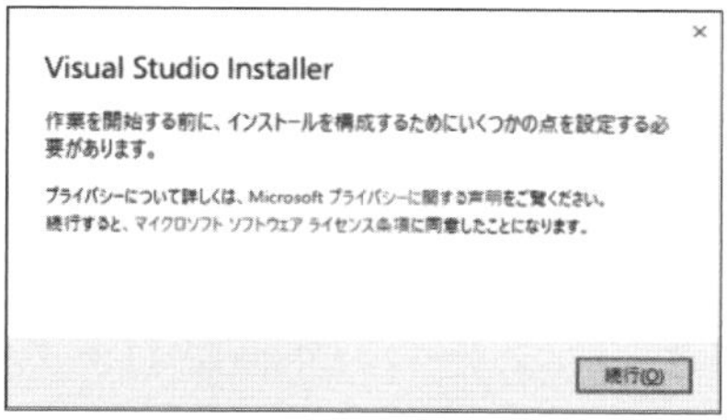

しばらくすると**図1-8**のような画面が表示されます。本書で使用する「ワークロード」を選択してインストールを進めます。

画面左側の「C++によるデスクトップ開発」をチェックし、画面右側の「オプション」で「**最新のv143ビルドツール用C++ MFC (x86とx64)**」を追加します。また、**16章**の「C++/CLIプログラミング」で必要となる「NETデスクトップ開発」をチェックします。**17章**の「C++/WinRTプログラミング」で必要となる「ユニバーサルWindowsプラットフォーム開発」もチェックしてください。画面下側でインストールする「場所」を必要に応じて変更します。

▼図1-8　インストールの選択画面

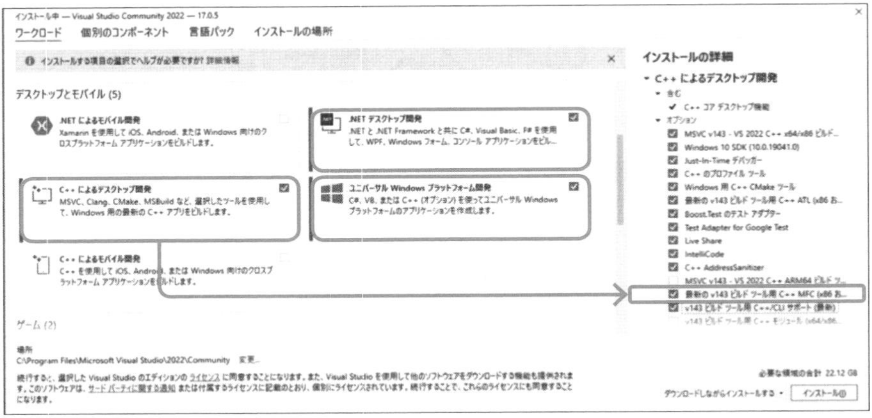

画面右下の[インストール]ボタンを押すと、インストールが開始されます。

Visual Studioの起動

Visual Studio を起動するには、Windows 11の場合、[スタート]メニューから[すべてのアプリ]をクリックして、[Visual Studio 2022]を選択します(図1-9)。

▼図1-9　Visual Studioの起動

Visual Studio起動時にVisual Studioへのサインイン画面が表示されます（**図1-10**）。

▼図1-10　Visual Studioへのサインイン

サインイン画面上に記載されている機能を使用したい場合は、Microsoftアカウントと呼ばれるオンラインアカウントを使用してサインインします。使用する必要がなければサインインせずに、「後で行う」をクリックしてください。サインインをしなくても継続して使用することができます。

手続きが完了すると、**図1-11**のような画面が表示されます

▼図1-11　環境設定

この画面は最初の起動時にしか表示されません。各プログラミング言語に適したVisual Studioの環境設定と配色テーマを選択することができます。**図1-11**が画面の初期状態ですが、本書では「開発設定」に［Visual C++］、「配色テーマの選択」に［システム設定の使用］を選択してから、［Visual Studioの開始］をクリックした前提で進めていきます。ボタンを押すと**図1-12**のような画面が表示されます。

▼図1-12　Visual Studio起動後の画面

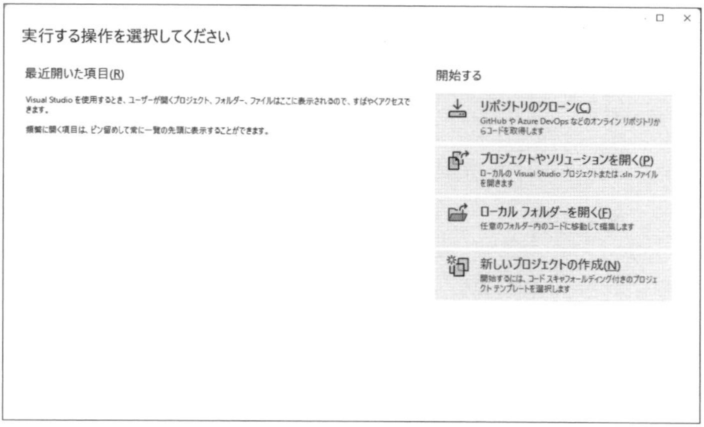

Visual Studioでプロジェクトを作成する

Visual Studioではプロジェクトとソリューションという単位でプログラムを管理しています。

プロジェクトは実行ファイル(.exe)やダイナミックリンクライブラリ(**15章**で説明します)などの、プログラムを作成する単位で管理しています。プロジェクトは複数のヘッダーファイルやソースファイルなどで構成されています。

ソリューションは複数のプロジェクトをまとめて管理しています。複雑なアプリケーションは複数のプロジェクトで構築されるものもあります。このような場合、ソリューションを使用して複数のプロジェクトをまとめることができます。

それでは、Visual Studioでプロジェクトを作成する方法を見ていきましょう。図1-12の画面から[新しいプロジェクトの作成]を選択します(**図1-13**)。

▼**図1-13　新しいプロジェクトの作成**

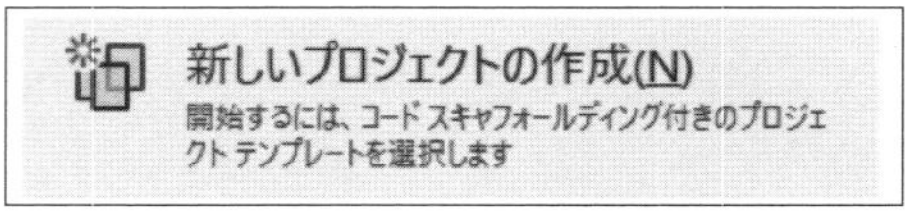

［新しいプロジェクトの作成］を選択すると、「新しいプロジェクトの作成」画面が表示されます（**図1-14**）。

▼**図1-14　「新しいプロジェクトの作成」画面**

それではコンソールアプリ用のプロジェクトを作成してみましょう。

これから開発するアプリに適したテンプレートを選択するために、「新しいプロジェクトの作成」画面の上中央のコンボボックスを変更します。［すべての言語］を［C++］に、［すべてのプラットフォーム］を［Windows］に、［すべてのプロジェクトの種類］を［コンソール］にそれぞれ変更してください。コンボボックスで選択した項目で利用可能なテンプレートの一覧が表示されましたね？ ここでは［コンソールアプリ］を選択してください。テンプレートの説明文によると、コンソールに「Hello World」が出力されるテンプレートが作成されるようです。

右下の［次へ］ボタンを押すと、**図1-15**のような「新しいプロジェクトを構成します」画面が表示されます。

▼**図1-15 「新しいプロジェクトを構成します」画面**

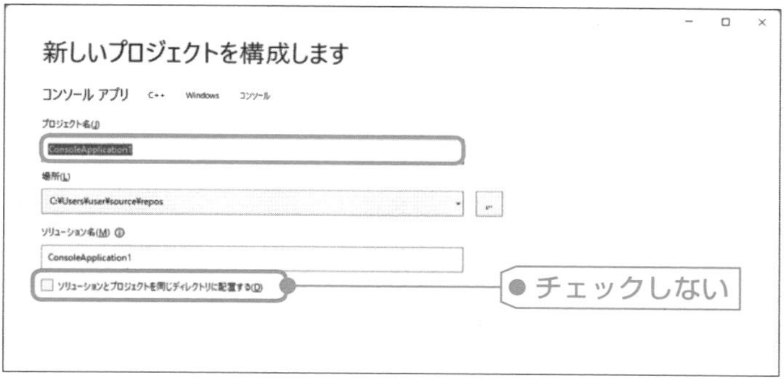

［名前］に「ConsoleApplication1」、［場所］にプロジェクトを保存する場所を入力し、［ソリューションとプロジェクトを同じディレクトリに配置する］をチェックしないで[作成]ボタンをクリックします。

プロジェクト作成後に**図1-16**のような画面が表示されます。ConsoleApplication1プロジェクトを作成すると、作成されたファイルが①のソリューションエクスプローラに表示されます。②はコードエディターと呼ばれ、ソースコードの表示や編集を行うことができます。ソリューションエクスプローラで表示されているファイル名をダブルクリックすると、コードエディターにソースコードを表示することができます。

▼図1-16　作成されたプロジェクト

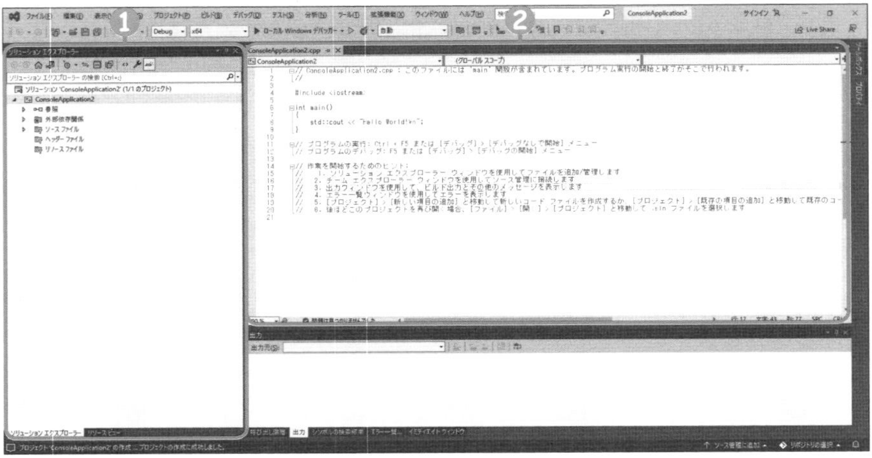

プロジェクトのビルド

実行可能なファイルを生成するためにビルドを実行します。ビルドを実行するには、Visual Studioの［ビルド］メニューから［ソリューションのビルド］を選択します（**図1-17**）。

▼図1-17　ビルドの実行

ビルドを実行した結果は、Visual Studioの出力ウィンドウに表示されます。出力ウィンドウが表示されていなければ、Visual Studioの［表示］メニューから［出力］ウィンドウを選択します。**図1-18**のように「ビルド: 1 正常終了」が表示されていれば、ビルドは正常に終了しています。

▼図1-18　出力ウィンドウ

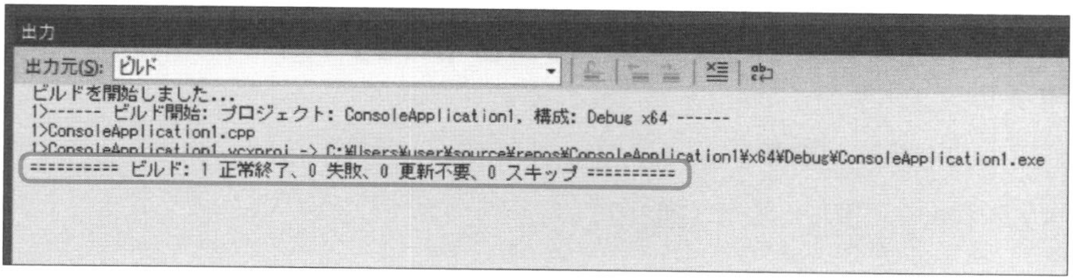

実行してみよう

ビルドが完了したので、アプリケーションを実行してみましょう。

コンソールアプリケーションをデバッグ実行するには、Visual Studioの[デバッグ]メニューから[デバッグの開始]を選択します(**図1-19**)。

▼図1-19　プログラムのデバッグ実行

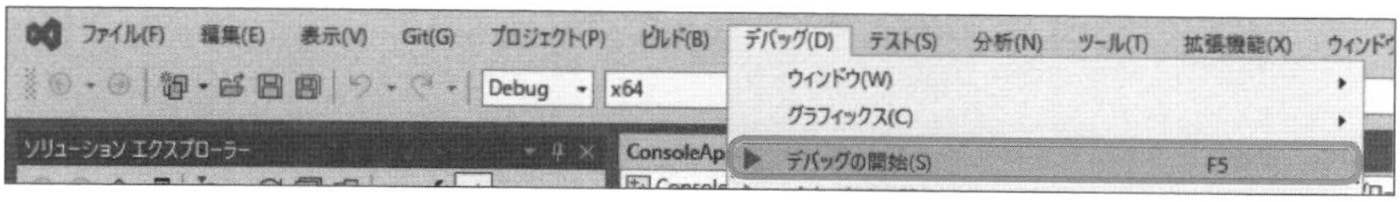

選択後に**図1-20**のようなコンソール画面が表示されます。先頭に「Hello World!」が出力されていますね！何かキーを押すとプログラムは終了します。

▼図1-20　コンソールアプリケーションの実行

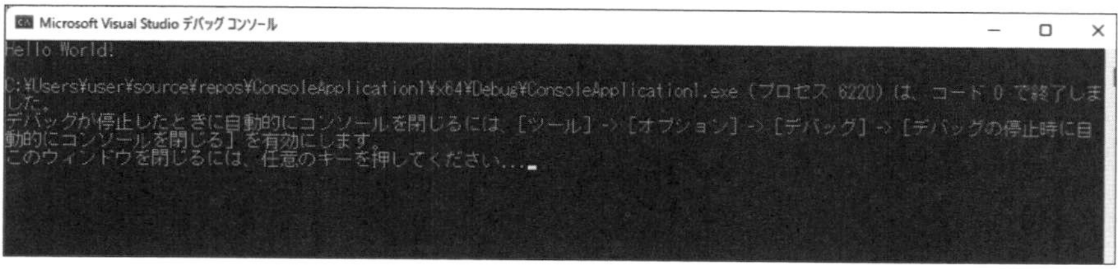

作成したプロジェクトは次章で使用します。ここまで説明したプロジェクトの作成と実行について、使い方をよく覚えておいてください。

プロジェクトの保存

プロジェクトを保存するには、Visual Studioの［ファイル］メニューから［すべてを保存］を選択します（図1-21）。

▼図1-21　プロジェクトの保存

この章のまとめ

- Visual C++ は .NET に依存したアプリケーションを作成できることに加え、.NET に依存しないアプリケーションを作成することもできます。
- .NET 上でのみ動作するコードのことを、マネージコードと言います。
- .NET に依存せずに Windows OS 上で直接動作するコードのことを、アンマネージコードと言います。
- マネージコードとアンマネージコードにはそれぞれ特徴があり、Visual C++ で開発する場合は、その特徴に応じてどちらのコードを利用して作成するのかを決定します。
- Visual Studio ではプロジェクトとソリューションという単位でプログラムを管理しています。
- 新しいプロジェクトは、作成したいアプリケーションの種類を選択して、ウィザード形式で作成していきます。

《章末復習問題》

練習問題 1-1

マネージコードとは何でしょうか？

練習問題 1-2

アンマネージコードとは何でしょうか？

練習問題 1-3

マネージコードと比べて、アンマネージコードの特徴は何でしょうか？次の中から正しいものを全て選択してください。

① アンマネージコードは、マネージコードよりも開発がしやすい。
② アンマネージコードは、.NETがないと動作しない。
③ アンマネージコードは、メモリ管理を厳密に行わなければならない。
④ アンマネージコードは、古くからあるプログラミングスタイルである。

解答は P.562 ➡

2章

Visual C++ プログラミングの基礎

Visual C++はC言語とC++言語に対応したプログラミング言語です。
Visual C++の学習を始める前に、C言語とC++言語のプログラミングの概要について学んでいきましょう。

01 変数と関数

Keyword　変数　定数　データ型　関数

変数とは？

変数とは、数値や文字列などの情報を格納する「入れ物」のことです。変数に値を格納したり、変数に格納されている値を参照したりすることができます。

変数を使用する場合、変数の使用を宣言する必要があります。変数を宣言するには**構文2-1**、**構文2-2**のように記述します。

構文 2-1　変数の宣言（単数）

```
データ型名 変数名;
```

構文 2-2　変数の宣言（複数）

```
データ型名 変数名1, 変数名2;
```

格納するデータの種類を指定して変数を宣言します。変数には任意の一意となる名前をつけることができます。1つの変数を宣言する場合は構文2-1のように記述し、同じデータ型の変数を複数宣言したい場合は構文2-2のように宣言することもできます。構文の最後のセミコロンは、処理の区切りを表す記述が必要な記号です。

int型の変数x、yを宣言する例を以下に示します。

```
int x, y;
```

変数の宣言と同時に初期値を代入することもできます。int型の変数xの初期値に100を代入する例を以下に示します。

```
int x = 100;
```

関数とは？

関数とは、関連する複数の処理をひとつにまとめたものです。関数を定義するには、**構文2-3**のように記載します。

構　文　2-3　関数の定義

```
戻り値のデータ型　関数名 ( 引数のデータ型　引数名 )
{
	関数内の処理
}
```

先頭で関数を宣言して{}の中に関数が行う処理を記述します。関数には処理に必要な引数を0個以上渡すことができます。

関数の代表例として、**1章**で作成したConsoleApplication1プロジェクトを見てください。ConsoleApplication1.cppファイルには**リスト2-1**のソースコードが作成されています。

2行目に**main関数**が宣言されています。これはコンソールアプリケーションでは最初に呼び出される関数です。戻り値はint型で、処理が正常に完了したら0、エラーがあればエラー理由を示す値を返すようにします。通常は**return文**を使用して値を返しますが、リスト2-1のように値を返していない場合は暗黙的に0が返却されます。

▼リスト 2-1　プロジェクト作成直後の ConsoleAppliction1.cpp

```
01: #include <iostream>
02: int main()
03: {
04:     std::cout << "Hello World!¥n";
05: }
```

1行目の#includeは「ヘッダーファイルをソースに含める」ことを示しています。ヘッダーファイルについては**2-05**を参照してください。

4行目はC++標準ライブラリを使用して、コンソール画面に「Hello World!」を出力しています。C++標準ライブラリについては**2-07**を参照してください。

データ型とは？

前項で説明した変数はコンピュータのメモリ上に作成されます。メモリは0または1のデータしか格納することができませんが、0と1以外にもいろいろな表現ができた方がプログラミングしやすくなります。**データ型**とは、プログラムしやすいように変数の性質を決めるものだと考えてください。

代表的なデータ型を**表2-1**に示します。

リテラルと書式指定子

リスト2-1のソースを利用して、変数の値をコンソールに出力するプログラムを作成してみます（**リスト2-2**）。

4行目で作成したint型の変数x、yを、5行目でその内容をコンソールに出力しています。

▼表2-1 C++の代表的なデータ型

カテゴリ	データ型	値の範囲
符号有り整数型	int	-2,147,483,648 ～ 2,147,483,647
	char	-128 ～ 127
	short	-32,768 ～ 32,767
	long	-2,147,483,648 ～ 2,147,483,647
符号無し整数型	unsigned int	0 ～ 4,294,967,295
	unsigned char	0 ～ 255
	unsigned short	0 ～ 65,535
	unsigned long	0 ～ 4,294,967,295
浮動小数点型	float	3.4E +/- 38
	double	1.7E +/- 308
論理型	bool	true または false
特殊型	void	(値なし)

▼リスト2-2 変数の値を出力する

```
01: #include <iostream>
02: int main()
03: {
04:     int x = 10, y = 20;
05:     std::cout << "x = " << x << ", y = " << y << ‘¥n’ ;
06: }
```

プログラム上で値を表現するために使用する記号をリテラルと言い、ダブルクォーテーションやシングルクォーテーションも**リテラル**のひとつです。文字列(複数の文字)はダブルクォーテーションで囲み、文字はシングルクォーテーションで囲みます。5行目の最後の‘¥n’は一見すると2文字のようですが、¥nのセットで改行コード1文字を表しています。先頭の¥は特殊な文字を表現するためのリテラルで、**エスケープ文字**と呼ばれます。

代表的なリテラルを**表2-2**に示します。

▼表2-2 代表的なリテラル

リテラル	表現方法	記載例
整数(10進数)	自然数で記述	127(10進数の127を表す)
整数(16進数)	先頭に0xをつける	0x127(16進数の127を表す)
浮動小数点	ドットをつける	0.127(10進数の0.127を表す)
論理	trueまたはfalse	true(論理が真であることを表す)
文字	シングルクォーテーションで囲む	‘1’(「1」の単数文字を表す)
(マルチバイト)文字列	ダブルクォーテーションで囲む	“127”(「127」の複数文字を表す)
ワイド文字列	先頭にLをつけてダブルクォーテーションで囲む	L“127”(「127」の複数文字を表す)
特殊文字	先頭に¥をつける	¥n(改行コード)

リスト2-2の実行結果を以下に示します。

```
x = 10, y = 20
```

定数とは？

定数とは、値の格納や変更をすることができない固定値の定義のことです。表2-1に定数の表現方法を記載します。数値の場合は値をそのまま記載し、文字や文字列はダブルクォーテーションで囲みます。

定数を宣言するには**const文**を使用します(**構文2-4**)。

構文 2-4 定数の宣言

```
const データ型名 変数名 = 定数値 ;
```

const文を使用して、int型の定数Maxに100の値を設定する例を以下に示します。

```
const int Max = 100;
```

02 演算子

Keyword　二項演算子　単項演算子　代入演算子　比較演算子　ビット演算子　シフト演算子

演算子とは？

演算子とは、各種演算を表現するための記号のことです。この節ではC++で使用できる演算子の一例を学んでいきましょう。

● 二項演算子

数値の計算を行う演算子を、**二項演算子**といいます（表2-3）。

▼表2-3　二項演算子

演算子	用途	記述例	結果（a=20,b=6の場合）
+	加算	int x = a + b;	x = 26
-	減算	int x = a - b;	x = 14
*	乗算	int x = a * b;	x = 120
/	除算	int x = a / b;	x = 3
%	剰余算	int x = a % b;	x = 2

● 単項演算子

1つの変数を使った計算を行う演算子を、**単項演算子**といいます（表2-4）。

▼表 2-4　単項演算子

演算子	用途	記述例	結果 (a=20の場合)
++	1加算（インクリメント）	a++; または ++a;	a=21
--	1減算（デクリメント）	a--; または --a;	a=19

● 代入演算子

演算した結果を変数に代入する演算子を、**代入演算子**といいます（**表2-5**）。

▼表 2-5　代入演算子

演算子	用途	記述例	結果 (a=2,x=10の場合)
=	右辺から左辺に代入	x = a;	x=2
+=	左辺と右辺を加算し左辺に代入	x += a;	x=12
-=	左辺から右辺を減算し左辺に代入	x=-a;	x=8
*=	左辺から右辺を乗算し左辺に代入	x*=a;	x=20
/=	左辺から右辺を除算し左辺に代入	x/=a;	x=5

● 比較演算子

値を比較するための演算子を、**比較演算子**といいます（**表2-6**）。比較の結果が正しければtrue、正しくなければfalseを返します。

▼表 2-6　比較演算子

演算子	用途	記述例	結果 (a=2, b=4の場合)
==	等しい	a == b	false
!=	等しくない	a != b	true
>	大きい	a > b	false
>=	以上	a >= b	false
<	小さい	a < b	true
<=	以下	a <= b	true

● 論理演算子

「または」「かつ」のような条件を判断するための演算子を、**論理演算子**といいます（表2-7）。

▼表2-7　論理演算子

演算子	用途	記述例	結果
¦¦	または	(a<2) ¦¦ (b>2)	(a=2, b=4の場合)true
&&	かつ	(a<2) && (b>2)	(a=2, b=4の場合)false
!	でない	!a	(a = falseの場合)true

● ビット演算子

ビット単位の計算を行うための演算子を、**ビット演算子**といいます（表2-8）。

▼表2-8　ビット演算子

演算子	用途	記述例	結果(a=3, b=5の場合)
¦	AND演算	a ¦ b	1
&	OR演算	a & b	7
^	XOR演算	a ^ b	6

● シフト演算子

ビットを左右に動かして計算する演算子を、**シフト演算子**といいます（表2-9）。

▼表2-9　シフト演算子

演算子	用途	記述例	結果(a=4の場合)
<<	左シフト	a << 2	16
>>	右シフト	a >> 2	1

演算子の優先順位

演算子は演算の優先順位が決められています。前項までで説明した演算子の優先度は**表2-10**の通りです。

▼表2-10　演算子の優先順位

優先順位	種類	演算子
高い	括弧	()
	単項演算子	++ --
	比較演算子	!
	二項演算子	* / %
	二項演算子	+ -
	シフト演算子	<< >>
	比較演算子	> >= < <=
	比較演算子	== !=
	ビット演算子	& ^ ¦
	論理演算子	&&
	論理演算子	¦¦
低い	代入演算子	= += -= *= /=

一般的な計算と同様に、括弧内の計算が最も優先度が高くなります。それ以降は上から順に優先度が高い演算子が並びます。ソースコードを書いているときに演算子の優先度がわからなくなり不安な場合は、優先度を高くしたい計算を括弧でくくるとよいでしょう。

COLUMN

三項演算子

表 2-10 で単項演算子と二項演算子とありますが、三項演算子も存在します。

例えば A と B の値を比較して A が大きければ A を返し、それ以外は B を返す処理を、次節で説明する if 文を用いる場合は以下のように記述できます。

```
if (A > B) {
    return A;
}
else {
    return B;
}
```

この処理は三項演算子を使用すると 1 行で記述することができます。

```
return A > B ? A : B;
```

「?」の部分は条件演算子と言われ、左側の演算結果によって、右側の値を返します。演算結果が真の場合は「:」の左側の値が、偽の場合は右側の値が採用されます。if 文を使用した場合に比べて簡潔に記述できるメリットがありますが、使い慣れていなかったり、乱発したりするとソースコードが読みにくくなるデメリットがあります。

03 制御文

Keyword　if／else if／else文　swich～case文　for文　while／do～while文

制御文とは？

プログラムの実行には「メモリ上にロードされたプログラムをメモリのアドレスの上から順に実行する」という性質があります（メモリについては**2-06**を参照してください）。**制御文**を用いることで、指定した条件で処理の順番を変えることができます。この節では制御文の使い方を学んでいきましょう。

if、else if、else文

if文を使用することで、特定条件のみの処理を行わせることができます。if文を使用する場合、**構文2-5**のように記述します。

構文　2-5　if文

```
if (条件式1){
    (条件式1がtrueの場合に行う処理)
}else if(条件式2){
    (条件式1がfalseかつ条件式2がtrueの場合に行う処理)
}else{
    (条件式1と条件式2がfalseの場合に行う処理)
}
```

条件式にはtrueまたはfalseを返す比較演算子などを使用します。先頭のif文と条件式がtrueの場合の処理は必須ですが、それ以降は必要に応じて記述します。またelse if文はifとelseの間にいくつ記述してもよいです。

1章で作成したConsoleApplication1プロジェクトに、if文を使ったプログラムを作成してみましょう（**リスト2-3**）。

▼リスト2-3　if文

```
01: #include <iostream>
02: int main()
03: {
04:     int a = 100;
05:     if (a < 0) {
06:         std::cout << "minus¥n";
07:     }
08:     else if (a == 0) {
09:         std::cout << "zero¥n";
10:     }
11:     else {
12:         std::cout << "plus¥n";
13:     }
14: }
```

4行目の変数aの値に応じてコンソールに「minus」「zero」「plus」のいずれかが表示されます。実行結果を以下に示します。

```
plus
```

swich～case文

switch～case文はif文と同様に特定条件のみの処理を行わせることができますが、if文とは使い方は異なります。その違いを学んでいきましょう。

switch文を使用する場合、**構文2-6**のように記述します。

構文 2-6 switch 文

```
switch( 比較対象 )
{
    case （定数値 1）：
        比較対象と定数値 1 が一致した場合の処理
         break;
    case （定数値 2）：
        比較対象と定数値 2 が一致した場合の処理
         break;
    default:
        比較対象と定数値 1、2 が一致しなかった場合の処理
}
```

switch文の比較対象がcase文の定数値と一致する場合に処理が行われ、**break文**で処理を終了します。定数値は数値か文字でなければなりません。**default文**にはどのcase文の条件にも当てはまらなかった場合に行われる処理を記述します。switch文内には1つ以上のcase文を記述することができます。

1章で作成したConsoleApplication1プロジェクトに、switch～case文を使ったプログラムを書いてみましょう（**リスト2-4**）。

▼リスト 2-4 switch ～ case 文

```
#include <iostream>
int main()
{
    char a = 'y';
    switch (a)
    {
    case 'y':
        std::cout << "yes¥n";
        break;
    case 'n':
        std::cout << "no¥n";
        break;
    default:
        std::cout << "yes or no¥n";
        break;
    }
}
```

4行目の変数aの値に応じてコンソールに「yes」「no」「yes or no」のいずれかが表示されます。実行結果を以下に示します

```
yes
```

for文

一定回数の処理を繰り返したい（ループ）場合にfor文を使用します。for文を使用する場合、**構文2-7**のように記述します。

構文 2-7 for文

```
for( 最初に一度だけ実行する処理 ;
     処理を継続する条件 ;
     処理が継続する場合に実行する処理 )
{
      (処理)
}
```

1章で作成したConsoleApplication1プロジェクトにfor文を使ったプログラムを作成して使い方を説明していきます（**リスト2-5**）。

▼リスト2-5　for文

```
#include <iostream>
int main()
{
    int x = 0;
    for (int i = 0; i < 10; i++)
    {
        x += (i + 1);
    }
    std::cout << x << '¥n';
}
```

これは1から10までの値を加算して変数xに代入するプログラムです。構文2-7の「最初に一度だけ実行する処理」は、4行目の「int i = 0」の部分です。変数iを宣言し、初期値に0を代入しています。

「処理を継続する条件」は「i < 10」の部分です。iが10未満であればループ内の処理を継続します。

「処理が継続する場合に実行する処理」は、「i++」の部分となります。iが10未満であればiをインクリメントします。4行目ではループ用変数iを利用して、xの値を加算しています。以下に実行結果を示します。

```
55
```

for文はこのような形で使用することが多いので、覚えておいてください。

while、do～while文

while、do～while文も一定回数の処理を繰り返す場合に使用します。while、do～while文を使用する場合、**構文2-8**、**構文2-9**のように記述します。

構文　2-8　while文

```
while( 処理を継続する条件 ) {
        (処理)
}
```

構文　2-9　do～while文

```
do  {
        (処理)
} while( 処理を継続する条件 )
```

while文に記述した条件が真の場合にループ内の処理を継続します。while文はループ内の処理を0回以上、do～while文は1回以上実行する、という違いがあります。**1章**で作成したConsoleApplication1プロジェクトにwhile、do～while文を使ったプログラムを作成してみましょう（**リスト2-6**）。

▼リスト2-6 while、do～while文

```
01: #include <iostream>
02: int main()
03: {
04:     int x = 0;
05:     while (x > 0) {
06:         x--;
07:     }
08:     std::cout << x << '¥n';
09:     x = 0;
10:     do {
11:         x--;
12:     } while (x > 0);
13:     std::cout << x << '¥n';
14: }
```

4、9行目で変数xの初期値に0を設定しています。while、do～while文のループ内では6、11行目でxの値をデクリメントする処理が行われています。ループ処理を継続する条件は5、12行目ともxが0より大きい場合となっていますので、while文の処理は行われず、do～while文は1回だけ行われます。

以下に実行結果を示します。

```
0
-1
```

04 配列と構造体

Keyword ☑配列 ☑構造体

配列とは？

配列とは、**図2-1**のように同じデータ型の変数を連続して並べたものです。

▼図2-1　配列のイメージ図

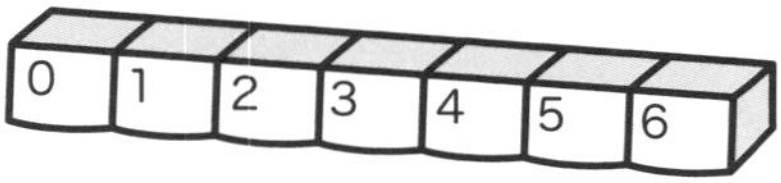

図2-1は配列の要素数が7つの場合の例です。配列を宣言するには、**構文2-10**のように記述します。

構文　2-10　配列の宣言

```
データ型 変数名 [ 要素数 ];
```

要素数が7つのint型の配列変数xを定義する例を、以下に示します。

```
int x[7];
```

配列を宣言する際に、下記のように{}を使用して初期値を設定することができます。配列要素の先頭から0、1、2、3…と初期値を設定する例を以下に示します。

```
int x[7] = {0, 1, 2, 3, 4, 5, 6};
```

上記のように記載する場合、宣言した配列の要素数とカンマで区切られた初期値の数は一致していなければなりません。ただし下記のように記載することで配列宣言時の要素数を省略することができます。

```
int x[] = {0, 1, 2, 3, 4, 5, 6};
```

上記の例ではxの要素数は7つになります。

配列の要素にアクセスするには、配列変数の要素の0から始まる位置（インデックス）を指定してアクセスします。以下に例を示します。

```
x[0] = 0;
```

この例では配列xの0番目の要素に0を代入しています。

1章で作成したConsoleApplication1プロジェクトに、配列を使ったプログラムを作成してみましょう（**リスト2-7**）。

▼リスト2-7　配列

```
#include <iostream>
int main()
{
    int x[3];
    for (int i = 0; i < 3; i++) {
            x[i] = (i + 1) * 9;
    }
    for (int i = 0; i < 3; i++) {
            std::cout << "9 x " << i + 1 << " = " <<  x[i] << '¥n';
    }
}
```

4行目で要素数3の配列xを宣言し、5～7行目でxの各要素に値を代入しています。8～10行目でxの各要素の値を出力しています。

以下に実行結果を示します。

```
9 x 1 = 9
9 x 2 = 18
9 x 3 = 27
```

構造体とは？

構造体を使うと、一つ以上の異なるデータ型の変数の固まりを表現することができます。

構造体の宣言は**構文2-11**のように記述します。

構　文　2-11　構造体の宣言

```
struct 構造体名 {
    データ型　メンバー変数名;
    ・・・
}
```

構造体の宣言はstruct文を使用します。構造体の中には複数のメンバー変数を持たせることができます。以下に構造体の宣言例を示します。

```
struct Person {
    char Name[128];
    int Age;
};
```

この例では「構造体Personはchar型配列Nameとint型Ageのメンバー変数を持っています」という宣言になっています。

構造体はデータ型の一種です。構造体を使うにはデータ型と同様に構造体の変数を作成します。構造体変数の作成時にメンバー変数を初期化したい場合は、以下のように記述します。

```
Person person1 = { "Yamada Taro", 30 };
```

構造体のメンバー変数の定義順にカンマで初期値を記述します。

構造体のメンバー変数にアクセスするには、構造体の変数に.(ドット)を付けて、メンバー変数名を指定します。以下に例を示します。

```
person1.Name
```

1章で作成したConsoleApplication1プロジェクトに、構造体を使ったプログラムを作成してみましょう(**リスト2-8**)。

▼リスト2-8　構造体

```
01: struct Person {
02:   char Name[128];
03:   int Age;
04: };
05: int main()
06: {
07:   Person person1 = { "Yamada Taro", 30 };
08:   std::cout << "Name:" << person1.Name << '¥n';
09:   std::cout << "Age:" << person1.Age << '¥n';
10: }
```

1～4行目で構造体Personを宣言しています。main関数の外側に構造体を宣言していますが、構造体Personはmain関数内でしか使用していないのでmain関数内で宣言しても問題ありません。リスト2-8のようにmain関数の外に宣言すると、ConsoleApplication1.cpp内の他の関数でも構造体を使うことができます。7行目で構造体変数person1を作成し、メンバー変数を初期化しています。8、9行目にメンバー変数の値を出力しています。

以下に実行結果を示します。

```
Name:Yamada Taro
Age:30
```

COLUMN

文字配列の初期化

2-04 で配列の初期値の設定について、int 型の配列の場合での例をあげて、

```
int x[7] = {0, 1, 2, 3, 4, 5, 6};
```

のように配列の長さと初期値の数をそろえる必要があると説明しました。

256 文字まで格納できる文字配列を作成する際には、

```
char text[256];
```

のように記載しますが、文字配列に初期値を設定する場合は、配列の長さと初期値の数をそろえる必要はありません。

例えば上記の text 変数の初期値を「initialize」に設定したい場合は以下のように記載することができます。¥0 は NULL 文字を表すリテラルです。NULL 文字については P.281 のコラムも参照してください。

```
char text[256] = { "initialize¥0" };
```

C 言語の場合、文字配列の初期値はたいてい文字化けしているので、空文字に初期化して使用することが多いでしょう。空文字列に初期化したい場合、memset() などを使用してすべての領域を 0 で埋める方法もありますが、

```
char text[256] = { 0 };
```

のように配列の先頭のみ 0 で埋めるのが最もシンプルな方法になります。

05 ヘッダーファイル

Keyword ☑ヘッダーファイル ☑プロトタイプ宣言 ☑プリプロセッサ

ヘッダーファイルとは？

ヘッダーファイルとは、C言語やC++言語のプログラミングで使用されるファイルの種類の1つです。C言語やC++言語のプログラミングでは主に、ソースコードを記述するソースファイル（拡張子 .cまたは.cpp）と、変数・関数・マクロなどを定義するヘッダーファイル（拡張子 .h）の2種類のファイルを使用します。

このヘッダーファイルはC言語やC++言語でプログラミングするときに必ず使用するファイルですので、使い方をマスターしましょう。

ヘッダーファイルはどのように使うの？

ヘッダーファイルは、主にソースコードやアプリケーションとの間で関数を共通に利用するために用いられます。関数を共通に利用するには、ヘッダーファイルに関数の宣言文のみ定義して（プロトタイプ宣言と言います）、関数の実体をヘッダーファイルと対になるソースファイルに作成します。

C言語やC++言語では利用する関数は必ず前方に宣言されていなければなりません。他のソースファイルがヘッダーファイルを事前に取り込むことにより、ヘッダーファイルに定義されている関数を利用することができるようになります。

ヘッダーファイルの使い方

1章で作成したConsoleApplication1プロジェクトにSample()という関数を作成して、Sample.hを通じてプロジェクトで共通に利用できるようにしてみましょう。

Visual Studioの［プロジェクト］メニューから［新しい項目の追加］を選択すると、「新しい項目の追加」画面が表示されます（**図2-2**）。

▼図2-2 「新しい項目の追加」

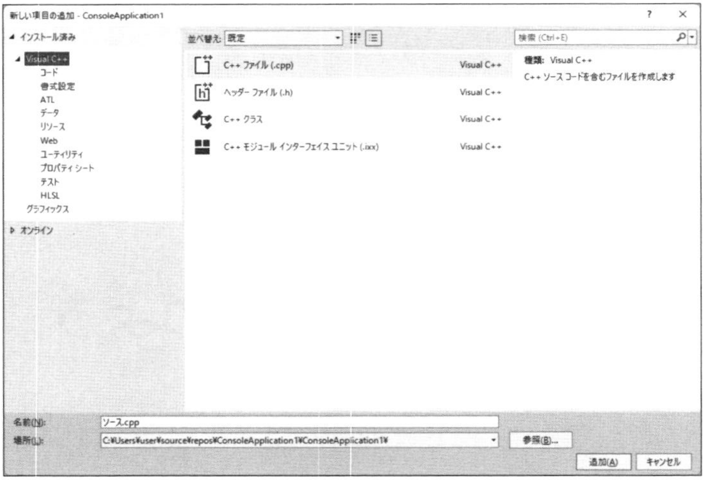

［ヘッダーファイル(.h)］を選択し、［名前］に「Sample.h」を入力して、［追加］ボタンを押します。追加されたSample.hに以下のコードを記述します。

```
void Sample();
```

このようにヘッダーファイルには「関数の宣言」のみ行います。

次にソースファイルSample.cppを追加します。「新しい項目の追加」画面を開いて［C++ ファイル(.cpp)］を選択し、［名前］に「Sample.cpp」を入力して［追加］ボタンを押します。追加されたSample.cppに**リスト2-9**のコードを記述します。

▼リスト2-9　Sample.cpp

```
01: #include <iostream>
02: #include "Sample.h"
03: void Sample()
04: {
05:     std::cout << "called.¥n";
06: }
```

1、2行目の「#include」はヘッダーファイルを取り込むための前処理文（**プリプロセッサ**）で、一般的に「**インクルードする**」と言われています。ヘッダーファイルをソースコードがインクルードすることにより、ヘッダーファイルに記述されている関数の宣言文と、ソースファイルに記述されている関数の実体が結び付けられます。5行目で使用しているstd::coutを呼び出すために、1行目でiostreamのインクルードを行っています。

Sample.cpp以外のソースファイルも、Sample.hをインクルードすればSample関数を利用することができるようになります。ConsoleApplication1プロジェクトのmain関数からSample関数を呼び出してみましょう。main関数を**リスト2-10**のように変更します。

▼リスト 2-10　Sample.cpp

```
01: #include "Sample.h"
02: int main()
03: {
04:   Sample();
05: }
```

1行目でmain関数の前にヘッダーファイルをインクルードしています。それによりSampleに定義されているSample関数を5行目で呼び出せるようになりました。

以下に実行結果を示します。

```
called.
```

COLUMN

break と continue 文

2-03 の制御文（switch ～ case 文）で説明した break 文は、for、while、do ～ while 文中でも使うことができます。break 文を実行するとループの外に処理が移動します。ループ内の処理を継続したい場合は、continue を使用します。

リスト 2-A のソースコードの実行後の x の値は、6 行目が break であれば「15」、continue であれば「49」が格納されます。

▼リスト 2-A　break と continue 文の例

```
01: int x = 0;
02: for (int i = 0; 1 < 10; i++) {
03:     if(i == 5)
04:     {
05:         XXXXX;
06:     // break; または continue;
07:     }
08:    x += (i + 1);
09: }
```

06 ポインタ

Keyword
- アドレス
- ポインタ変数
- キャスト

メモリの仕組み

メモリの最小単位をビット（bit）と言います。メモリには0と1しか記憶することができず、ビットだけで様々な処理を行うのは困難なため、8ビットを最小の固まりとして扱います。この8ビットの固まりをバイト（Byte）と言います。

メモリはバイトを並列につなぎ合わせた構造になっており、メモリにデータを保存したり読み出したりするには、どこの位置にあるバイトデータなのかを指定する必要があります。その位置のことをアドレスと言います（**図2-3**）。

▼図2-3 メモリの概念

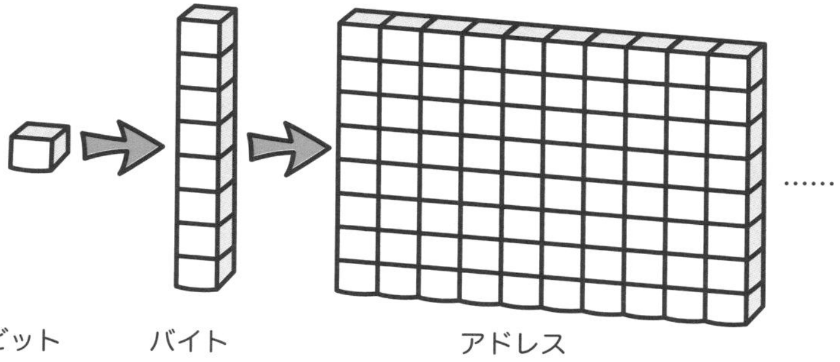

1Gバイトのメモリの場合、1バイトが1 × 1024 × 1024× 1024 = 1,073,741,824個存在するので、1バイト単位で管理する場合にアドレスは0～1,073,741,823の範囲で指定することとなります。このようにアドレスは膨大な値になるため、通常は16進数で表現します。上記の場合、0～FFFFFFFFという表現になります。

ポインタとは？

C言語やC++言語のプログラミングの特徴に、**ポインタ**という概念があります（**図2-4**）。ポインタとはメモリのアドレスを格納している変数のことです。

▼図2-4　ポインタの概念

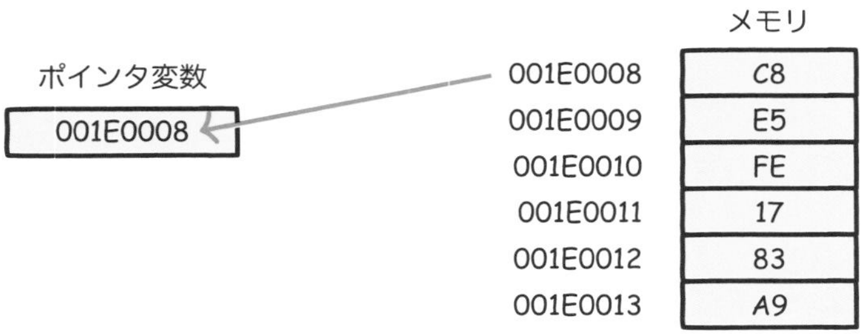

C言語やC++言語ではポインタはよく使われますが、他の言語ではほとんど使われません。その理由は、C言語やC++言語以外の言語ではポインタを意識することなくプログラミングをすることができるように工夫されているためです。

C言語やC++言語をマスターするには、ポインタは欠かせない存在です。本節では、ポインタについて学んでいきましょう。

ポインタをどうして使うの？

ポインタはメモリのアドレスを格納している変数であることは先ほど説明しましたが、なぜそのような変数が必要なのでしょうか？int型の変数Aを作成して、値に1を代入するには、

```
int A = 1;
```

のようにプログラムを行いますよね？

図2-5はこのときのメモリの状態を表した例です。変数Aは「アドレス」001E0008に作成され、「アドレスの内容」に1が設定されています。このように変数は「アドレス」と「アドレスの内容」の2つの値を持ち、変数の「アドレス」がわからないと「アドレスの内容」を変えることはできません。

▼図2-5　変数を作成して値を代入した場合の動作例

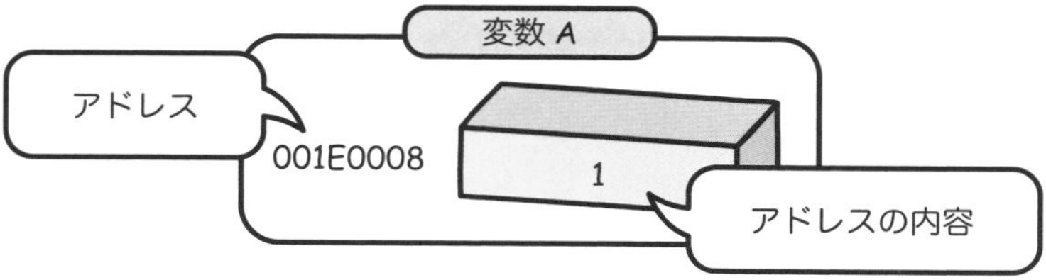

C言語ではポインタが「アドレス」、ポインタ以外の変数は「アドレスの内容」と、変数が持つ値の意味を明確に切り分けています。ポインタの使用例を**図2-6**に示します。関数X が作成した変数Aを、関数Yに渡す場合を考えてみましょう。変数Aを「アドレスの内容」として渡す場合、変数Aの「アドレス」はわからないので変数A の値を直接変更することができません。
変数Aを「アドレス」として渡す場合、変数A を直接読み書きすることができます。

▼図2-6　関数に変数を渡す

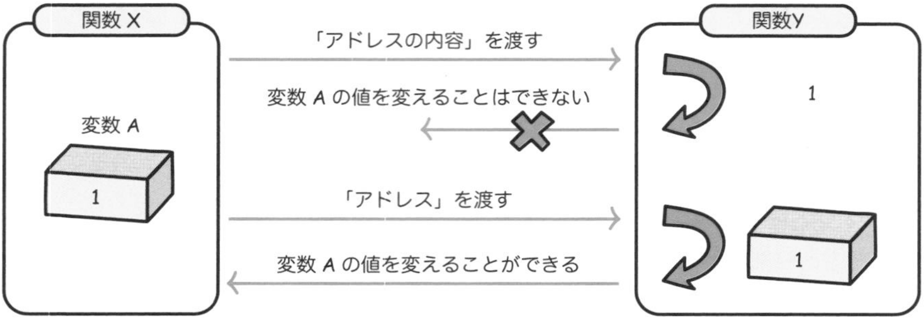

ポイント

変数として利用されるポインタのことを、ポインタ変数と言います。

ポインタはどのように使うの？

ポインタはどのように使うのか例を示しながら説明していきます。

● ポインタ変数の宣言

ポインタ変数を宣言するには**構文2-12**のように記述します。

構　文　2-12　ポインタ変数の宣言

```
データ型名＊　ポインタ変数名
```

int型のポインタ変数pNumberを宣言する例を以下に示します。

```
int* pNumber;
```

● 変数のアドレスを取得する

変数のアドレスを取得するには、**構文2-13**のように記述します。

構　文　**2-13　変数のアドレスを取得する**

```
&変数名
```

変数numberのアドレスを取得し、ポインタ変数pNumberに代入する例を以下に示します。

```
pNumber = &number;
```

● ポインタ変数が指すアドレスの内容を取得する

ポインタ変数が指すアドレスの内容を取得するには、**構文2-14**のように記述します。

構　文　**2-14　ポインタ変数が指すアドレスの内容を取得する**

```
変数名 = *ポインタ変数名
```

ポインタ変数pNumberが指すアドレスの内容を、変数numberに代入する例を以下に示します。

```
number = *pNumber;
```

● ポインタ変数が指すアドレスの内容を変更する

ポインタ変数が指すアドレスの内容を変更するには、**構文2-15**のように記述します。

構　文　**2-15　ポインタ変数が指すアドレスの内容を変更する**

```
*ポインタ変数名 = 変数名
```

ここまで習ったポインタの使い方を利用して、**2-05**で作成したソースコードでポインタを使ってみましょう。Sample.hに定義されているSample関数の引数に、int型ポインタ変数xを渡すように変更します（**リスト2-11**）。

▼リスト 2-11 Sample.h

```
void Sample(int* x);
```

Sample.cppには渡されたポインタ変数の内容に10を代入するように変更します（**リスト2-12**）。

▼リスト 2-12 Sample.cpp

```
void Sample(int* x)
{
    *x = 10;
}
```

Sample関数を呼び出した結果のポインタ変数の内容を出力するように、main関数を変更します（**リスト2-13**）。

▼リスト 2-13 Sample.cpp

```
#include <iostream>
#include "Sample.h"
int main()
{
    int y = 0;
    Sample(&y);
    std::cout << y << '¥n';
}
```

以下に実行結果を示します。

```
10
```

参照ポインタ

C++言語には、これまで説明してきたポインタとは少し違う**参照ポインタ**という機能があります。参照ポインタはC言語にはない機能です。参照ポインタは関数の引数にポインタを渡す場合に使用することができるポインタです。例えば、以下のようなFunction関数が宣言されているとします。

```
void Function(int* param);
```

paramはint型ポインタ変数ですね。このFunction関数を使用するときに引数paramには、以下のように変数Aの先頭に「&」をつけてアドレスを渡します。

```
int A;

Function(&A);
```

上記のFunction関数の引数paramを参照ポインタに変更すると

```
void Function(int& param);
```

のように、「*」の代わりに「&」を使用して記述します。

参照ポインタに変更したFunction関数を使用するには、

```
int A;

Function(A);
```

のように、変数Aの先頭に「&」を書く必要がなくなります。

型変換（キャスト）

あるデータ型の変数を別のデータ型に変換することを「型変換（キャスト）する」と言います。型変換は**構文2-16**のように記述します。

構文　2-16　型変換（キャスト）

(変換するデータ型）変数名

キャストの使用例を**リスト2-14**に示します。

▼リスト2-14　型変換（キャスト）の使用例

```
01: int a = 1, b = 2;
02: float f1 = (float)a / b;
```

1行目でint（整数）型の変数aとbを作成し、2行目でfloat（浮動小数点）型にキャストしたaをbで割り、float型の変数f1に代入しています。int型同士で割り算を行うと小数点以下の値は切り捨てられ、f1には0.0が代入されます。変数aまたはbが浮動小数点型であれば小数点以下の値を求めることができるため、2行目で変数aをfloat型にキャストすることで、f1に0.5が代入されます。

void型ポインタ

変数は「アドレス」と「アドレスの内容」の2つの値を持っていることを説明しました。「アドレスの内容」に対し、プログラム言語ではintやcharなどのデータ型にあてはめることでプログラミングを容易にしています。C言語やC++言語ではポインタ変数により直接「アドレス」を扱うことができるため、「アドレスの内容」を任意のデータ型に変換することができます。

C言語やC++言語では「**void型ポインタ**」という特定のデータ型に依存しない特殊なポインタがあります。void型ポインタの使用例として**memset関数**を見てみましょう（**構文2-17**）。

構文 2-17 memset関数

```
void *memset(
        void *dest,          // 対象となるバッファーへのポインタ
        int c,               // 設定する文字
        size_t count         // 文字数
);
```

memset()はdestの最初のcount文字をcの文字に設定する関数です。戻り値にdestを返します。memset関数の使用例を**リスト2-15**に示します。

▼リスト2-15 memset関数の使用例

```
01: char cData[255];
02: memset(cData, 0, sizeof(cData));
```

リスト2-15を実行すると、char型の配列変数cDataの内容がmemset関数によりすべて0に設定されます。添字のない配列変数はポインタ変数になりますので、2行目のmemset関数の第一引数cDataはchar型ポインタとなります。**sizeof()**は引数に渡された変数の大きさ（アドレスの内容の大きさ）を取得する関数です。

リスト2-15を見てお気づきかもしれませんが、memset関数にvoid型ポインタの引数を渡すときには、(void*)のようにキャストを行っていません。void型ポインタはどのようなデータ型のポインタでもキャストをしなくても渡すことができます。

戻り値がvoid型ポインタの場合は、キャストを行うことで扱いやすいデータ型に変換することができます。**12章 スレッド**でvoid型ポインタが戻り値の使用例が出てきますので、参考にしてください。

ポインタと関数

ポインタは変数のアドレスだけではなく、関数のアドレスを扱うこともできます。**図2-6**は、関数Xは001E0008、関数Yは001E1010のメモリアドレス上に配置されていることを表した例です。関数Xが001E0008のメモリアドレス上にあることがわかれば、そのアドレスをポインタに代入して関数Xを実行することができます。

▼図2-6　関数ポインタ

このようなポインタを**関数ポインタ**と言います。使い方の例を説明します。以下のようなFunction関数が宣言されているとします。

```
int Function(char param);
```

funcPointerという名前のポインタにFunction関数のアドレスを代入し、funcPointerポインタでFunction関数を実行する例を、**リスト2-16**に示します。

▼リスト2-16　ポインタ関数の実行例

```
int (*funcPointer)(char param);
funcPointer = Function;
int result = (*funcPointer)( ‘A’ );
```

1行目はfuncPointerの宣言文です。Function関数の宣言文との違いは「Function」と「(*funcPointer)」しかありません。

2行目はfuncPointerにFunction関数のアドレスを代入しています。

3行目はfuncPointerポインタによりFunction関数を実行しています。

具体的な使い方として**15章 ダイナミックリンクライブラリ**で取り上げていますので、そちらを参照してください。

COLUMN

ポインタを使わなかった場合の例

ポインタを使わなかったらどのようになるのかを見てみましょう。

リスト2-13～リスト2-15を**リスト2-A～2-C**のように変更します。

▼リスト2-A　リスト2-11の変更点

```
01: void Sample(int x);
```

▼リスト2-B　リスト2-12の変更点

```
01: void Sample(int x)
03: x = 10;
```

▼リスト2-C　リスト2-13の変更点

```
06: Sample(y);
```

デバッグ実行して変数の値を確認してください（デバッグ実行の方法は**6章**で説明します）。リスト2-12で変数xに値が引き渡され変更されていますが、リスト2-13の変数yは、Sample関数の実行前後で値が変わっていないことがわかります。

メモリの動的確保

2-04で配列について学びましたが、例えば128文字までの半角文字を格納する変数Aを作成する場合は、以下のように記述します。

```
char A[128];
```

このような記述方法をメモリの静的確保と言います。変数に格納される最大文字数があらかじめ128文字以内だとわかる場合はこれでよいのですが、文字数が不明な場合は余裕を持って128より大きい値にしておく方法もあります。ただし、使用するかどうかわからないメモリ領域を余分に確保し続けてしまうかもしれないので、メモリ効率が悪くなります。

そういった場面では、「確保する最小メモリ容量が判明したら後付けで変数の領域を確保する」という方法を使用します。

C言語では**malloc関数**を使用します（**構文2-18**）。

構文　2-18　malloc関数

```
void *malloc(size_t 確保するバイト数);
```

戻り値には、メモリが確保できなければNULLを返し、確保できていればそのアドレスを返します。

確保したメモリは使用し終わったら必ず解放する必要があります。メモリを解放するには**free関数**を使用します（**構文2-19**）。

構文　2-19　free関数

```
void free(確保したメモリのアドレス);
```

例えば128文字までの半角文字を格納する変数Aを作成する場合は、以下のように記述します。

```
char *A = (char*)malloc(128);
// 使い終わったらメモリを解放する
free(A);
```

このような記述方法をメモリの動的確保と言います。

C++言語でメモリの動的確保を行うには**new演算子**を使用します（**構文2-20**）。

構文　2-20　new演算子

```
データ型のポインタ = new データ型 [ 確保するサイズ ];
```

動的確保する変数が配列でなければ「[確保するサイズ]」の部分は省略可能です。メモリを解放するには**delete演算子**を使用します（**構文2-21**）。

構文　2-21　delete演算子

```
delete [] データ型のポインタ ;
```

「データ型のポインタ」が配列でなければ「[]」の部分は省略可能です。

例えば128文字までの半角文字を格納する変数Aを作成する場合は、以下のように記述します。

```
char *A = new char[128];
// 使い終わったらメモリを解放する
delete [] A;
```

07 オブジェクト指向プログラミング

Keyword　オブジェクト　クラス　アクセス指定子　スコープ解決演算子

オブジェクト指向プログラミングとは？

C++言語がC言語と異なる点に「C++言語は**オブジェクト指向プログラミング**に対応した言語である」ということが挙げられます。

オブジェクト指向プログラミングは、プログラムの対象を抽象化することで共通点を見つけ出し、プログラムの効率化を図ることを目的としたプログラミング技術です。オブジェクトとは、例えば「トラックも救急車も車である」や「にんじんもだいこんも野菜である」など、ものごとを種類や機能などの特徴でまとめ、抽象化した形で表現する概念です。**図2-7**では、車や野菜をオブジェクトとして表現しています。

この節では、オブジェクト指向プログラミングの概要について学んでいきます。

▼図2-7　オブジェクトの概念

クラスとは？

クラスとは、オブジェクトを定義する雛形のようなもので、図2-7の例では車や野菜がクラスとなります。

クラスを作成するには**構文2-22**のように記述します。

構文 2-22　クラスの作成

```
class クラス名
{
};
```

CSampleクラスを作成する例を以下に示します。

```
class CSample
{
};
```

クラスはデータ型と同じように実体を生成して利用します。クラスの実体のことをインスタンスと言います。クラスのインスタンスを生成するには、**構文2-23**のように記述します。

構文 2-23　クラスのインスタンスを生成

```
クラス名 インスタンス名;
```

CSampleクラスのインスタンスcSampleを生成する例を以下に示します。

```
CSample cSample;
```

関数の引数にクラスを渡す場合などは、クラスのポインタとして宣言して使用します。クラスのインスタンスをポインタとして生成する場合は、**構文**

2-24のように記述します。

構　文　2-24　クラスのインスタンスをポインタとして生成

```
クラス名* インスタンス名 = new クラス名();
```

CSampleクラスのインスタンスpSampleを生成する例を、以下に示します。

```
CSample* pSample = new CSample();
```

クラスのインスタンスをポインタとして生成した場合は、クラスを使用し終わったらインスタンスを解放する必要があります。インスタンスを解放するには、**構文2-25**のように記述します。

構　文　2-25　クラスのインスタンスを解放

```
delete 変数名;
```

CSampleクラスのインスタンスpSampleを解放する例を以下に示します。

```
delete pSample;
```

アクセス指定子

車には様々な部品がありますが、車のすべてを知らなくても車を運転することができます。例えば、車を動かすためにハンドルやペダルのことは知っていても、エンジンの構造まで知らなくても良いはずです。

オブジェクト指向プログラミングでは、クラス内に定義された変数や関数（**メンバー変数**、**メンバー関数**と言います）のすべてを知らなくてもクラスを利用することができるように、**アクセス指定子**により公開する範囲（**スコー**

プ）を指定することができます。

主に使用するアクセス指定子を**表2-11**に示します。

▼**表2-11 アクセス指定子**

アクセス指定子	スコープ
public	クラス内でもクラス外でもアクセスできる
private	クラス内でしかアクセスできない
protected	クラス内か派生クラス内であればアクセスできる（派生クラスについては後ほど説明します）

アクセス指定子はメンバー変数やメンバー関数を宣言すると同時に指定します。アクセス指定子は**構文2-26**のように使用します。

構文 2-26 アクセス指定子

```
アクセス指定子 :
        データ型名  変数名 ;
        戻り値のデータ型  関数名 ();
```

アクセス指定子の使用例を**リスト2-17**に示します。

▼**リスト2-17 アクセス指定子の使用例**

```
class CSample
{
private:
    int Var;
public:
    int Func();
};
```

CSampleクラスにメンバー変数Varとメンバー関数Funcが宣言されています。メンバー変数Varのアクセス指定子はprivateで、クラスの内部でしかアクセスできない変数として宣言されています。メンバー関数Funcのアクセス指定子はpublicで、誰からもアクセス可能な関数として宣言されています。

● クラスのインスタンスからメンバー変数やメンバー関数にアクセスするには？

Publicスコープのメンバー変数やメンバー関数は、クラスのインスタンスを通じて以下のように記述することでアクセスできます（**構文2-27**）。

構　文　2-27　メンバー変数、メンバー関数のアクセス

```
インスタンス名 . メンバー変数
インスタンス名 . メンバー関数 ()
```

リスト2-17のCSampleクラスのインスタンスを生成して、メンバー関数Func()にアクセスする例を以下に示します。

```
CSample cSample;
cSample.Func();
```

● クラスのポインタからメンバー変数やメンバー関数にアクセスするには？

クラスのインスタンスをポインタとして生成した場合、メンバー変数やメンバー関数にアクセスするには**構文2-28**のように記述します。

構　文　2-28　メンバー変数、メンバー関数のアクセス

```
インスタンス名 -> メンバー変数
インスタンス名 -> メンバー関数 ()
```

リスト2-17のCSampleクラスのポインタを生成して、メンバー関数Func()にアクセスする例を以下に示します。

```
CSample* pSample = new CSample();
pSample->Func();
```

● 参照ポインタからメンバー変数やメンバー関数にアクセスするには？

参照ポインタの場合は構文2-24ではなく、構文2-23を使用します。例えば、以下のような関数Function()が宣言されている場合、

```
void Function(CSample& param);
```

となります。

Function関数の中でCSampleクラスのメンバー関数Func()にアクセスする例を以下に示します。

```
void Function(CSample& param)
{
    param.Func();
}
```

スコープ解決演算子

2-01で関数を共通に利用するためには、ヘッダーファイルに関数のプロトタイプ宣言を行い、ソースファイルに関数の実体を書くことを説明しました。

クラスを共通で使用する場合もヘッダーファイルとソースファイルに分割して作成します。ヘッダーファイルにクラスを定義するには、リスト2-17のようにクラス宣言とアクセス指定子により記述します。一方、ソースファイルにメンバー関数の実体を記述するには、**スコープ解決演算子**を用います。

スコープ解決演算子は**構文2-29**のように記述します。

構　文　**2-29　スコープ解決演算子**

```
クラス名 :: メンバー関数 ()
```

リスト2-17のCSampleクラスをCSample.hファイルに作成した場合に、ソースファイルに関数Funcの実体を作成する例を**リスト2-18**に記述します。

▼**リスト2-18　スコープ解決演算子の使用例**

```
#include  “CSample.h”
CSampleClass::Func()
{
    // ここにソースを書きます
}
```

クラスのインスタンスを通じてメンバー変数やメンバー関数をアクセスする方法を学びましたが、メンバー関数の宣言に**staticキーワード**を使用するとインスタンスを生成しなくてもアクセス可能な関数（**静的関数**）を作ることができます。静的関数の作成をするには**構文2-30**のように記述します。

構　文　2-30　静的関数の作成

```
static 戻り値のデータ型  関数名();
```

クラスの静的関数にアクセスするにはスコープ解決演算子を使用します。例えばCSampleクラスの静的関数StaticFunc()にアクセスするには以下のように記述します。

```
CSample::StaticFunc();
```

スコープ解決演算子は「クラス名::メンバー関数名」の形式で使用しますが、Windows APIのように誰でもアクセス可能なスコープ（**グローバルスコープ**と言います）の関数を示す場合、「::関数名」のようにクラス名を省略して記述することがあります。

例えば**2-05**で説明したmemset関数はグローバルスコープの関数ですが、以下のように先頭にスコープ解決演算子を付けて記述することができます。

```
::memset(cData, 0, sizeof(cData));
```

クラスの継承

オブジェクトとはものごとを種類や機能などの特徴でまとめ、抽象化したものであると説明しました。オブジェクトでつくる利点として「トラックも救急車も車である」を例にとって説明します。車をつくるときにトラックや救急車などの種類毎につくるよりも、エンジン、タイヤ、メーター、シートなど車の種類が違っても共通で使用できそうな部品を集めて車体をつくり、車体を利用して車の種類を増やすと効率が良さそうです（図2-8）。

オブジェクト指向プログラミングもこれと同じような考え方でつくることが可能です。共通で利用できそうな部品を集めて**基底クラス**を作成し、基底クラスを**継承**して新しい機能を追加した**派生クラス**を作成することができます。

▼図2-8　クラスの継承

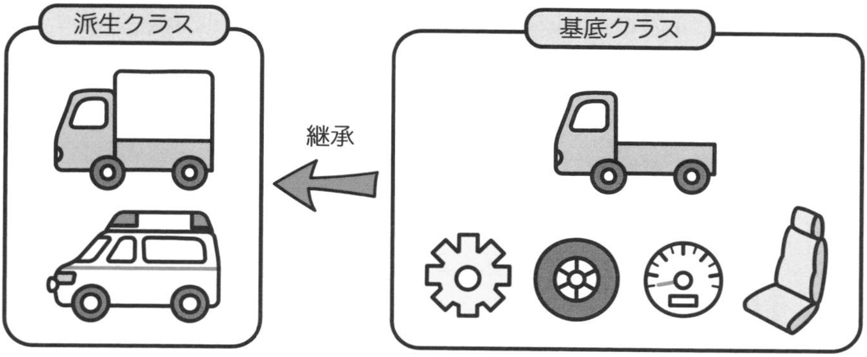

基底クラスを継承した派生クラスを作成するには、**構文2-31**のように記述します。

構文 2-31 派生クラスの作成

```
class 派生クラス名 : public 基底クラス名 {
};
```

派生クラスの作成例を**リスト2-19**に示します。

▼リスト2-19 派生クラスの作成

```
01: class CSampleSuperClass
02: {
03: };
04: class CSampleSubClass : public CSampleSuperClass
05: {
06: };
```

この例ではCSampleSubClassは基底クラスCSampleSuperClassを継承した派生クラスになります(4行目)。

基底クラスで定義されているメンバー変数やメンバー関数は、アクセス指定子がpublicやprotectedであれば派生クラスから参照することができます。また、基底クラスのアクセス指定子がpublicであれば、派生クラスのインスタンスからも参照することができます。

リスト2-19のようにCSampleSuperClassクラスを継承したCSampleSubClassクラスを作成した場合(**リスト2-20**)、CSampleSuperClassクラスのメンバー変数A、B、Cのスコープはどうなるでしょうか?

▼リスト2-20 基本クラスのメンバーのスコープ

```
class CSampleSuperClass
{
private:
    int A;
protected:
    int B;
public:
    int C;
};
class CSampleSubClass : public CSampleSuperClass
{
};
```

CSampleSubClassクラスからCSampleSuperClassクラスのメンバー変数BとCを参照することはできますが、メンバー変数Aを参照することはできません。

CSampleSuperClassクラスのインスタンスからCSampleSuperClassクラスのメンバー変数Cを参照することはできますが、メンバー変数AとBを参照することはできません。

08 標準ライブラリ

Keyword ☑ ライブラリ

C++標準ライブラリ

これまでコンソール画面に出力する際に「std::cout」を使用してきました。これはコンソールに文字列を出力する**C++標準ライブラリ**です。**リスト2-2**で紹介したソースを改めて見てみましょう。

▼リスト2-2　再掲載

```
01: #include <iostream>
02: int main()
03: {
04:     int x = 10, y = 20;
05:     std::cout << "x = " << x << ", y = " << y << ‘¥n’ ;
06: }
```

1行目にC++標準ライブラリのヘッダーファイル**<iostream>**をインクルードしています。「I/O（入出力）」と「Stream」を繋いで「iostream」という名前になっています。「連続したデータの入出力処理」のことをストリームと言い、ストリーム入出力の代表例には標準入出力（コンソール）、メモリ、ファイル、ネットワークがあります。

5行目の「std::cout」は前節で学んだ通り、名前空間「std」の「cout」クラスのことです。「文字列を標準出力に送信する」役割としてシフト演算子と同じ表現を使用します。

変数x、yはint型の数値ですが、自動的に10進数の文字列に変換されています。この変数の出力をは10進数以外の任意のフォーマットに変換することもできます。例えば4桁16進のフォーマットに変換して出力してみます（リスト2-21）。

▼リスト2-21　変数を4桁の16進数で出力する（C++標準ライブラリ）

```
01: #include <iostream>
02: #include <iomanip>
02: int main()
03: {
04:     int x = 10, y = 20;
05:     std::cout << "x = 0x" << std::setfill('0') <<
        std::hex << std::setw(4) << x << ", y = 0x" <<
        std::setw(4) << y << '¥n';
06: }
```

2行目で<iomanip>のインクルードを追加していますが、これは数値を様々な表示形式に変更するC++標準ライブラリです。

5行目で4桁16進のフォーマットを変換してコンソールに出力してます。

std::setfill()は、桁数が満たない数値の不足桁を補うために先頭に付与する文字を指定します。std::hexは、数値を16進数で表示する際に使用します。std::setw()は、数値の表示桁数を指定します。

リスト2-21の実行結果を以下に示します。

```
x = 0x000a, y = 0x0014
```

C標準ライブラリ

前節で変数の表示形式を指定するために使用した関数等は、**書式指定子**と呼ばれています。この書式指定子の指定方法は**C標準ライブラリ**で使用される形式が一般的ですので、その方法を学んでいきます。

リスト2-21をC標準ライブラリで置き換えたものが**リスト2-22**となり、これでC++標準ライブラリを使用した場合と同様の実行結果が得られます。

▼リスト2-22　変数の値を4桁の16進数で出力する（C標準ライブラリ）

```
01: #include <stdio.h>
02: int main()
03: {
04:     int x = 10, y = 20;
05:     printf_s("x = 0x%04x, y = 0x%04x¥n", x, y);
06: }
```

1行目の<stdio.h>は、標準入出力を制御するC標準ライブラリのヘッダーです。

5行目のprintf_s()は標準出力に出力する関数です。引数の「%」が書式指定子を表す部分になります。第二引数と第三引数に変数x、yを指定していますが、第一引数内の最初の%は第二引数用、次の%は第三引数用の書式指定子です。このように、第一引数内の%と第二引数以降を一対一で指定する必要があります。

「%04x」の内、「x」は型を変換するための指定子で、C++標準ライブラリのstd::hexに相当します。「x」以外の例として**表2-12**のようなものがあります。

▼表2-12　型変換指定子の例

書式指定子	意味
%d	符号付き10進整数
%x	符号なし16 進整数（小文字）
%f	符号付き浮動小数点
%c	文字
%s	文字列

「%04x」の内、「0」はC++標準ライブラリのstd::setfill()に相当します。

「%04x」の内、「4」はC++標準ライブラリのstd::setw()に相当します。

C標準ライブラリの書式指定子は使い慣れてないと難しく感じるかもしれませんが、今後利用する機会が多いので基本的な使い方は覚えておいてください。また、標準ライブラリにはストリーム入出力以外にも様々なライブラリが用意されていますので、機会があれば調べてみてください。

COLUMN

列挙型

例えば「信号が青ならば進む」というコードを記述したとします。

```
if (signal == "青") action = "進む";
```

このソースでは「青」を「blue」に変更するなど、表現方法による不具合が発生するかもしれません。代替として信号機の色を「青 :0」、「黄色 :1」、「赤 :2」、動作を「止まる :0」、「進む :1」のように数値で定義して記述すれば、表現のばらつきは抑えられます。

```
if (signal == 0) action = 1;
```

ただし上記のように具体的な数値で表現してしまうと、他の人がソースを見たときに意味がわかりません（このような記述をマジックナンバーと言います）。これを避けるために列挙型を使用する方法があります。列挙型はenumキーワードを使用し、以下のように定義します。

```
enum sign {blue, yellow, red};
enum move { forward, stop };
```

列挙型の要素はint型の数値となっており、先頭から0、1、2…と順に割り当てられます。この列挙型の定義でソースを置き換えると以下のようになります。

```
if (signal == sign.blue) action = move.forward;
```

この章のまとめ

- 変数とは数値や文字列などの情報を格納する「入れ物」のことです。プログラムしやすいように変数の性質をデータ型によって決定します。
- 関数とは関連する複数の処理をひとつにまとめたものです。
- 演算子とは各種演算を表現するための記号のことです。
- 制御文を用いると指定した条件で処理の順番を変えることができます。
- 配列とは同じデータ型の変数を連続して並べたものです。
- 構造体を使うと一つ以上の異なるデータ型の変数の固まりを表現することができます。

- ソースコード間で関数を共通に利用する場合、ヘッダーファイルに関数の宣言文のみ定義して、関数の実体を対になるソースファイルに作成します。

- ポインタとはメモリのアドレスを格納している変数です。C 言語や C++ 言語ではポインタが「アドレス」、ポインタ以外の変数は「アドレスの内容」と、変数が持つ値の意味を明確に切り分けています。

- オブジェクト指向プログラミングは、プログラムの対象を抽象化することで共通点を見つけ出し、プログラムの効率を図ることを目的としたプログラミング技術です。

- C 標準ライブラリや C++ 標準ライブラリを使用することで、標準入出力などのストリームを制御することができます。

《章末復習問題》

練習問題 2-1

次の文章の括弧内に入る言葉を埋めてください。

C言語で共通で利用できる関数を提供するには、（①）ファイルに関数を宣言し、ソースファイルに関数の実体を記述します。実体のない関数を宣言することを（②）宣言といいます。（①）ファイルを（③）することで共通関数を使用することができます。

練習問題 2-2

共通で利用できる関数を作成する場合、関数の引数としてどのような場面でポインタを使えばよいでしょうか。

練習問題 2-3

次の文章の括弧内に入る言葉を埋めてください。

C++言語は（①）指向プログラミングに対応したプログラミング言語で、C言語と互換性があります。C言語とC++言語の関係を（①）指向にあてはめると、C言語を（②）クラスとして継承した（③）クラスがC++言語であると言えます。

解答は P.562 ➡

3章

Visual C++ 特有の言語仕様

Visual C++はC++言語に準拠したプログラミング言語です。しかし、Visual C++はWindowsアプリケーションを作成するために、C++とは異なる特有の言語仕様になっています。
この章ではVisual C++の特有の言語仕様について説明していきます。

01 Visual C++特有のデータ型

Keyword ☑ Visual C++の特有なデータ型

Visual C++特有のデータ型について

読者の皆さんがこれからVisual C++のプログラミングを学習するにあたって、他プログラミング言語では見慣れないデータ型を使用していくことになります。この節ではVisual C++の特有なデータ型にはどのようなものがあるのか、その一例を紹介していきます。

Visual C++はC++言語に準拠したプログラミング言語です。よってVisual C++はC++に定義されているデータ型を使うことができますし、C++にはないVisual C++特有のデータ型を使うこともできます。Visual C++特有のデータ型には主にWindowsアプリケーションを作成するためのデータ型が存在しています。

▼図3-1 Visual C++で扱えるデータ型の範囲

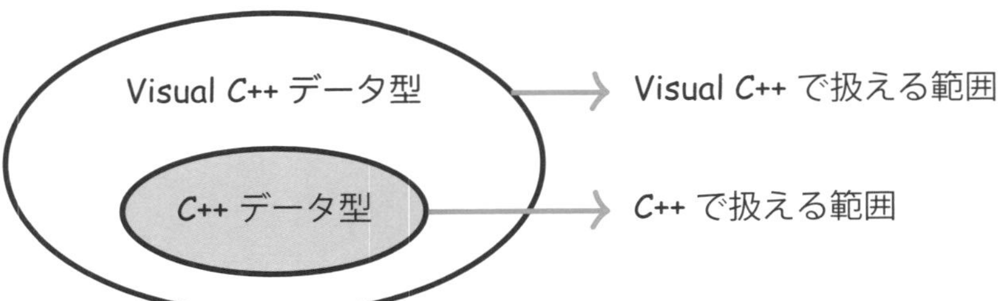

図3-1はC++とVisual C++のデータ型の関係を表しており、Visual C++はC++のデータ型にVisual C++特有のデータ型が追加されています。

Visual C++特有のデータ型の一例を**表3-1**に示します。

▼表3-1 Visual C++特有のデータ型

データ型	データ型の意味
BOOL	TRUEまたはFALSEの値を持つデータ型です。Visual C++ではC++の型を大文字で表現するデータ型が存在します
BYTE	unsigned charと同じ範囲の値を持つデータ型です
DWORD	unsigned intと同じ範囲の値を持つデータ型です
HANDLE	ウィンドウ、ファイル、描画デバイスなど、Windowsを構成する要素を指し示す一意となる値を格納するデータ型で、ハンドルと呼ばれています
HDC	ディスプレイやプリンタなどの描画デバイスについての情報を格納するハンドルです。HDCはHandle to a Device Context（デバイスコンテキストのハンドル）の略です。接頭語「H」のデータ型はHANDLEを意味しているものが多いです
HWND	ウィンドウのハンドルです
LPVOID	void型のポインタです。LPはLong Pointerの略です。接頭語「LP」のデータ型はLong Pointerを意味しているものが多いです
LPCTSTR	long pointer to constant null-terminated stringの略で、不変文字列へのポインタです
TCHAR	文字列を格納するためのデータ型です。詳しくは**3-02**で説明します
UINT	unsigned intと同じ型です。接頭語「U」のデータ型はunsigned（符号なし）の省略形であるものが多いです
ULONG	unsigned longと同じ範囲の値を持つデータ型です

02 文字セット

Keyword ☑ 文字コード ☑ _Tマクロ

アプリケーションの文字コード

ほとんどすべてのコンピュータに利用されている文字コードとして「ASCII」（アスキー）と呼ばれているものがあります。ASCIIは「英数字記号」を扱う文字コードで日本語には対応していません。ASCIIを補うための日本語用の文字コードとして「Shift_JIS」（シフトジス）が用いられています。Shift_JISはANSI（アンシー）文字とも呼ばれ、ASCIIを拡張した文字コードです。

一方、.NETを用いたアプリケーションは「Unicode」（ユニコード）と呼ばれる文字コードが用いられています。.NET Frameworkが登場する以前は日本語を表現する文字コードにShift_JISを利用するのが主流でしたが、現在はUnicodeの利用が増えてきています。これはUnicodeが英語、日本語、中国語、アラビア語などの多言語に対応している文字コードで表現の幅が広いためです。　**表3-2**にこれらの文字コードの特徴を示します。

▼表3-2　Visual C++で扱える文字コードの特徴

文字コード	表現できる文字	利用されている範囲
ASCII	英数字記号のみ	ほとんどすべてのコンピュータ
Shift_JIS	英数字記号と日本語	（昔からある）日本語のアプリケーション
Unicode	多言語に対応	.NETで採用

現在のコンピュータではUnicodeとShift_JISの両方共に扱われています。そのため、アプリケーションでも出力する文字コードを制御する必要があります。Visual C++では日本語のアンマネージアプリケーションを作成する時に、UnicodeとShift_JISのどちらで文字コードを出力するか制御することができます。その仕組みを見ていきましょう。

文字コードと_Tマクロ

日本語を取り扱うアプリケーションを作成する場合、マネージアプリケーションではUnicodeが利用されるため、文字コードをほとんど意識する必要はありません。しかし、アンマネージアプリケーションでは文字コードをUnicodeとShift_JISのどちらを扱うのか決定する必要があります。その理由は、Shift_JISの文字コードを扱うデータ型は「**char型**」、Unicodeの文字コードを扱うデータ型は「**wchar_t型**」と決まっており、どちらの文字コードを利用するかによってプログラミングが異なるためです。

「Shift_JISを扱うアプリケーションをUnicodeに変更したい」というようなケースが発生すると、文字コードを変更するだけでも非常に大変です。そこで文字コード対応の互換性を保つ方法の1つにVisual C++には**_T（_TEXT）マクロ**が用意されています。ソースコードに文字列を直接記述する（**リテラル文字列**）場合、次に示すようなプログラミングを行います。

```
AfxMessageBox(_T("リテラル文字列"));
```

_Tマクロで生成される文字列は**TCHAR型**に変換されます。TCHAR型の文字列はビルド（**4章**で説明します）時にchar型またはw_char型のどちらかに変換されます。リテラル文字列に限らず、文字列にはTCHAR型を利用することで文字コードの互換性を保つことができるようになります。

本書では文字列の処理には_TマクロやTCHAR型を使用しますので、よく覚えておいてください。

メモ

AfxMessageBox() はメッセージボックスを表示する関数です。

TCHAR型の文字列がビルドによりchar型またはw_char型のどちらに変換されるのかは、Visual Studioのプロジェクトプロパティにある「文字セット」の項目によります。「文字セット」の項目でUnicodeとShift_JISのどちらに変換するかを設定します（**図3-2**）。

Unicodeを出力するには「Unicode文字セットを使用する」を選択します。Shift_JISコードを出力するには「マルチバイト文字セットを使用する」を選択します。

選択後にビルドを行うと、指定した文字コードでアプリケーションが作成されます。

▼**図3-2　プロジェクトプロパティページ**

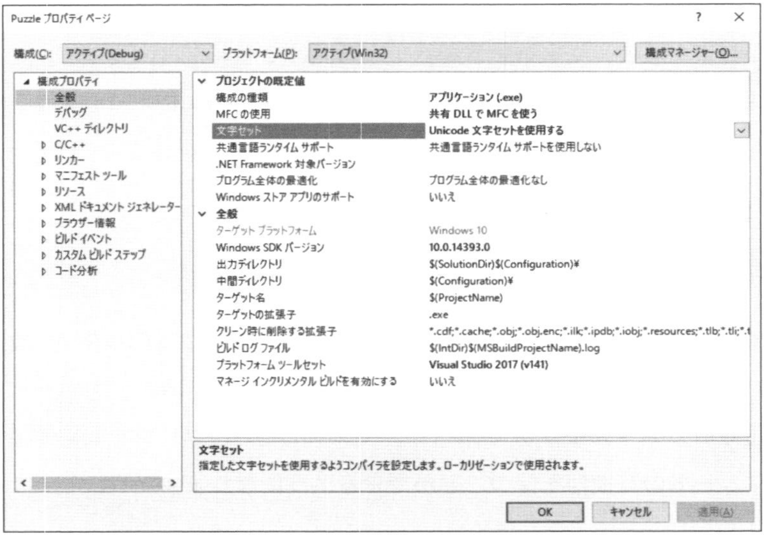

COLUMN

マルチバイト文字とワイド文字

Visual Studioのプロジェクトプロパティの「文字セット」で、Shift_JISは「マルチバイト文字セットを使用する」、Unicodeは「Unicode文字セットを使用する」を選択すると記述しました。

「マルチバイト文字セットを使用する」を選択すると、TCHAR型はchar型に変換されます。1バイト長のchar型を可変長で使用するため「マルチバイト文字」と言われています。

「Unicode文字セットを使用する」を選択すると、TCHAR型はw_char型に変換されます。w_char型は2バイトのデータ長になるため「ワイド文字」と言われています。

多言語に対応するためにはUnicodeを採用する必要があると記述しましたが、Unicodeの規格も様々なものがあります。その中で1バイト以上の可変長バイトで文字を表現するUTF-8はよく聞かれると思います。

ここまでの説明で「Unicodeを使用するのに2バイトのワイド文字を使うのはおかしい」と思われたかもしれません。日本語のWindows OSが使用している文字コードはUTF-8ではなく、UTF-16という規格が採用されています。UTF-16は2バイト（または4バイト）で文字を表現し、UTF-8との互換性もあります。

日本語のみ扱う場合、日常的によく使われる文字は2バイト（一部の難しい漢字は4バイト）で表現されます。UTF-8の場合は1バイト目が英数字固定、日本語を表現するのに更に2（または4）バイト必要となり、合計で3（または5）バイトが必要となります。UTF-16は2（または4）バイトで英数字と日本語のすべてを表現することが可能な規格となっています。このため、日本語を使用する環境ではUTF-16で文字を表現した方がメモリの効率がよいことになります。

Visual Studioでの「Unicode文字セットを使用する」の設定は、「ワイド文字を使用する」と読み替えてもよいでしょう。

03 マネージとアンマネージコードの混在

Keyword ☑ マネージコードとアンマネージコードの混在

マネージコードとアンマネージコードの混在

1章では、Visual C++はマネージコードとアンマネージコードの両方を作成することができると説明しました。Visual C++でアプリケーションを作成する場合、マネージコードのみ、アンマネージコードのみのアプリケーションをつくるだけではなく、マネージコードとアンマネージコードを混在させてアプリケーションをつくることもできます（**図3-3**）。

▼図3-3　マネージコードとアンマネージコードの混在

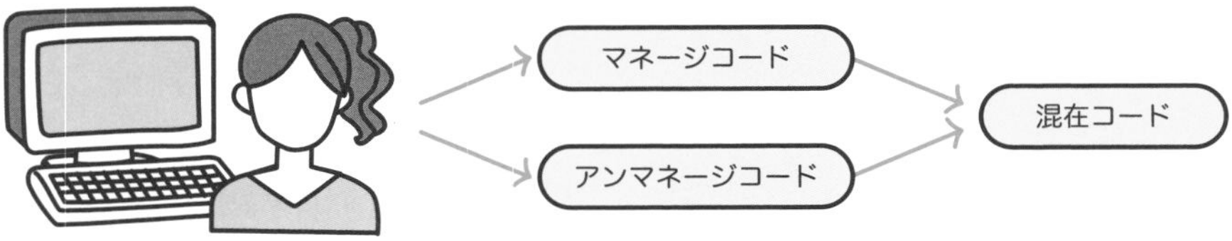

コードを混在させてつくる場合、コードの可読性が悪くなるというデメリットはありますが、「既存のアンマネージコードを流用して、新規で作成するコードはマネージコードで行う」という形で開発効率をあげることができるメリットがあります。過去のアンマネージコードを活用したい場合には、この手法を検討する価値があります。

この章のまとめ

- Visual C++ は C++ に準拠したプログラミング言語です。Visual C++ では Windows アプリケーションを作成するために C++ で利用可能なデータ型の他に、Visual C++ 特有のデータ型も利用します。

- アンマネージアプリケーションの文字コードは Unicode もしくは Shift_JIS（ANSI）コードのいずれかを利用します。プログラミングで文字列を扱う場合は _T マクロや TCHAR 型を用いて文字コードを意識しないようにします。

- Visual C++ ではマネージコードとアンマネージコードを混在させてプログラミングをすることが可能です。

《章末復習問題》

練習問題 3-1

マネージアプリケーションで利用されている文字コードは次のうちのどれでしょうか？

①EUCコード
②ASCIIコード
③Shift_JISコード
④Unicode

練習問題 3-2

問題1の文字コードが最近広く使われるようになった理由をあげてください。

練習問題 3-3

アンマネージコードアプリケーションでTCHARや_Tマクロを利用するメリットは何でしょうか？

解答は P.563 ➡

4章

MFCプロジェクトの作成

この章ではMFCアプリケーションの開発を行うために
Visual Studioのプロジェクトの作成、ビルド、実行方法に
ついて学んでいきます。

01 MFCプロジェクトの作成

Keyword
- MFC
- MFCアプリケーションウィザード

MFCとは？

MFC（Microsoft Foundation Class）は、Visual C++のアンマネージコード用のクラスライブラリです。

Visual C++でアンマネージコードのアプリケーションを作成するには基本的にWindows APIを使用することになりますが、Windows APIはすべての関数が同列に見えるため、作成する目的にあったWindows APIを探すのが大変です。

MFCはオブジェクト指向で作成されており、Windows APIを目的毎にクラス単位でまとめることで必要最小限なプログラミング量でアプリケーションを作成できるように工夫されています（**図4-1**）。

▼図4-1　Windows APIとMFCの関係

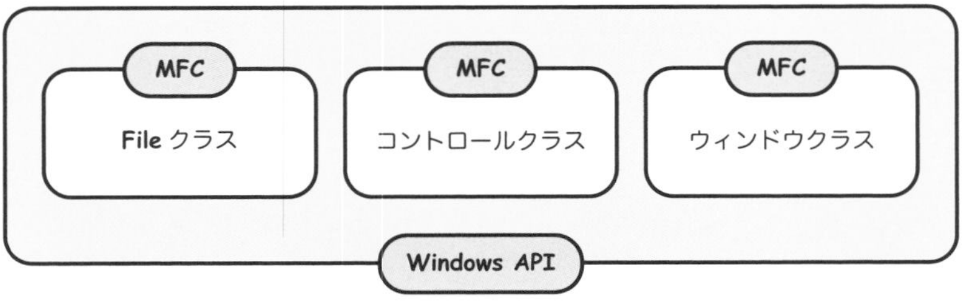

本章は、MFCでアプリケーションを作成するための手順を学んでいきます。

MFCアプリケーションのプロジェクトを作成する

1章でVisual Studioでプロジェクトを作成する方法を学びました。これからMFCアプリケーション用プロジェクトの作成手順を見ていきましょう。

Visual Studioの[ファイル]メニューから[新規作成]→[プロジェクト]を選択し、「新しいプロジェクトの作成」画面を表示します。「新しいプロジェクトの作成」画面のフィルターに[C++][Windows][デスクトップ]を選択し、[MFCアプリ]を選択して、[次へ]ボタンを押します(**図4-2**)。

▼**図4-2 「新しいプロジェクトの作成」画面**

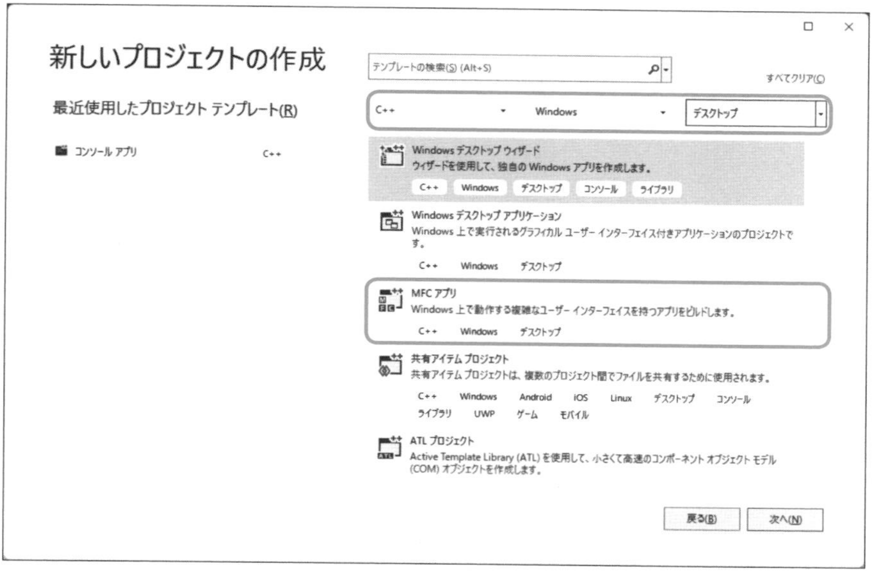

「新しいプロジェクトを構成します」画面で、[プロジェクト名]に「MFCApplication」、[場所]に保存する場所を入力し、[ソリューションとプロジェクトを同じディレクトリに配置する]をチェックしないで、[作成]ボタンを押します(**図4-3**)。

▼図4-3　「新しいプロジェクトを構成します」画面

ダイアログベースのMFCアプリケーションの作成

図4-2で［MFCアプリ］を選択すると、MFCアプリケーションを作成するためのウィザードが開始されます。ウィザードに従って、作成するアプリケーションの設定を行います。

最初に「アプリケーションの種類のオプション」画面（**図4-4**）が表示されます。

▼図4-4　「アプリケーションの種類のオプション」画面

「アプリケーションの種類」で選択できる項目とその特徴を、**表4-1**に記載します。

▼表4-1　アプリケーションの種類と特徴

アプリケーションの種類	特徴	アプリケーション例
単一のドキュメント	1つのウィンドウしか持たない	メモ帳
複数のドキュメント	1つの画面の中に複数のウィンドウを持つことができる	11章で作成するようなアプリケーション
ダイアログベース	ダイアログ（ユーザーに問い合わせる）画面	MFCアプリ作成のウィザードのような画面
複数のトップレベルドキュメント	独立した複数のウィンドウを持つことができる	Visual Studio

ここでは「ダイアログベース」を選択し、[次へ] ボタンを押します。

次の「ドキュメントテンプレートプロパティ」画面（**図4-5**）では、作成するMFCアプリケーションが扱うドキュメントの種類を設定することができます。ここでは [次へ] ボタンを押しましょう。

▼図4-5　「ドキュメントテンプレートプロパティ」画面

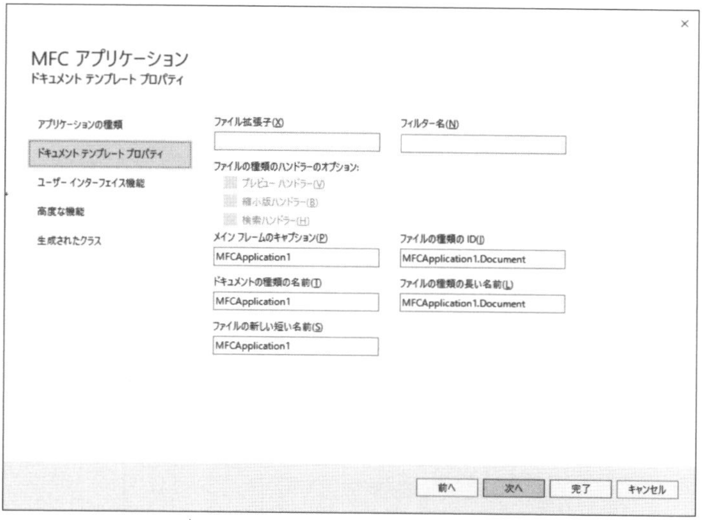

「ユーザーインターフェイス機能」画面（**図4-6**）では、作成する画面のスタイルを設定することができます。ここではそのまま［次へ］ボタンを押します。

▼図4-6　「ユーザーインターフェイス機能」画面

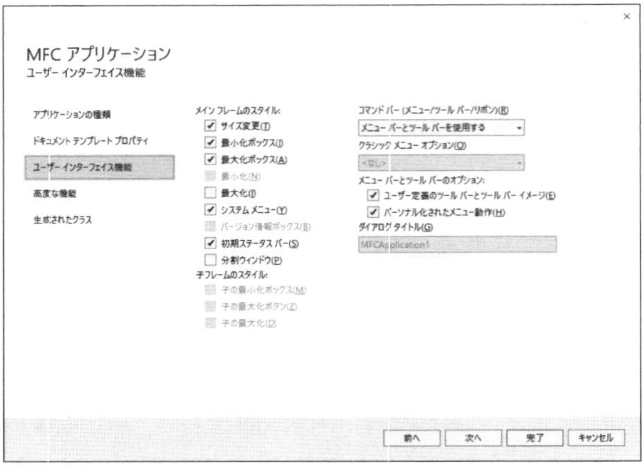

「高度な機能オプション」画面（**図4-7**）では、アプリケーションで利用したい機能を追加することができます。ここではそのまま［次へ］ボタンを押します。

▼図4-7　「高度な機能オプション」画面

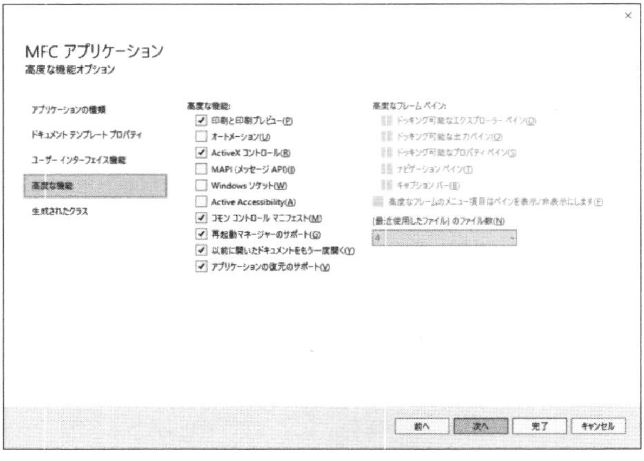

「生成されたクラスのオプション」画面（**図4-8**）では、プロジェクト名から生成されるクラスファイル名を変更することができます。

この画面でウィザード画面は終了します。［次へ］ボタンは押せなくなり、［完了］ボタンのみ押すことができます。ここではそのまま［完了］ボタンを押します。

▼図4-8 「生成されたクラスのオプション」画面

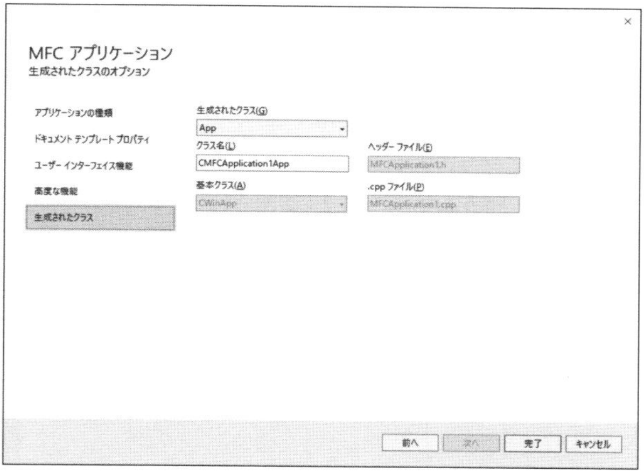

ここまでの手順で、MFCを利用するアプリケーションのプロジェクトの作成が完了しました。

02 プロジェクトとファイル

Keyword　CWinAppクラス　CDialogExクラス

作成されたプロジェクト

4-01で説明した手順を実行すると**図4-9**のようなプロジェクトが作成されます。

▼図4-9　作成されたプロジェクト

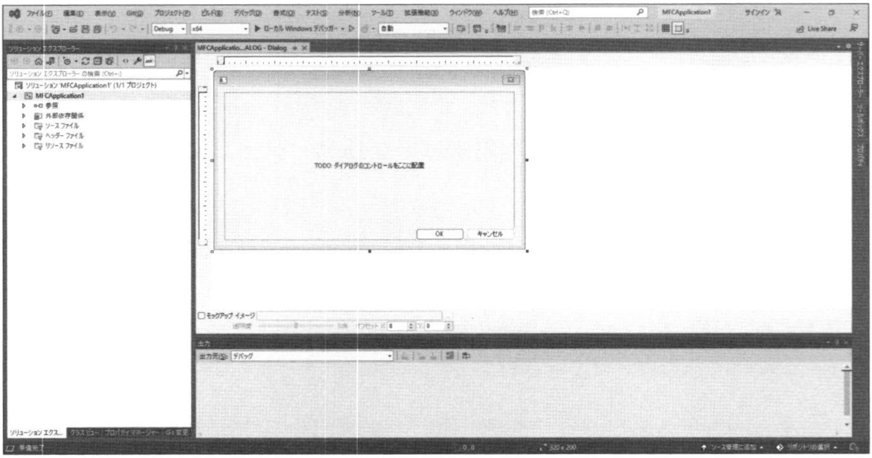

この節では、作成されたプロジェクトの内容を見ていきましょう。

作成されたファイルの関係

作成されたプロジェクトの中にどのようなファイルがあるのか、ソリューションエクスプローラで見てみましょう（図4-10）。

▼図4-10 ソリューションエクスプローラ

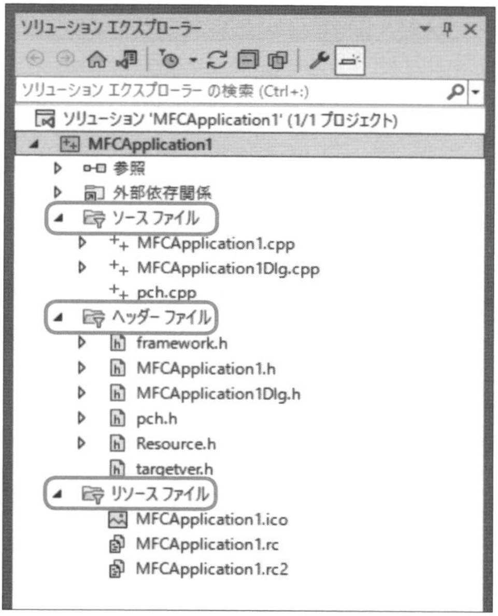

ソリューションの中にはMFCApplication1プロジェクトが1つだけ存在しています。プロジェクトの中にはファイルの種類ごとに「ソースファイル」、「ヘッダーファイル」、「リソースファイル」の3つのフォルダで分けられています。「リソースファイル」には画面表示用の情報が格納されています。

ポイントとなるファイルは、プロジェクト名と同じ名前のソースコードファイルとヘッダーファイル、及びプロジェクト名の後に「Dlg」がついたソースコードファイルとヘッダーファイルです。図4-10では以下のファイルになります。

- **MFCApplication1.cpp**
- **MFCApplication1Dlg.cpp**
- **MFCApplication1.h**
- **MFCApplication1Dlg.h**

これらのファイルの関係を見ていきます。ソリューションエクスプローラ内の「MFCApplication1.h」をダブルクリックして、ソースコードを見てみましょう。その中に以下の行を探してみてください。

```
class CMFCApplication1App : public CWinApp
```

2章でも説明しましたが、このコードは「CMFCApplication1Appクラスは CWinAppクラスから派生したクラスである」という意味です。**CWinAppクラス**はMFCのWindowsアプリケーションの骨格となるクラスで、主にアプリケーションの初期化、実行、終了処理を行います。つまり、これがアプリケーションの本体となるクラスのプロトタイプ宣言です。

ところで作成したプロジェクトは「MFCApplication1」という名前でしたが、クラス名は「CMFCApplication1App」ですね。作成されたクラス名の先頭にはクラス(Class)を表すCが、後ろには基底クラス名(CWinApp)を表すAppが自動で付与されています。

次に、MFCApplication1Dlg.hのソースコードを見てみましょう。その中に以下の行を探してみてください。

```
class CMFCApplication1Dlg : public CDialogEx
```

CMFCApplication1Dlgの基底クラスである**CDialogEx**クラスは、ダイアログ画 面を表示するためのMFCクラスです。「CMFCApplication1Dlg」の後ろのDlgは基底クラス名に由来して付与されています。

次にMFCApplication1.cppを見てみましょう。以下の行を探してみてください。

```
BOOL CMFCApplication1App::InitInstance()
```

InitInstance()はアプリケーションを初期化するためにCWinAppクラスから呼び出される関数です。

それではInitInstance関数の中から**リスト4-1**のコードがある行を探してみてください。

▼リスト4-1 MFCApplication1App.cppのソースコード

```
01: CMFCApplication1Dlg dlg;
02: m_pMainWnd = &dlg;
03: INT_PTR nResponse = dlg.DoModal();
```

1行目はCMFCApplication1Dlgクラスのインスタンスを生成しています。

2行目はMFCの決まりでメイン画面のポインタをm_pMainWndに代入する必要があるため、CMFCApplication1Dlgクラスのインスタンスのポインタを代入しています。

3行目のDoModal()はダイアログ画面を表示する関数です。戻り値にはダイアログ画面終了時に何のボタンが押されたのかが代入されます。

CMFCApplication1Dlgクラスがダイアログ画面を表示するクラスで、CMFCApplication1Appクラスがアプリケーションのメインクラスとなり、CMFCApplication1Dlgクラスのインスタンスを生成していることがわかりますでしょうか？

ダイアログベースのアプリケーションで主にコードを変更するファイルはCDialogExから派生したクラスのファイルになります。MFCApplication1プロジェクトの例ではCMFCApplcation1Dlg.cppが相当します。CDialogExの派生クラスのプログラミングはこれから少しずつ学んでいきましょう。

動かしてみよう

MFCアプリケーションをビルドして実行してみましょう。ビルドについては**1章**を参照してください。デバッグ実行するにはVisual Studioの［デバッグ］メニューから［デバッグの開始］を選択します（**図4-11**）。

▼図4-11　プログラムのデバッグ実行

実行すると**図4-12**のような画面が表示されます。

▼図4-12　実行結果

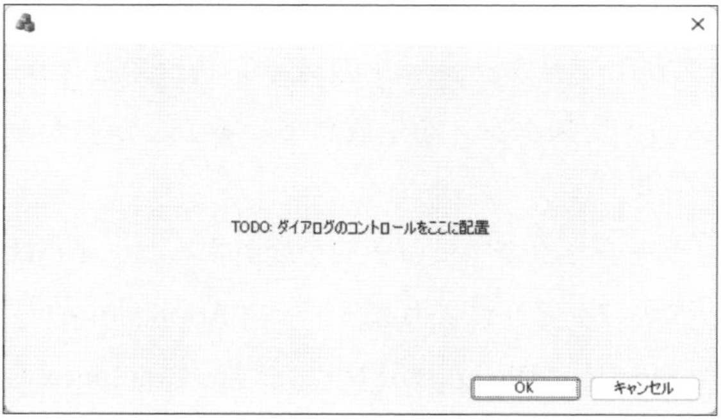

ダイアログ画面の終了は画面の×ボタンを押す、画面の［OK］または［キャンセル］ボタンを押す、［ESC］または［Enter］キーを押すなどの操作で行うことができます。

この章のまとめ

- CWinAppクラスはMFCのWindowsアプリケーションの骨格となるクラスです。
- CDialogEx クラスはダイアログ画面を表示するためのMFC クラスです。
- ビルドを行うことにより実行可能なファイルを生成することができます。

《章末復習問題》

練習問題 4-1

Visual C++でマネージアプリケーションを作成したい場合、プロジェクトの種類は何を選んだらよいでしょうか？

① MFC
② CLR
③ Win32
④ その他の言語

練習問題 4-2

アプリケーションを初期化するためにCWinAppクラスから呼び出される関数は何でしょう？

練習問題 4-3

1つの画面の中に複数のウィンドウを作成したい場合、MFCアプリケーションウィザードで設定しなければならない項目は何でしょうか？

解答は P.563 ➡

5章

コードウィザード

4章ではVisual Studioを使用してVisual C++のプロジェクトを作成する手順を説明しました。
この章ではMFCを利用したアプリケーションを作成する過程で利用する、コードウィザードについて説明します。

01 クラスウィザード

Keyword ☑コードウィザード ☑クラスウィザード

コードウィザードとは？

コードウィザードとは、ソースコードの中にクラスやメンバー関数、メンバー変数などを対話形式で追加することができるVisual Studioの機能です。

MFCアプリケーションに機能を追加するにはアプリケーション作成者がコードを記述することが必要になりますが、コードウィザードを用いることでコードすべてを記述する必要がなくなります。

MFCアプリケーションにコードウィザードを利用してコードを追加すると、適切なコードが追加されるので、正しいコードの作成方法を学ぶことができます。

この章ではコードウィザードを使用して、どのように機能を追加していくのかを見ていきましょう。

クラスを追加するには？

それではVisual Studioでクラスを追加する方法を見ていきましょう。この章では**4章**で作成したMFCApplication1プロジェクトを使用して説明します。

Visual Studio 2022では「クラスウィザード」を使用してクラスを追加することができますので、その方法を紹介します。

「クラスウィザード」を使用するには、Visual Studioの［プロジェクト］メニューから［クラスウィザード］を選択します(**図5-1**)。

▼図5-1 クラスウィザードの使用

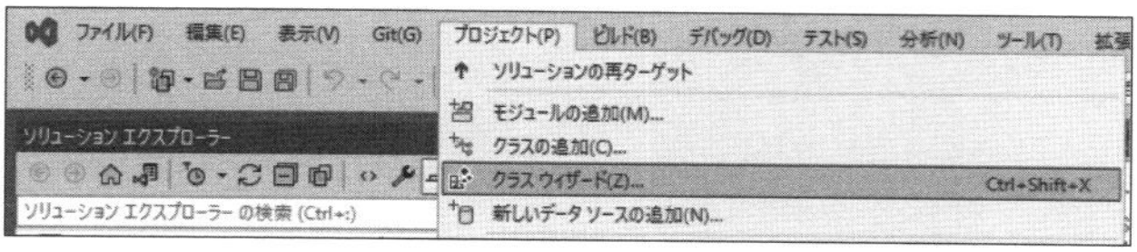

選択すると**図5-2**のような「クラスウィザード」画面が表示されます。

▼図5-2 「クラスウィザード」画面

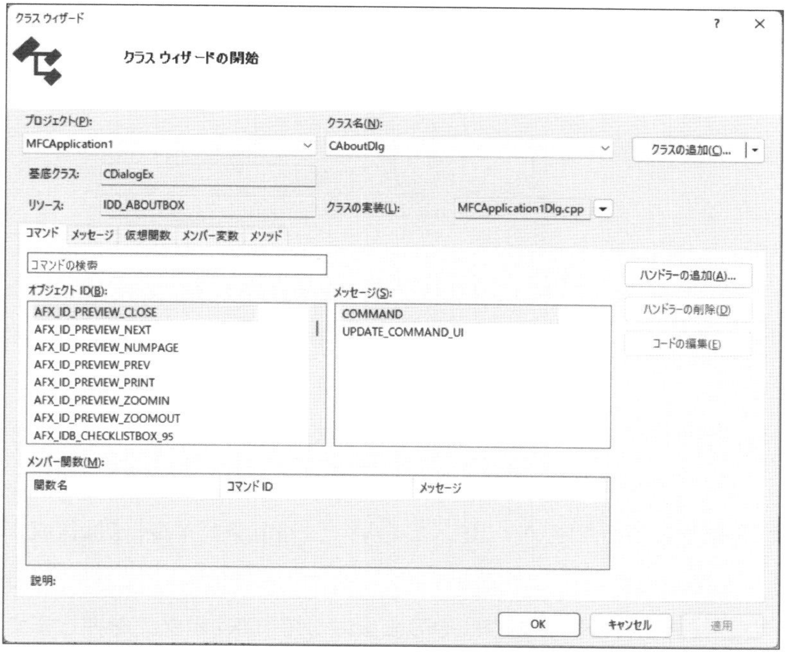

「クラスウィザード」画面からクラスを追加するには、[クラスの追加] ボタンの▼を押して [MFCクラス] を選択し、「MFCクラス追加」画面を開きます (**図5-3**)。

▼図5-3 「MFCクラス追加」画面

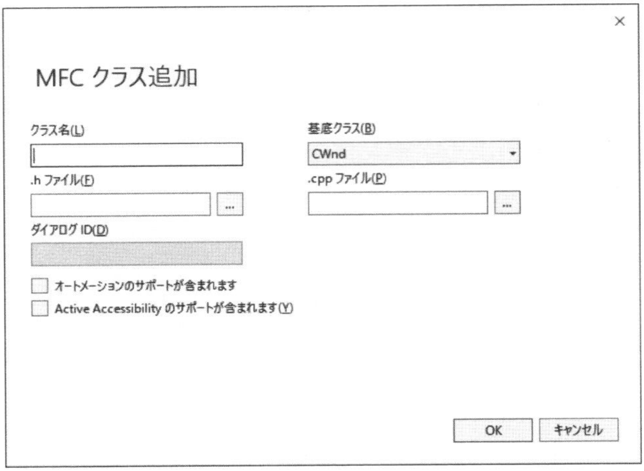

「MFCクラス追加」画面では、MFCのクラスを基底クラスにした派生クラスを作成することができます。派生クラスは**2-02**で説明したことを思い出してください。

それでは、MFCのCObjectクラスを基底クラスにした派生クラスを作成してみましょう。[クラス名] に「SampleClass」を入力して、[基底クラス] に「CObject」を選択してください。[.hファイル] と [.cppファイル] には作成するファイル名を入力することができますが、[クラス名] の入力と同時に自動的に入力されますので、ここではそのままにして [OK] ボタンを押します (**図5-4**)。

▼図5-4　入力したクラス名

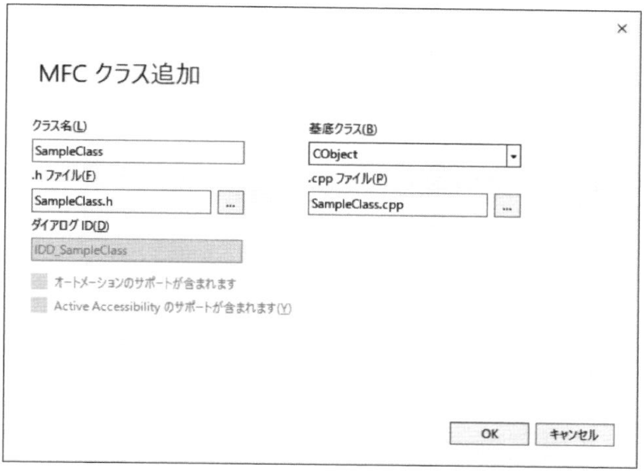

クラスが追加されると、「クラスウィザード」画面の［クラス名］に「SampleClass」を選択することができます（**図5-5**）。

▼図5-5　追加されたクラス名「SampleClass」

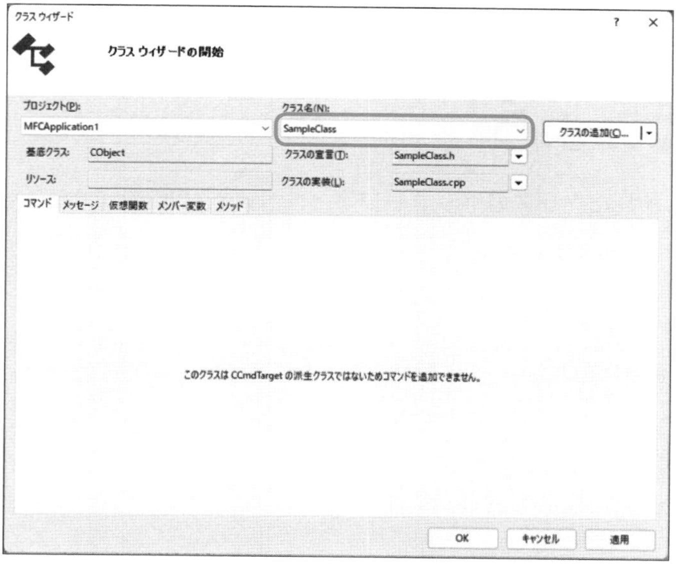

Visual Studioのソリューションエクスプローラには、追加したSampleClass.cppとSampleClass.hが表示されています(**図5-6**)。

▼図5-6 追加されたソースファイルとヘッダーファイル

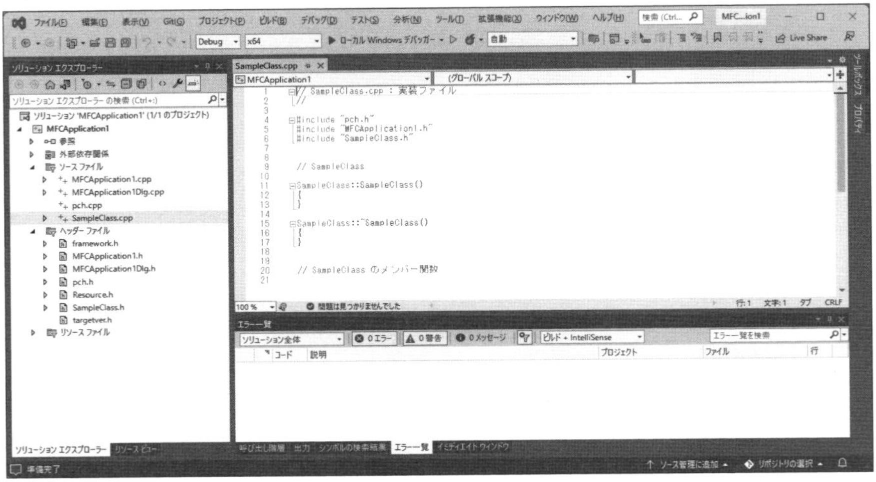

追加されたファイルを見てみよう

それでは、追加されたクラスのヘッダーファイルSampleClass.hのソースコードを見てみましょう(**リスト5-1**)。

▼リスト5-1 SampleClass.h

```
class SampleClass : public CObject
{
public:
    SampleClass();
    virtual ~SampleClass();
};
```

1行目はSampleClassクラスの宣言文で、基底クラスにCObjectクラスを指定しています。

4行目にクラス名と同じ名前のSampleClass関数が定義されています。これは**コンストラクタ**と呼ばれ、クラスのインスタンスが生成されるときに実行される関数です。5行目にはクラス名に~(チルダ)を付与した関数がありますが、これは**デストラクタ**と呼ばれ、クラスのインスタンスが破棄されるときに実行される関数です。

次にクラスのソースファイルSampleClass.cppのソースコードを見てみましょう(**リスト5-2**)。

▼リスト5-2 SampleClass.cpp

```
01: #include "pch.h"
02: #include "MFCApplication1.h"
03: #include "SampleClass.h"
04: SampleClass::SampleClass()
05: {
06: }
07: SampleClass::~SampleClass()
08: {
09: }
```

1行目に記述されている"pch.h"は、Windowsプログラミングでよく使用される関数のヘッダーファイルを束ねて宣言しているヘッダーファイルです(**P.470コラム参照**)。

2行目はプロジェクトのアプリケーションヘッダーをインクルードしています。

3行目は自身のクラスを宣言しているSampleClass.hをインクルードしています。4〜6行目はコンストラクタ、7〜9行目はデストラクタの関数の実体です。

02 メンバー関数の追加

Keyword ☑メソッド

メンバー関数を追加するには？

前節ではVisual Studioでクラスを追加する方法を見てきました。本節ではクラスにメンバー関数を追加する方法を見ていきましょう。

Visual Studio 2022では「クラスウィザード」を使用することでクラスにメンバー関数を追加することができますので、その方法を紹介します。

実際にメンバー関数を追加する方法を見ていきましょう。SampleClassクラスに以下のようなメンバー関数を追加します。

```
void SampleMethod(int arg1, char arg2);
```

前節で説明した「クラスウィザード」画面を開き、画面内の［メソッド］タブをクリックします。**図5-7**のようにメンバー関数を追加したいSampleClassクラスを「クラスウィザード」画面内の［クラス名］で選択してから、［メソッド］タブ画面内にある［メソッドの追加］ボタンを押します。

▼図5-7 「MFCクラスウィザード」画面内の[メソッド]タブ

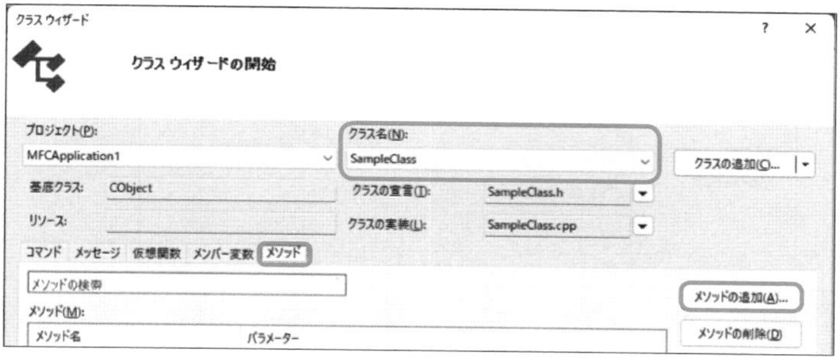

ポイント

メソッドとは、クラスのメンバー関数と同じ意味です。

「クラスウィザード」画面で[メソッドの追加]ボタンを押すと「関数の追加」画面が表示されます。**図5-8**のように[戻り値の型]に「void」、[関数名]に「SampleMethod」を入力し、[アクセス]に「public」を選択します。

▼図5-8 「関数の追加」画面

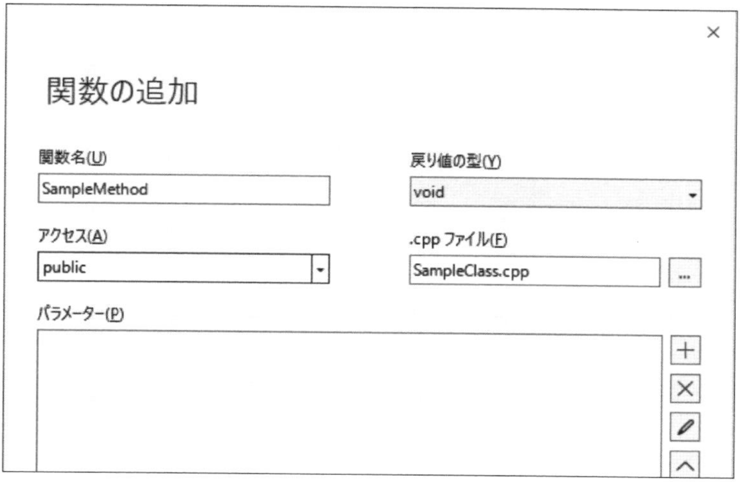

メンバー関数の引数を追加する場合、［パラメーター］の右側にある[+]ボタンを押して、［パラメーター］の新規入力行を追加してから、型と引数名を直接入力します。

▼図5-9　パラメーターの追加

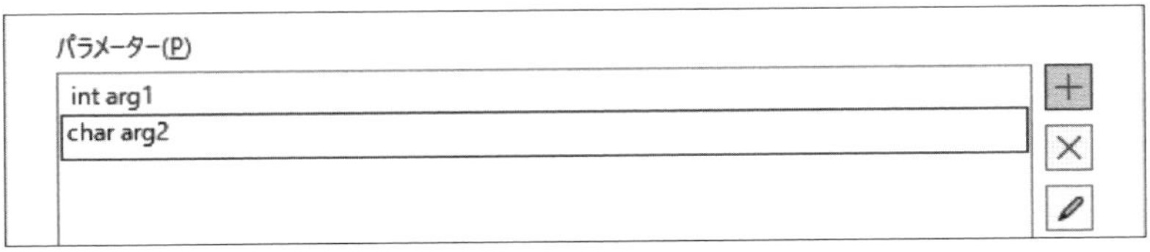

図5-9のように［パラメーター］行の上から「int arg1」、「char arg2」を入力して、「関数の追加」画面で［OK］ボタンを押して「クラスウィザード」画面に戻ります。

「クラスウィザード」画面の［メソッド］タブ内には、クラスのメンバー関数の一覧が表示されます。この中に先ほど追加したSampleMethod関数が表示されていることがわかります（**図5-10**）。これでメンバー関数の追加が完了しましたので［OK］ボタンを押して「クラスウィザード」画面を閉じましょう。

▼図5-10　追加されたメンバー関数

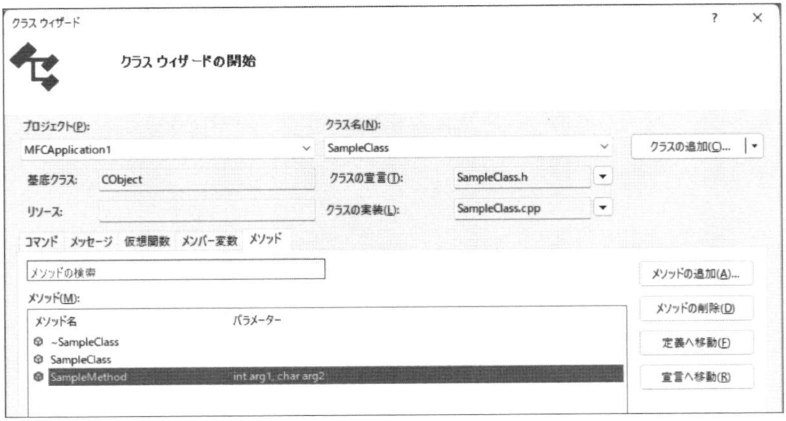

追加されたコードを見てみよう

それではSampleClass.hのソースコードを見てみましょう（**リスト5-3**）。

▼リスト5-3 SampleClass.h

```
01: class SampleClass :
02:     public CObject
03: {
04: public:
05:     SampleClass();
06:     virtual ~SampleClass();
07:     void SampleMethod(int arg1, char arg2);
08: };
```

リスト5-1と見比べてみてください。7行目に新しくメンバー関数SampleMethod()が追加されていることがわかりますね。

次に、SampleClass.cppのソースコードを見てみましょう（**リスト5-4**）。

▼リスト5-4 SampleClass.cpp

```
01: #include "SampleClass.h"
02: SampleClass::SampleClass()
03: {
04: }
05: SampleClass::~SampleClass()
06: {
07: }
08: void SampleClass::SampleMethod(int arg1, char arg2)
09: {
10: }
```

リスト5-2と見比べてみてください。8行目以降に新しくメンバー関数SampleMethod()の実体が追加されていることがわかりますね。

03 メンバー変数の追加

Keyword　☑メンバー変数

メンバー変数を追加するには？

前節ではVisual Studioでメンバー関数を追加する方法を見てきました。本節ではクラスにメンバー変数を追加する方法を見ていきましょう。

Visual Studio 2022では「クラスウィザード」を使用することでクラスにメンバー変数を追加することができますので、その方法を紹介します。

それでは実際にメンバー変数を追加する方法を見ていきましょう。SampleClassクラスに以下のようなメンバー変数を追加します。

```
public int iSample;
```

「クラスウィザード」画面を開き、画面内の［メンバー変数］タブをクリックします（**図5-11**）。前節のメンバー関数の追加と同様に、メンバー変数を追加するクラスを選択してから［カスタムの追加］ボタンをクリックします。

▼図5-11 「MFCクラスウィザード」画面内の[メンバー変数]タブ

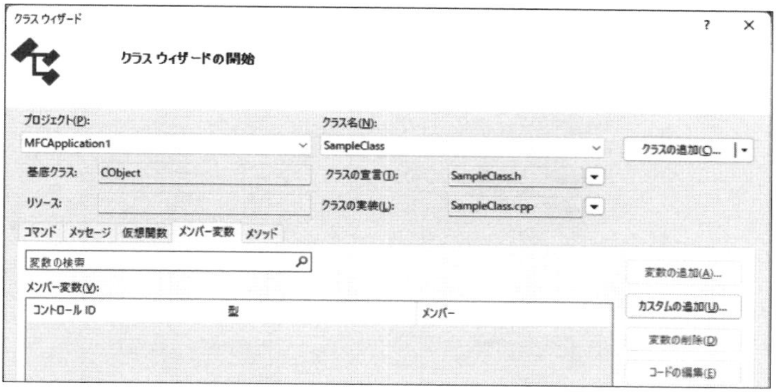

［カスタムの追加］ボタンをクリックすると、**図5-12**のような「メンバー変数の追加」画面が表示されます。［変数の型］にint、［変数名］にiSample、［アクセス］に［パブリック］を選択します。最後に［OK］ボタンを押してクラスウィザード画面に戻ります。

▼図5-12 「メンバー変数の追加」画面

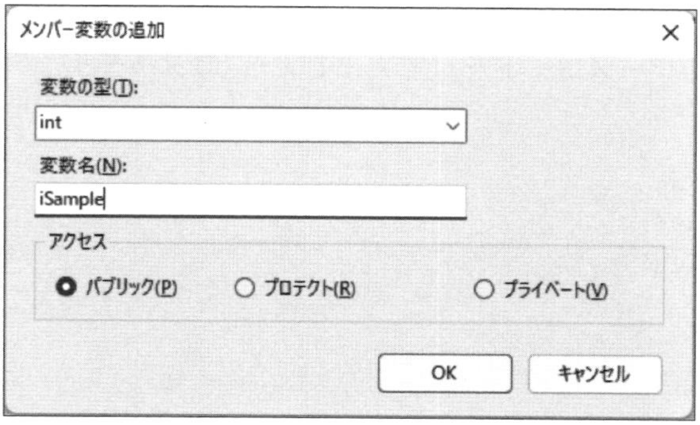

「クラスウィザード」画面の［メンバー変数］タブ内にはクラスのメンバー変数の一覧が表示されます。この中に先ほど追加したiSampleが表示されているのがわかります（**図5-13**）。

▼図5-13　追加されたメンバー変数

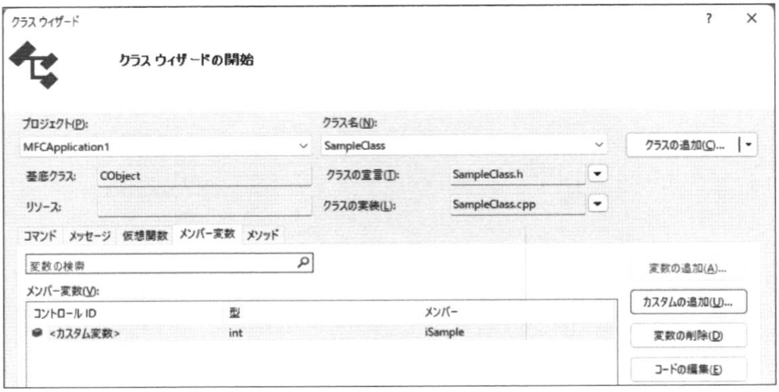

これでメンバー変数の追加が完了しましたので、[OK] ボタンを押してクラスウィザード画面を閉じましょう。

追加されたコードを見てみよう

それではSampleClass.hのソースコードを見てみましょう(**リスト5-5**)。

▼リスト5-5　SampleClass.h

```
01: class SampleClass :
02:     public CObject
03: {
04: public:
05:     SampleClass();
06:     virtual ~SampleClass();
07:     void SampleMethod(int arg1, char arg2);
08:     int iSample;
09: };
```

リスト5-3と見比べてみてください。8行目に新しくメンバー変数iSampleが追加されていることがわかりますね。

この章のまとめ

- クラスやメンバー関数、メンバー変数を追加するために、コードウィザードを用いることができます。
- クラスウィザードを使用して、クラス、メンバー関数、メンバー変数を追加することができます。
- クラスのメンバー関数のことをメソッドと言います。
- コンストラクタはクラスのインスタンスが生成されるときに実行される関数です。
- デストラクタはクラスのインスタンスが破棄されるときに実行される関数です。

《章末復習問題》

練習問題 5-1

MFCApplication1プロジェクトにCObjectクラスを継承したTestClassクラスを追加してください。

練習問題 5-2

問題5-1で作成したTestClassクラスに以下のメンバー関数を追加してください。

```
private int TestMethod(DWORD arg1, int* arg2);
```

練習問題 5-3

問題5-1で作成したTestClassクラスに以下のメンバー変数を追加してください。

```
private long lTest;
```

解答は P.564 ➡

6章

デバッグ

第5章ではコードウィザードを用いたプログラミングの手順を説明してきました。
この章ではVisual Studioでのプログラムのデバッグ方法について説明します。

01 ビルドエラーの対応

Keyword
- 出力ウィンドウ
- エラー一覧ウィンドウ

ビルドエラーが発生したら？

4章では、「プログラムの作成」→「ビルド」→「実行」の手順を説明しました。ビルド時にはソースコードの記述の間違いがあった場合、エラーの有無が表示されます。この節ではデバッグ方法の説明の前に、ビルド時にエラーが発生した場合の対処方法について学んでいきましょう。

この章では**5章**で作成したMFCApplication1プロジェクトを使用して、ビルド時にエラーが発生するようにコードを変更して、そのエラーの対処方法を学んでいきます。SampleClass.cppのSampleMethod関数に、宣言されていない変数を使用してみましょう（**リスト6-1**）。

▼リスト6-1　SamleMethod関数

```
01: void SampleClass::SampleMethod(int arg1, char arg2)
02: {
03:     buildError = 0;
04:     buildError = 1;
05: }
```

3、4行目のbuildErrorはどこにも宣言していない変数のため、このコードによりビルドエラーが発生します。

それでは、ビルドを実行してみましょう。Visual Studioの［ビルド］メニューから［ソリューションのビルド］を選択してビルドするのでしたね？プロジェクトをビルドした結果は、**図6-1**のように「出力」ウィンドウ上に表示されます。

▼図6-1 「出力」ウィンドウ内のビルド結果の表示

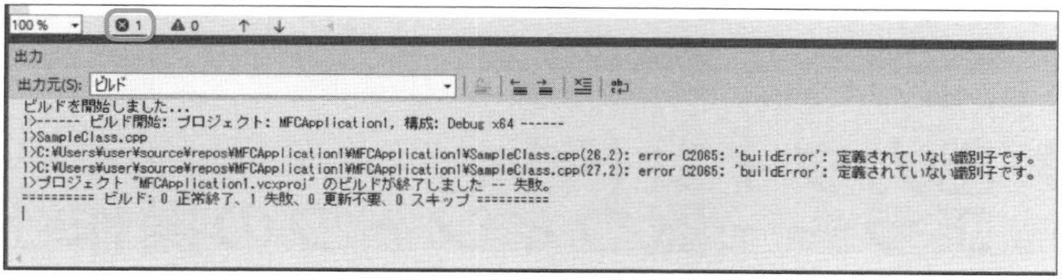

最後の行に出力されている情報に着目してください。「0 正常終了、1 失敗」と表示されていますが、これは「ソリューションビルドが正常終了したプロジェクトは0、失敗したプロジェクトは1」ということを表しています。

プロジェクト内のビルドエラーの総数を知りたい場合は、コードエディターの下に表示されている赤丸のXアイコン付近をクリックして、「エラー一覧」ウィンドウを表示します(**図6-2**)。

▼図6-2 「エラー一覧」ウィンドウ内のエラー内容の表示

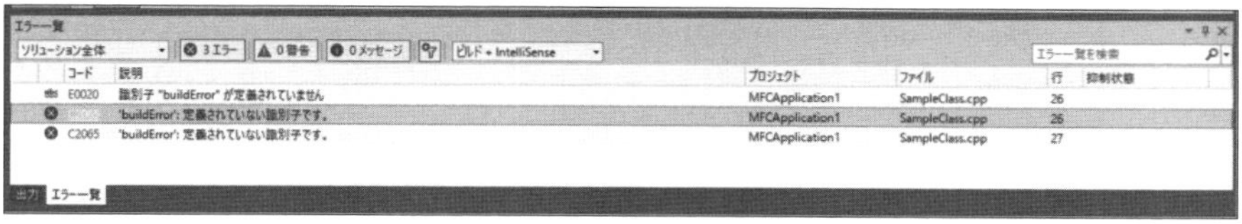

「エラー一覧」ウィンドウに表示されている「3エラー」がエラーの総数になります。プログラムを実行するためにはこのエラーの数を0にしなければなりません。

「説明」の列に表示されている内容がビルドに失敗している原因を示しています。「E0020」や「C2065」は「説明」に対するエラーコードです。他にもいろいろなエラーコードがありますが、詳しくはMicrosoft Docsの「C/C++コンパイラとビルド ツールのエラーと警告」(https://docs.microsoft.com/

ja-jp/cpp/error-messages/compiler-errors-1/c-cpp-build-errors?view=msvc-170）を参照してください。

「プロジェクト」「ファイル」「行」は、そのエラーがどこで発生しているのかを示しています。

出力ウィンドウ、エラー一覧ウィンドウの操作

エラーの原因がわかりましたので、エラー原因となっているコードを表示する方法を見てみましょう。

エラーになっているソースコードを開くには、「出力」ウィンドウまたは「エラー一覧」ウィンドウ内のエラー理由が表示されている行をダブルクリックします。この操作によりエラーになっているソースコードファイルがコードエディターで開かれ、エラー行まで表示が移動します（図6-3）。

▼図6-3　コードエディターのエラー行の表示例

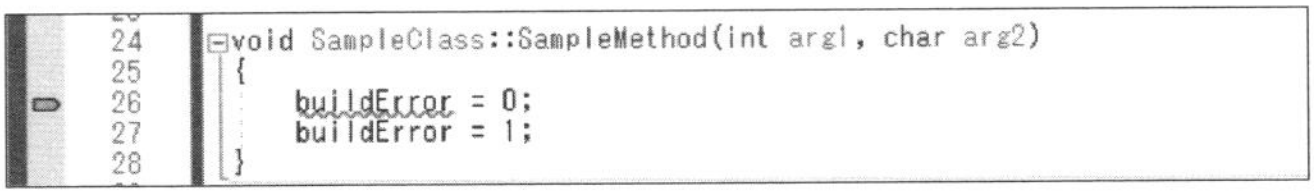

02 プログラムの不具合箇所を特定する

Keyword ブレークポイント ステップオーバー ステップイン ステップアウト

ブレークポイントとは？

プログラムをビルドしてエラーの数が0になっても、デバッグ実行したときに予期しないエラーが発生することがあります。このような場合にエラーが発生している原因を特定して取り除く作業（**デバッグ**）を行います。

Visual Studioではソースコードの任意の行でプログラムの実行を一時停止させることができる**ブレークポイント**という機能があります。この機能を利用することで変数の値やプログラムの実行を追跡することができ、デバッグを効率よく行えるようになります。

この節ではブレークポイントを使用したプログラムのデバッグ方法について学んでいきましょう。

ブレークポイントの設定

● バグを埋め込む

デバッグ実行中にエラーが発生するように、事前にMFCApplication1プロジェクトにバグを埋め込みます。

SampleClass.cppのSampleMethod関数を**リスト6-2**のように修正してください。

▼リスト6-2　修正したSampleMethod関数

```
01: void SampleClass::SampleMethod(int arg1, char arg2)
02: {
03:     int div = 1000 / arg1;
04: }
```

3行目でint型の変数divに1000をSampleMethod関数の引数arg1で割った値を代入するコードを作成しました。

次にMFCApplication1Dlg.cppがSampleClassクラスを利用できるように、ヘッダーファイルのインクルードを行います。MFCApplication1Dlg.cppをコードエディターで開き、ソースコードの先頭行の「#include」のプリプロセッサ文が続く最後の行に、SampleClass.hのインクルード文を追加します（**リスト6-3**）。

▼リスト6-3　SampleClass.hのインクルード

```
01: #include "pch.h"
02: #include "framework.h"
03: #include "MFCApplication1.h"
04: #include "MFCApplication1Dlg.h"
05: #include "afxdialogex.h"
06: #include "SampleClass.h"
```

1～5行目はウィザードにより生成されたコードになります。6行目のようにヘッダーファイルをインクルードするコードを追加してください。

次にSampleClassクラスのSampleMethod関数を実行するコードを追加します。SampleMFCDlg.cpp内にあるSampleMFCDlgクラスのOnInitDialog関数が定義されている行に移動します。**図6-4**のようにコードエディターの上にあるドロップダウンリストを使用すると、クラスのメンバー関数が定義されている行に移動することができます。コードエディターのコンボボックスの左上からプロジェクト名、クラス名、メンバー関数名の順にリストが表示されています。

▼図6-4 コードエディターのコンボボックス

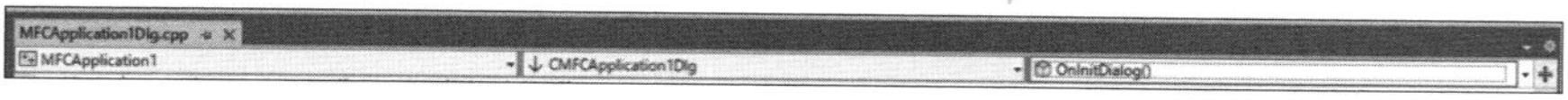

OnInitDialog()はダイアログ画面の初期処理時にOSから呼び出される関数で、ウィザードにより自動的に生成されたコードです。OnInitDialog関数実行時に独自の初期処理用のコードを実行させたい場合は、

```
// TODO: 初期化をここに追加します。
```

と記述されている箇所に初期処理用のコードを記述します。

上記に示した箇所に**リスト6-4**のようにコードを追加してください。

▼リスト6-4 OnInitDialog関数に追加するコード

```
01: SampleClass cSample;
02: cSample.SampleMethod(0, 'a');
```

1行目でSampleClassクラスのインスタンスcSampleを生成し、2行目のSampleMethod関数の第一引数に0、第二引数に文字'a'を設定しています。

リスト6-2でSampleMethod関数の第一引数を割られる数に設定していたことを思い出してください。もうおわかりかと思いますが、リスト6-4では割られる数に0を渡しているため、リスト6-2の3行目でエラーが発生してしまいます。

実際に動かして確かめてみましょう。Visual StudioでMFCApplication1をビルドしてください。ビルドエラーが発生したら前節で説明した方法でコードを修正してください。

デバッグ実行すると**図6-5**のようなエラー画面が表示されます。

▼図6-5　デバッグ実行時のエラー画面

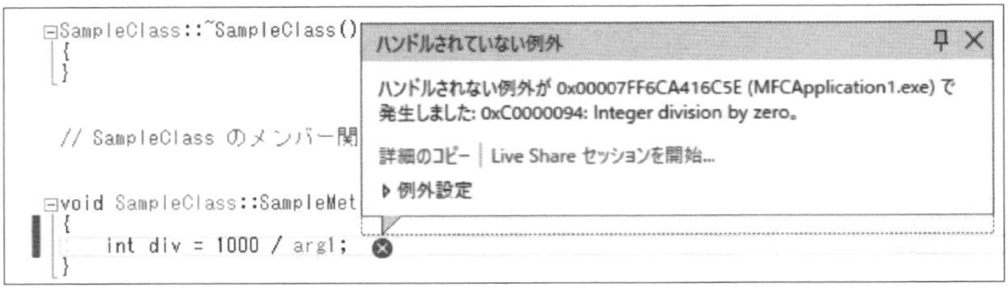

Visual Studioの［デバッグ］メニューの［デバッグの停止］により、デバッグ実行を終了させてください。

● **ブレークポイントを設定する**

それではブレークポイントの設定方法を見ていきましょう。

ブレークポイントは、「エラーの原因となる何かが起きた」と思われる部分に設定します。ここではまだダイアログ画面が表示していない状態でエラーが発生したので、「CMFCApplication1Dlgクラスの OnInitDialog関数内に追加したコードで何か起きた」と推測したとして、CMFCApplication1Dlgクラスの OnInitDialog関数の入り口にブレークポイントを設定してみましょう。

ブレークポイントを設定したい行にコードエディターの左側のグレーで表示されている部分をクリックすることで、ブレークポイントを設定することができます。

ブレークポイントが設定されると、**図6-6**のようにコードエディター上の左側にブレークポイントを示す赤い丸印が表示されます。

▼図6-6　ブレークポイントの設定

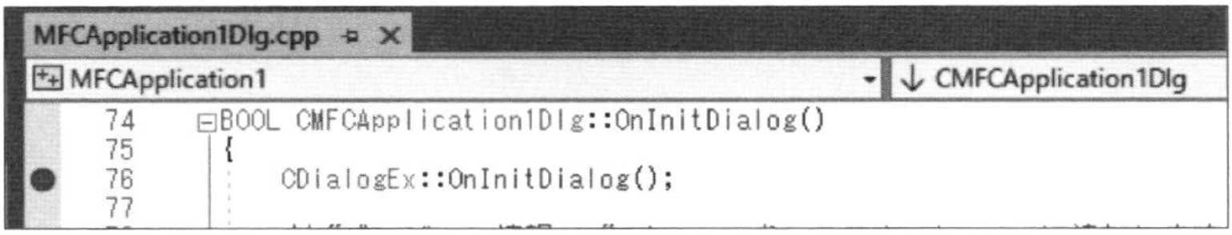

ブレークポイントの解除

ブレークポイントを解除するにはブレークポイントの赤い丸印を再度クリックします。

設定したすべてのブレークポイントを解除するには、Visual Studioの［デバッグ］メニューから［すべてのブレークポイントの削除］を選択します（**図6-7**）。

▼**図6-7　すべてのブレークポイントを解除する**

ブレークポイントを解除せず一時的に無効にすることもできます。ブレークポイントを右クリックして［ブレークポイントの無効化］を選択します（**図6-8**）。

▼**図6-8　ブレークポイントの無効化**

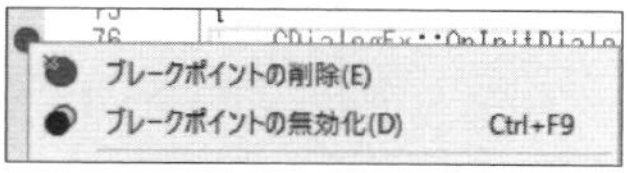

ブレークポイントを無効化すると、**図6-9**のようにブレークポイントを示す赤い丸印が白抜きになります。

▼**図6-9　ブレークポイントが無効化された状態**

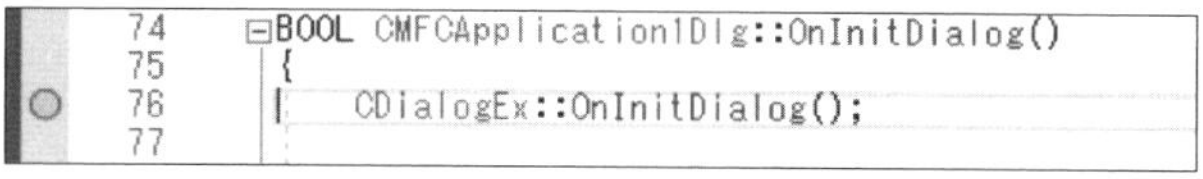

ステップオーバー

ブレークポイントを設定してからプログラムを実行すると、ブレークポイントを設定した箇所でプログラムが停止します。**図6-10**は停止中の状態を表しており、黄色い矢印はプログラムが停止している箇所を示しています。

▼図6-10　ブレークポイントによるプログラムの停止

```
BOOL CMFCApplication1Dlg::OnInitDialog()
{
    CDialogEx::OnInitDialog();

```

エラーは発生していませんので、プログラムはこの時点まで正常に動いているようです。ブレークポイントの位置からステップオーバーを使用して、OnInitDialog関数のどの箇所でエラーが発生するのかを特定します。

ステップオーバーはソースコードを1行ずつステップ実行する機能です。ステップオーバーを行うには F10 キーを押します。図6-10の状態からステップオーバーを行うと、**図6-11**のように黄色い矢印が1行下に移動します。

▼図6-11　ステップ実行

```
BOOL CSampleMFCDlg::OnInitDialog()
{
    CDialogEx::OnInitDialog();  ≦2ミリ秒経過
```

エラーが発生するまで F10 キーをゆっくり1回ずつ押しながら、黄色い矢印を移動させてみましょう。SampleMethod関数を呼び出している位置まで黄色い矢印が移動した後に、もう一回 F10 キーを押すとエラー画面が表示されますので試してみましょう。

ステップイン

ステップオーバーによりOnInitDialog関数内にあるSampleMethod関数の呼び出し時点でエラーが発生していることがわかりました。

次にSampleMethod関数内でエラーが発生している箇所を特定していきます。OnInitDialog関数内のSampleMethod関数の呼び出しの部分にブレークポイントを追加して、デバッグ実行してください。

デバッグ実行を行った直後は図6-9の状態になりますが、F5キーを押すと**図6-12**のように次のブレークポイントの位置まで実行させることができます。

▼図6-12　SampleMethod関数実行前に停止

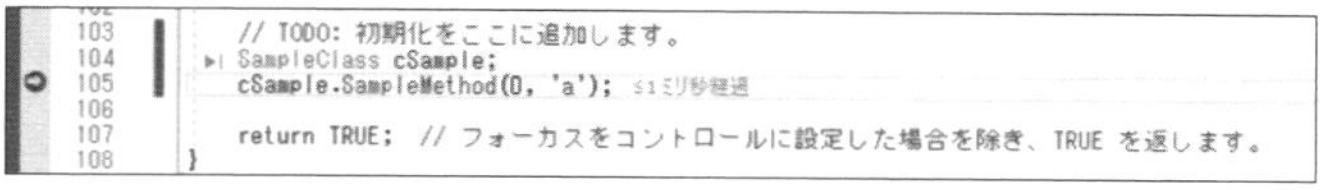

ステップインを使用すると関数の内部にステップ実行を進めることができます。ステップインを行うにはF11キーを押します。図6-12の状態からステップインを実行するとコードエディターによりSampleClass.cppが開かれ、**図6-13**のようにSampleMethod関数の入り口に黄色い矢印が移動します。

▼図6-13　ステップイン実行後

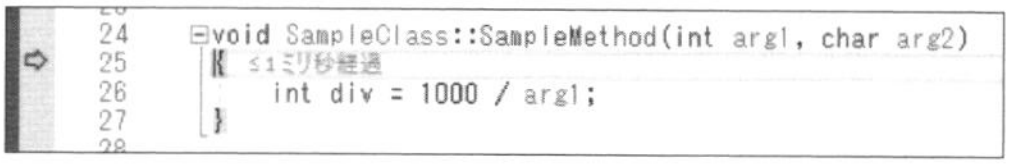

ステップインで関数の内部にステップ実行を進めたら、再びステップオーバーにより1行ずつステップ実行を行い、エラーが発生する箇所を特定していきます。割り算を行うコードに黄色い矢印を移動し、F10キーを押すとエラー画面が表示されますので、このコードがエラーの原因であることがわかります。

ステップアウト

ステップイン実行により、関数の内部にステップ実行を移動できることがわかりました。ステップイン実行で移動した関数がエラーの原因でないとわかった時点で、関数の呼び出し元まで戻りたい場合にステップアウトを使用すると便利です。

リスト6-4の1行目にブレークポイントを設定します。MFCApplication1プロジェクトを実行し、リスト6-4の1行目で停止させてから F11 キーを押すと、ステップ実行中を示す黄色い矢印がSampleクラスのコンストラクタに移動します（**図6-14**）。

▼**図6-14　Sampleクラスのコンストラクタに移動**

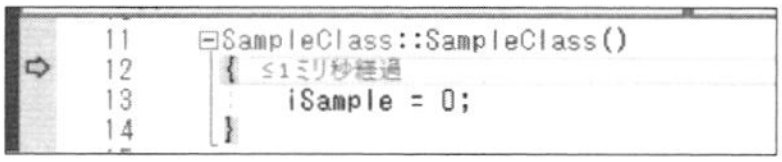

このソースコードはバグの原因とは考えづらいため、再びステップ実行をMFCApplication1Dlg.cppに戻しましょう。ステップアウトを行うには Shift + F11 を押します。**図6-15**はSampleクラスのコンストラクタからステップアウトを実行した結果を示しています。

▼**図6-15　ステップアウト実行後**

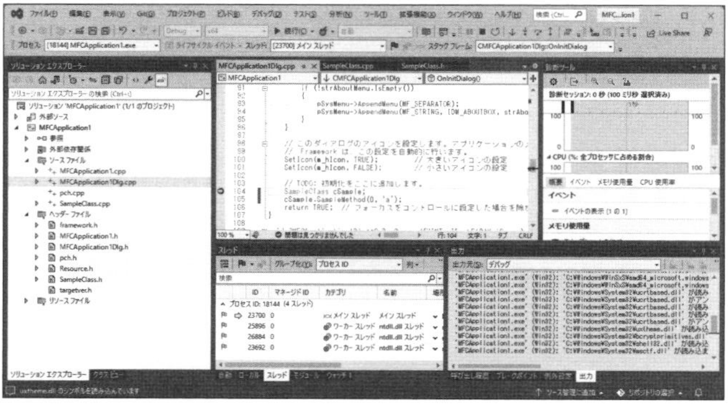

03 変数の内容を確認する

Keyword
☑ 自動変数ウィンドウ ☑ ローカル変数ウィンドウ
☑ ウォッチウィンドウ ☑ DataTips

変数の内容を確認するには？

前節ではブレークポイントとステップ実行を使用して、プログラムの不具合がある箇所を特定する方法を学びました。

不具合の箇所が特定できたら、ブレークポイントとステップ実行を併用しながら関数の引数や変数の値の変化を調べ､不具合の原因を探っていきます。

Visual Studioでは変数の内容を確認するためのいくつかの方法がありますので、それらを使用する方法について学んでいきましょう。

「自動変数」ウィンドウと「ローカル」変数ウィンドウ

簡単に変数の値を確認するには、**自動変数ウィンドウ**や**ローカルウィンドウ**を使用する方法があります。

前節のMFCApplication1プロジェクトに設定したブレークポイントを使用して説明していきます。

MFCApplication1プロジェクトを実行して、図6-12の位置でプログラムの実行 を停止させます。その時点で、Visual Studioの［デバッグ］メニューから［ウィンドウ］→［自動変数］を選択して、自動変数ウィンドウを表示します（**図6-16**）。

▼図6-16　「自動変数」ウィンドウ

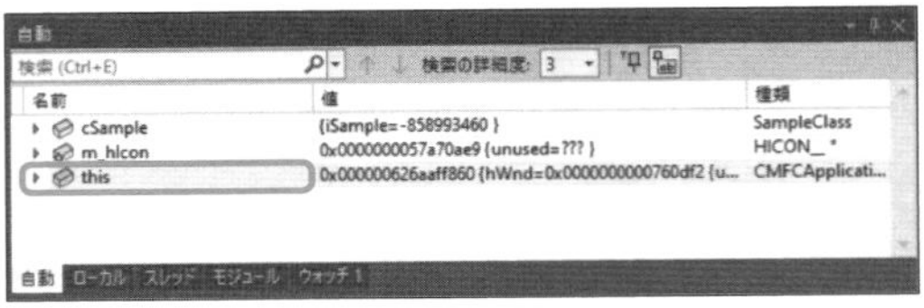

「自動変数」ウィンドウには、実行を停止している行とその直前の行に存在する変数の値が表示されます。一番下の行の「this」は**thisポインタ**と言われ、自分自身のクラスのインスタンスへのポインタです。thisポインタは使用することが多いので覚えておいてください。

この状態から図6-13の位置にステップ実行すると、「自動変数」ウィンドウは**図6-17**のように表示されます。

▼図6-17　ステップイン実行後の「自動変数」ウィンドウ

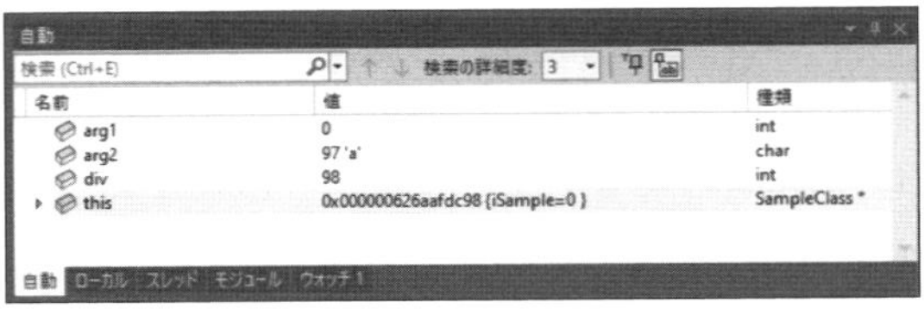

1行目にはSampleClassクラスのSampleMethod関数の第一引数arg1 が表示されています。これによりarg1の値に0が渡されたことがわかりますね。

2行目には、ampleClassクラスのSampleMethod関数の第一引数arg2 が表示されています。arg2の値は 'a' であることがわかります。

一方の「ローカル」(変数)ウィンドウは実行している関数内にあるすべての変数を表示します。「ローカル」ウィンドウを表示するには、デバッグ実行中にVisual Studioの[デバッグ]メニューから[ウィンドウ]→[ローカル]を選択します。

図6-12の状態でローカルウィンドウには**図6-18**のように表示されます。図6-16と見比べてください。3行目にCMenuクラスのポインタ pSysMenuが表示されている違いがあります。

▼図6-18 「ローカル」ウィンドウ

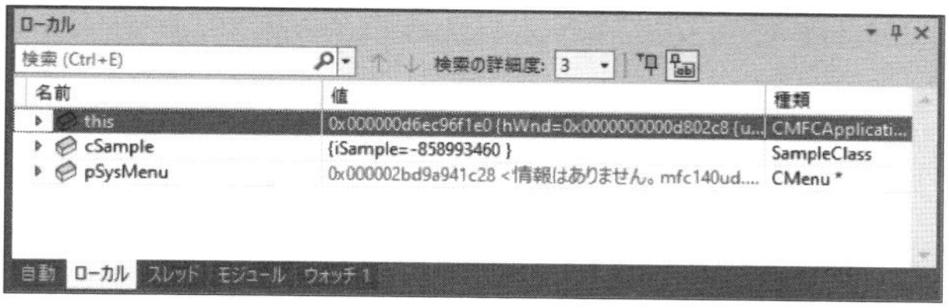

SampleMFCDlgクラスのOnInitDialog関数内にはpSysMenuが定義されているため（**図6-19**）、ローカルウィンドウに表示されています。

▼図6-19 pSysMenu変数の定義位置

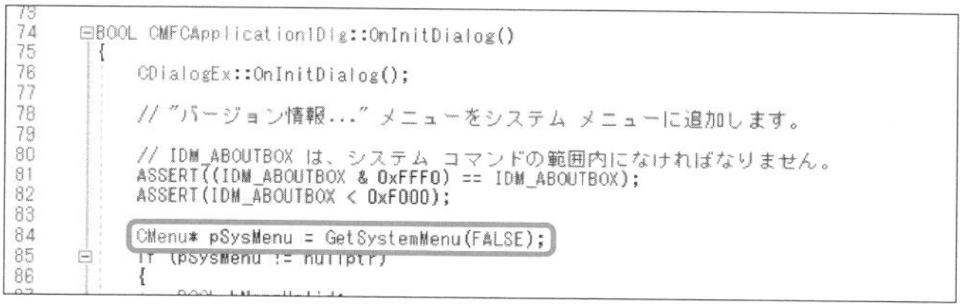

［ウォッチ］ウィンドウとDataTips

●［ウォッチ］ウィンドウ

変数を一時的に確認するだけであれば自動変数ウィンドウやローカル変数ウィンドウの利用で済みますが、任意の変数の値を確認したり、同じ変数の値を常に見張りたい場合には**ウォッチウィンドウ**を使用します。

ウォッチウィンドウはVisual Studio上に4つまで表示することができます。デバッグ実行中にVisual Studioの［デバッグ］メニューから［ウィンドウ］→［ウォッチ］を選択し、更にその中から［ウォッチ1］から［ウォッチ4］まで選択することができます（**図6-20**）。

▼図6-20　「ウォッチ」ウィンドウの選択

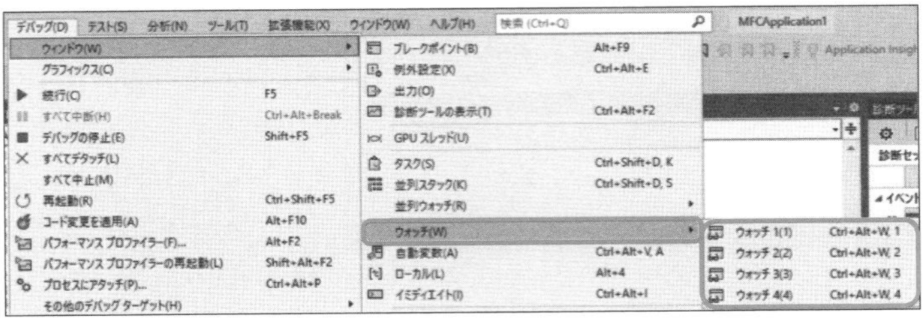

［ウォッチ1］を選択すると、**図6-21**のような画面が表示されます。

▼図6-21　「ウォッチ」ウィンドウ

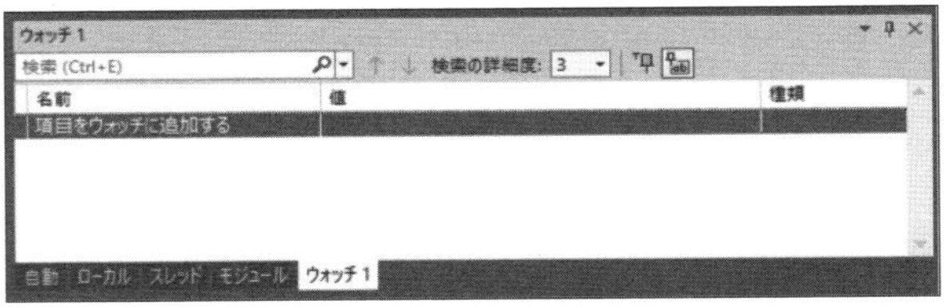

ウォッチウィンドウの［名前］には任意の変数名を入力することができます。図6-13の状態でウォッチウィンドウの［名前］に「arg1」を入力すると、変数arg1の値が表示されます（**図6-22**）。

▼図6-22　［ウォッチ］ウィンドウの［名前］の入力

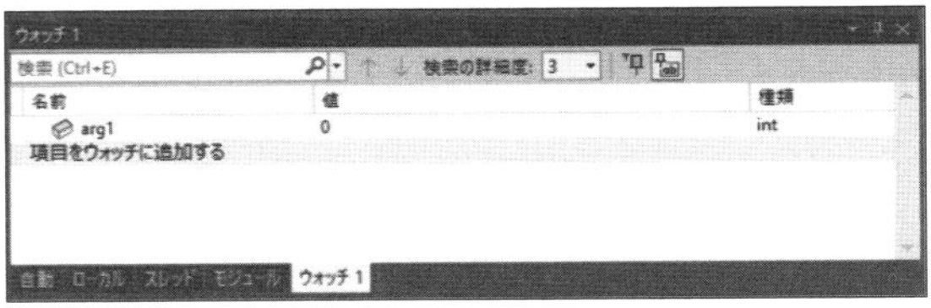

ウォッチウィンドウにはウォッチしたい変数を複数入力することができます。

また、コードエディターでウォッチしたい変数にカーソルを移動し、右クリックメニューで［ウォッチ式の追加］を選択することでも、ウォッチウィンドウにウォッチしたい変数を追加することができます（**図6-23**）。

▼図6-23 ［ウォッチ式の追加］メニュー

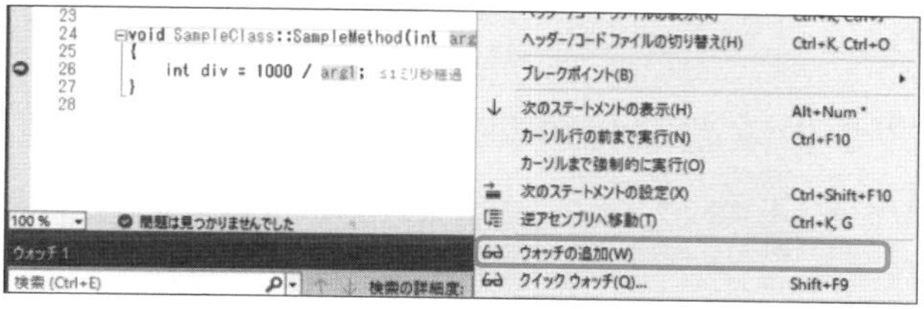

● DataTipsの利用

DataTipsを使用すると、デバッグ実行中にウィンドウを開くことなく任意の変数の内容を確認することができます。図6-13の状態でコードウィンドウ上のSampleMethod関数の引数arg1にマウスカーソルをあててみてください。

図6-24はDataTipsが表示されている例です。これによりarg1の現在の値は0であることがわかりますね。

ここでDataTipsに表示されているピンをクリックしてみましょう。

▼図6-24 DataTipsの表示

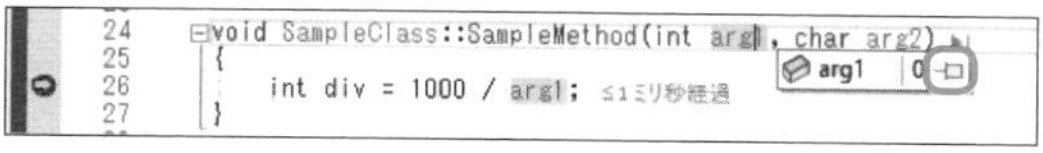

ピンをクリックするとコードウィンドウの左側にピンが表示されます。この時点までステップ実行が進むと、ピン設定した変数のDataTipsが必ず表示されるようになります。

ピン設定を解除するには、コードウィンドウのピン表示を右クリックして［クリア］を選択します（**図6-25**）。

▼図6-25 ピン設定の解除

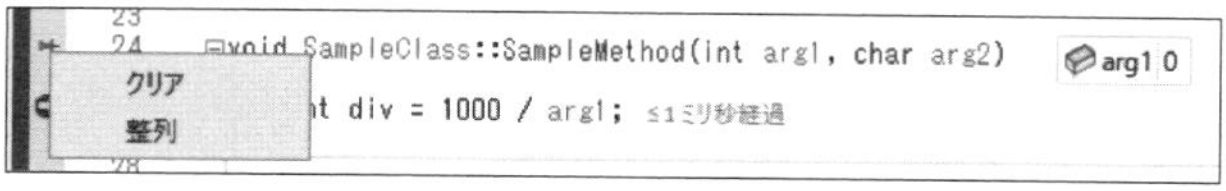

COLUMN

実行ファイルはどこに作成されるの？

Visual Studio でビルドすると実行ファイルが作成されますが、どこに作成されるのでしょうか？

Visual Studio のソリューションエクスプローラーでプロジェクトを選択し、右クリックして［プロパティ］メニューを選択するとプロジェクトの「プロパティページ」画面が表示されます。［構成プロパティ］→［全般］→［出力ディレクトリ］が実行ファイルが作成されるパスを示しており、デフォルト値は「$(SolutionDir)$(Platform)$(Configuration)」になっていると思います。これらはマクロとして定義されている値で指定されており、**15 章**にその使い方を説明しています。

$(SolutionDir) はソリューションを作成したディレクトリを示しています。$(Platform) は「x64」または「x86」のどちらか、$(Configuration) は「Debug」または「Release」が設定されます。$(Platform) と $(Configuration) は Visual Studio のツールバーに「ソリューションプラットフォーム」と「ソリューション構成」として表示されています。

作成される実行ファイル名は「プロパティページ」画面の［構成プロパティ］→［全般］→［ターゲット名］で指定され、デフォルト値は「$(ProjectName)」になっていると思います。従って「プロジェクト名 .exe」のファイルが上記ディレクトリ上に作成されることになります。

今まで作成されたプロジェクトに上記で説明した箇所に実行ファイルが存在するか確かめてみましょう。

この章のまとめ

- ビルドエラーが発生したら「出力」ウィンドウでエラー情報を取得して、ソースコードの修正を行います。
- ブレークポイントによりプログラムの実行を一時停止することができます。
- ブレークポイントでプログラムを一時停止した後、プログラムを1行ずつステップ実行しながら不具合の箇所を特定します。
- ブレークポイントでプログラムを一時停止した後、「ウォッチ」ウィンドウなどを使用して変数の値を確認しながら不具合の原因を探ります。

《章末復習問題》

練習問題 6-1

プログラムをステップ実行しているときに、ある関数の内部に移動してステップ実行できる機能は、次のうちどれでしょう？

① ステップオーバー
② ステップイン
③ ステップアウト
④ ブレークポイント

練習問題 6-2

デバッグ中に任意の変数の値を常に確認したい場合、次のうちどの機能を使用すればよいでしょうか？

①「自動変数」ウィンドウ
②「ローカル」ウィンドウ
③「ウォッチ」ウィンドウ
④ DataTips

解答は P.565 ➡

7章

MFCの基本的なクラス

6章ではVisual Studioを用いたデバッグの方法を学んできました。
この章ではMFCアプリケーションでよく使用されるクラスについて学んでいきましょう。

01 文字列を操作する

Keyword ☑CStringクラス

CStringクラス

読者の皆さんは、文字列処理のプログラムを作成した経験はありますか？どのようなプログラミング言語でも、文字列操作を行うための関数は用意されています。

MFCで文字列操作を行うには**CString**クラスを使用します。CStringクラスは、**3章**で説明したANSIとUnicodeの文字コードに対応しています。

この節ではCStringクラスを使用する方法を学んでいきましょう。

ポイント

CStringクラスの正式名称は「CStringTクラス」ですが、本書では「CStringクラス」として説明していきます。

文字列を代入する

CStringクラスのインスタンスに文字列を代入するには、**構文7-1**のように記述します。

構 文 **7-1 文字列を代入する**

```
インスタンス名 = 文字列 ;
```

構文7-1の右辺の「文字列」にはCStringクラスのインスタンス、またはリテラル文字列を指定します。

CStringクラスのインスタンスcSampleを生成して、文字列「Visual C++」を代入する例を以下に示します。

```
CString cSample;
cSample = _T("Visual C++");
```

_T()は、文字コードの互換性を保つためにリテラル文字列をTCHAR型に変換するマクロ文であることを**3章**で解説していますので、参照してください。

コンストラクタにリテラル文字列を指定することで、初期値を設定することができます。初期値に「Visual C++」を代入する例を以下に示します。

```
CString cSample(_T("Visual C++"));
```

文字列を連結する

文字列の連結には、C言語の加算演算子"+"を用いることができます(**構文7-2**)

構 文 **7-2 文字列を連結する**

```
インスタンス名 = 連結する文字列 + 連結する文字列 ;
```

構文7-2の右辺の「連結する文字列」にはCStringクラスのインスタンス、

またはリテラル文字列を指定しますが、少なくとも片方はCStringクラスのインスタンスである必要があります。

文字列を操作するプロジェクトを作成して、使い方を学んでみましょう。**4章**を参考に新しいプロジェクト「CStringSample」プロジェクトを作成してください。**6章**を参考にCCStringSampleDlgのOnInitDialog()を開いて、「// TODO: 初期化をここに追加します。」の箇所から**リスト7-1**のように修正します。

▼リスト7-1　文字列を連結する

```
01: // TODO: 初期化をここに追加します。
02: CString cSample(_T("C++ "));
03: cSample = _T("Visual ") + cSample;
04: TRACE("¥n***** %S *****¥n", cSample);
05: cSample = cSample + cSample;
06: TRACE("¥n***** %S *****¥n", cSample);
```

2行目でCStringクラスのインスタンスcSampleを生成して、初期値に"C++"を代入しています。

3行目でリテラル文字列"Visual"とcSampleを連結した結果をcSampleに代入しています。

5行目でcSampleとcSampleを連結した結果をcSampleに代入しています。

4、6行目の**TRACE()**はVisual Studioの「出力」ウィンドウに文字列を出力するためのマクロです（詳しくはコラム「**TRACEマクロ**」を参照してください）。

リスト7-1を実行すると「出力」ウィンドウ内の一部に以下のように出力されていますので、確認してみてください。

```
***** Visual C++ *****
***** Visual C++ Visual C++  *****
```

● 文字列を末尾に連結する

文字列を末尾に連結するには、C言語の加算演算子 "+=" を用いることができます（**構文7-3**）。

構　文　7-3　文字列を末尾に連結する

```
インスタンス名 += 連結する文字列 ;
```

構文7-3の右辺の「連結する文字列」にはCStringクラスのインスタンス、またはリテラル文字列を指定します。

前節で作成した「CStringSample」プロジェクトを使用して、使い方を学んでみましょう。前節と同様にCCStringSampleDlgのOnInitDialog()を**リスト7-2**のように修正します。

▼リスト7-2　文字列を末尾に連結する

```
01: // TODO: 初期化をここに追加します。
02: CString cSample(_T("Visual "));
03: cSample += _T("C++ ");
04: TRACE("¥n***** %S *****¥n", cSample);
05: cSample += cSample;
06: TRACE("¥n***** %S *****¥n", cSample);
```

1行目でCStringクラスのインスタンスcSampleを生成して、初期値に"Visual"を代入しています。

2行目でcSampleの末尾にリテラル文字列"C++"を連結し、4行目でcSampleの末尾にcSampleを連結しています。

リスト7-2を実行すると「出力」ウィンドウ内の一部に以下のように出力されていますので、確認してみてください。

```
***** Visual C++ *****
***** Visual C++ Visual C++  *****
```

COLUMN

TRACE マクロ

TRACE マクロは Visual Studio の「出力」ウィンドウに文字列を出力するための MFC のマクロで、リスト 7-1 のように変数の値をテスト出力したい場合などに用います（図 7-A）。

▼図7-A　デバッグ機能の活用例

リスト 7-1 では TRACE マクロの第一引数に "%S¥n" が設定されています。そのうち "%S" は 2 章で説明した書式指定子です。"%S" は Unicode などの全角文字を扱う場合に指定します。リテラル文字列を出力する場合は、_T() マクロで囲まなくても出力することができます。

文字を比較する

文字列を比較するには、C 言語の比較演算子を使用することができます。

前節で作成した「CStringSample」プロジェクトを使用して、使い方を学んでみましょう。前節と同様にCCStringSampleDlgのOnInitDialog()をリスト7-3のように修正します。

▼リスト7-3 文字列の比較

```
01: // TODO: 初期化をここに追加します。
02: CString cSample(_T("Visual C++"));
03: if(cSample == _T("Visual C++")) {
04:     TRACE("¥n***** Visual C++です。*****¥n");
05: }
06: if(cSample != _T("Visual Basic")) {
07:     TRACE("¥n***** Visual Basicではありません。*****¥n");
08: }
```

2行目でCStringクラスのインスタンスcSampleを生成し、初期値に"Visual C++"を代入しています。

3行目でcSampleの文字列が"Visual C++"と等しいかを調べ、等しければ4行目のTRACEマクロが実行されます。

6行目でcSampleの文字列が"Visual Basic"と等しくないかを調べ、等しくなければ7行目のTRACEマクロが実行されます。

リスト7-3を実行すると「出力」ウィンドウ内の一部に以下のように出力されていますので、確認してみてください。

```
***** Visual C++です。*****
***** Visual Basicではありません。*****
```


文字を挿入・削除する

● 文字を挿入する

文字列に文字を挿入するには、**Insert関数**を使用します(**構文7-4**)。

構文 7-4 文字を挿入する

```
int 挿入後の文字の長さ = インスタンス名.Insert(int 挿入する位置, 挿入する文字);
```

「挿入する位置」には、CStringクラスのインスタンスが持つ文字列を左端から0番目として数値で指定します（**図7-1**）。

▼**図7-1　文字列の位置の例**

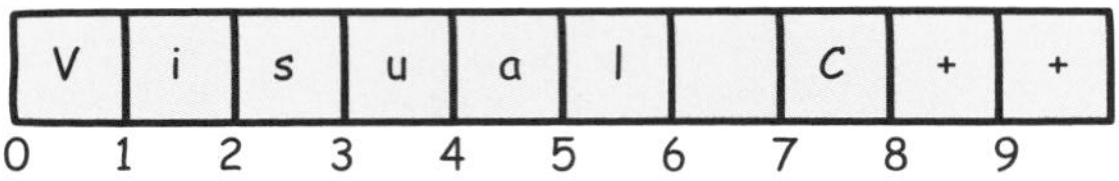

「挿入する文字」にはCStringクラスのインスタンスやリテラル文字列を指定します。戻り値には文字を挿入した後の文字の長さが返ります。

前節で作成した「CStringSample」プロジェクトを使用して、使い方を学んでみましょう。前節と同様にCCStringSampleDlgのOnInitDialog()を**リスト7-4**のように修正します。

▼**リスト7-4　文字を挿入する**

```
01: // TODO: 初期化をここに追加します。
02: CString cSample(_T("C++"));
03: cSample.Insert(0, _T("Visual "));
04: TRACE("¥n***** %S *****¥n", cSample);
```

2行目でCStringクラスのインスタンスcSampleを生成して初期値に"C++"を代入しています。

3行目でcSampleの左から0番目にリテラル文字列"Visual"を挿入しています。

リスト7-4を実行すると「出力」ウィンドウ内の一部に以下のように出力されていますので、確認してみてください。

```
***** Visual C++ *****
```

● 文字を削除する

文字列の文字を削除するには、**Delete関数**を使用します(**構文7-5**)。

構　文　**7-5　文字を削除する**

```
int 削除後の文字の長さ = インスタンス名.Delete(int 削除を開始する
位置, int 削除する文字数);
```

「削除を開始する位置」にはInsert()と同様に開始位置を指定し、「削除する文字数」で指定された文字数を削除します。

戻り値には文字を削除した後の文字の長さが返ります。

前節で作成した「CStringSample」プロジェクトを使用して、使い方を学んでみましょう。前節と同様にCCStringSampleDlgのOnInitDialog()をリスト7-5のように修正します。

▼リスト7-5　文字を削除する

```
01: // TODO: 初期化をここに追加します。
02: CString cSample(_T("Visual C++"));
03: cSample.Delete(6, 4);
04: TRACE("¥n***** %S *****¥n", cSample);
```

2行目でCStringクラスのインスタンスcSampleを生成して、初期値に"Visual C++"を代入しています。

3行目でcSampleの左から6番目の文字を起点にして4文字削除しています。

リスト7-5を実行すると、「出力」ウィンドウ中の一部に以下のように出力されていますので確認してみてください。

```
***** Visual *****
```

文字列の長さを取得する

文字列の長さを取得するには、**GetLength関数**を使用します（**構文7-6**）。

構　文　7-6　文字列の長さを取得する

```
int 文字列の長さ = インスタンス名.GetLength();
```

前節で作成した「CStringSample」プロジェクトを使用して、使い方を学んでみましょう。前節と同様にCCStringSampleDlgのOnInitDialog()を**リスト7-6**のように修正します。

▼リスト7-6　文字の長さを取得する

```
01: // TODO: 初期化をここに追加します。
02: CString cSample(_T("Visual C++"));
03: TRACE("¥n***** %d *****¥n", cSample.GetLength()*sizeof(TCHAR));
```

2行目でCString クラスのインスタンスcSampleに、文字列"Visual C++"を初期値として設定しています。

3行目のGetLength関数により、cSampleに設定された文字数を取得しています。

リスト中の**sizeof()**はC言語の関数で、引数に指定したデータ型や変数などのサイズをバイト単位で取得する関数です。sizeof(TCHAR)によりTCHAR型の大きさをバイト単位で取得することができます。

cSampleの文字列の長さとTCHAR型のサイズ（バイト数）をかけることにより、文字列のバイト数を求めることができます。

リスト7-6を実行すると、「出力」ウィンドウ中の一部に以下のように出力されていますので確認してみてください。

```
***** 20 *****
```

関数にCStringクラスを使用する

CStringクラスを関数の引数に使用する場合は、以下のような決まりがあります。

- 入力パラメーター（文字列を書き換えられない）としてCStringクラスを渡す場合は、引数の宣言を "LPCTSTR" で指定する（**構文7-7**）
- 出力パラメータ（文字列を書き換えられる）としてCStringクラスを渡す場合は、引数の宣言を "CString&" で指定する（**構文7-8**）
- 関数の戻り値として使用する場合は、関数の宣言に "CString" を使用することができる（**構文7-9**）

構文 7-7 CStringクラスを入力パラメーターで渡す

```
関数名 (LPCTSTR 引数名 )
```

構文 7-8 CStringクラスを出力パラメーターで渡す

```
関数名 (CString& 引数名 )
```

構文 7-9 CStringクラスを関数の戻り値に使用する

```
CString インスタンス名 = 関数名 ();
```

前節で作成した「CStringSample」プロジェクトを使用して、使い方を学んでみましょう。**5章**で学んだクラスウィザードを使ってCCStringSampleDlgクラスに以下のメンバー関数を追加します（**図7-2**）。

```
CString AddString(LPCTSTR lpArg1, CString& csArg2);
```

▼図7-2　メンバー関数の追加ウィザード

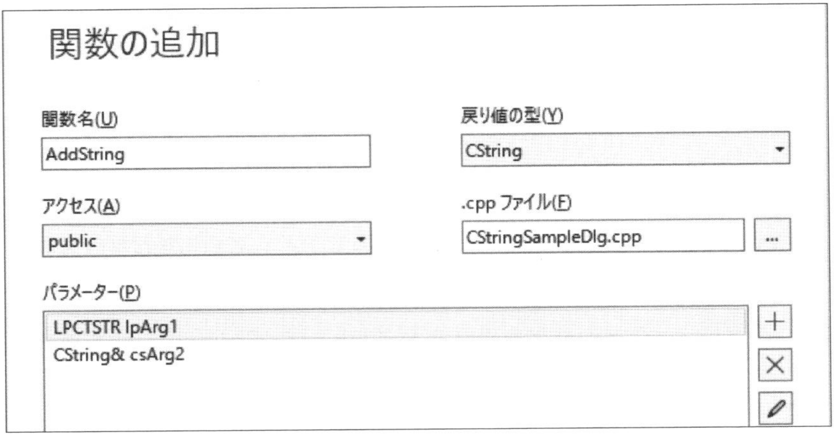

追加したメンバー関数を、**リスト7-7**の通りに修正してください。

▼リスト7-7　CStringクラスを使用した関数の作成

```
01: CString AddString(LPCTSTR lpArg1, CString& csArg2)
02: {
03:     CString result = lpArg1 + csArg2;
04:     lpArg1 = result;
05:     csArg2 = result;
06:     return result;
07: }
```

1行目でAddString関数を宣言し、戻り値および第一引数は入力パラメーター、第二引数は出力パラメーターとして、データ型にCStringクラスを使用しています。

3行目で第一引数と第二引数の文字列を連結して、CStringクラスのインスタンスresultに格納しています。

4行目でresultの値を第一引数に設定しています（第一引数は入力パラメーターで宣言しているため、引数の値は変わらないはずです）。

5行目でresultの値を第二引数に設定しています（第二引数は出力パラメー

ターで宣言しているため、引数の値は変わるはずです)

6行目でresultの値を関数の戻り値にしています。

「CStringSample」プロジェクトに追加したAddString関数を使用して、使い方を学んでみましょう。CCStringSampleDlgのOnInitDialog()を**リスト7-8**のように修正します。

▼リスト7-8 AddString関数の使用例

```
01: // TODO: 初期化をここに追加します。
02: CString csArg1(_T("Visual "));
03: CString csArg2(_T("C++"));
04: CString test = AddString(csArg1, csArg2);
05: TRACE("¥n***** 戻り値 = %S *****¥n", test);
06: TRACE("¥n***** 第一引数 = %S *****¥n", csArg1);
07: TRACE("¥n***** 第二引数 = %S *****¥n", csArg2);
```

2、3行目でCStringクラスのインスタンスcsArg1、csArg2を生成し、初期値に各々"Visual"と"C++"を設定しています。

4行目ではAddString関数を呼び出しています。第一引数にcsArg1、第二引数にcsArg2、戻り値にCStringクラスのインスタンスtestを生成しています。

5～7行目のTRACEマクロにより戻り値と引数の値を出力しています。

リスト7-7、リスト7-8を実行すると、「出力」ウィンドウ中の一部に以下のように出力されていますので確認してみてください。

```
***** 戻り値 = Visual C++ *****
***** 第一引数 = Visual  *****
***** 第二引数 = Visual C++ *****
```

02 ファイルを操作する

Keyword　☑CFileクラス　☑スタティック関数

CFileクラス

MFCでは**CFile**クラスを利用することでファイルを操作することができます。この節ではCFileクラスを使用したファイルの操作方法を学んでいきましょう。

ファイルのオープンとクローズ

● ファイルを開く

CFileクラスを使用してファイルを開くには、**Open関数**を使用します（**構文7-10**）

構　文　7-10　ファイルを開く

```
BOOL インスタンス名.Open(LPCTSTR ファイル名, オープンフラグ);
```

構文7-10でOpen関数の第二引数には**表7-1**のようなフラグを指定することができます。これらのフラグは「|（ビットOR演算子）」により複数指定することができます。

▼表7-1　オープンフラグ

フラグ	説明
CFile::modeCreate	ファイルを新規作成モードで開きます
CFile::modeRead	ファイルを読み取り専用で開きます
CFile::modeWrite	ファイルを書き込み専用で開きます

Open関数の戻り値には、成功するとTRUE、失敗するとFALSEが返ります。

● ファイルを閉じる

開いたファイルを閉じるには、**Close関数**を使用します(**構文7-11**)。

構　文　7-11　ファイルを閉じる

```
void インスタンス名.Close();
```

ファイルを操作するプロジェクトを作成して、使い方を学んでみましょう。

4章を参考に新しいプロジェクト「CFileSample」プロジェクトを作成してください。CCFileSampleDlgのOnInitDialog()を開いて、「// TODO: 初期化をここに追加します。」の箇所から**リスト7-9**のように修正します。

▼リスト7-9　ファイルのオープンとクローズ

```
01: // TODO: 初期化をここに追加します。
02: CFile cFile;
03: cFile.Open(_T("C:¥¥test.txt"),
          CFile::modeCreate | CFile::modeWrite);
04: cFile.Close();
```

2行目でCFileクラスのインスタンスcFileを生成し、3行目でOpen関数の第一引数にファイル名、第二引数にファイルを新規作成／書き込み専用モードを指定してファイルを開いています。動作させるときはファイル名をご使用されているPCの環境に合わせて修正してください。"¥"を文字列内に記述する場合は上記のように"¥¥"と2つ続けます。

4行目でファイルを閉じています。

ファイルに書き込む

ファイルにデータを書き込むには、**Write関数**を使用します（**構文7-12**）。

構　文　**7-12　ファイルを書き込む**

```
void インスタンス名 .Write(void * バッファのポインタ , UINT 書き
込むバイト数 );
```

第一引数にはファイルに書き込むデータを格納しているポインタを設定します。第二引数には書き込むバイト数を指定します。第一引数で指定したバッファのポインタの位置から指定されたバイト数分を書き込みます。

作成した「CFileSample」プロジェクトを使用して、使い方を学んでみましょう。CCFileSampleDlgのOnInitDialog()を開いて、「// TODO: 初期化をここに追加します。」の箇所から**リスト7-10**のように修正します。

▼リスト7-10　ファイルを書き込む

```
01: // TODO: 初期化をここに追加します。
02: CFile cFile;
03: cFile.Open(_T("C:¥¥test.txt"),
          CFile::modeCreate | CFile::modeWrite);
04: cFile.Write(_T("Visual C++"),20);
05: cFile.Close();
```

前回からは4行目のみ追加されています。Write関数で文字列"Visual C++"を20バイト分で書き込んでいます。

3行目で指定したファイル名でテキストファイルが作成されていますので、ファイルをダブルクリックしてみてください。メモ帳が開き、**図7-3**のように表示されるはずです。

▼図7-3 作成されたファイル

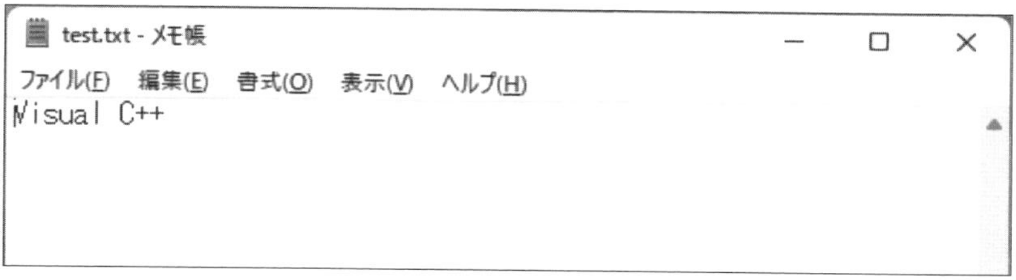

ファイルを読み取る

ファイルを読み取るには、**Read 関数**を使用します(**構文7-13**)。

構 文 7-13 ファイルを読み取る

```
UINT インスタンス名 .Read(void* バッファのポインタ , UINT 読み取るバイト数 );
```

「バッファのポインタ」で指定したバッファのポインタに、ファイルから読み取ったデータが格納されます。「読み取るバイト数」には読み取るバイト数を指定します。戻り値には実際に読み取ったバイト数が返ります。

ポイント

Read 関数の第二引数に指定した値と戻り値を比較することで、戻り値の方が小さければファイルの終端まで読み取ったことがわかります。

作成した「CFileSample」プロジェクトを使用して、使い方を学んでみましょう。CCFileSampleDlgのOnInitDialog()を開いて、「// TODO: 初期化をここに追加します。」の箇所から**リスト7-11**のように修正します。

▼リスト7-11　ファイルを読み取る

```
01     // TODO: 初期化をここに追加します。
02:  CFile cFile;
03:  cFile.Open(_T("C:¥¥ test.txt"),
           CFile::modeCreate | CFile::modeWrite);
04:  cFile.Write(_T("Visual C++"),20);
05:  cFile.Close();
06:  char buffer[100];
07:  cFile.Open(_T("C:¥¥test.txt"), CFile::modeRead);
08:  cFile.Read(buffer,20);
09:  cFile.Close();
```

リスト7-10からは6行目以降が追加されています。6行目でファイルから読み取ったデータを格納するためのバッファを用意しています。

7行目のOpen関数により、指定したファイル(動作させるときは3行目と同じファイル名に修正してください)を読み取り専用で開いています。

8行目のRead関数により、1行目で作成したバッファと読み取るバイト数を指定してファイルを読み込みます。

9行目でファイルをクローズしています。

ファイルの大きさを取得する

ファイルの現在の大きさを取得するには、**GetLength関数**を使用します(**構文7-14**)。

構　文　7-14　ファイルの大きさを取得する

```
ULONGLONG インスタンス名.GetLength();
```

戻り値にファイルの大きさ（単位：Byte）が返ります。ファイルの大きさを取得する例を**リスト7-12**に示します。

▼リスト7-12　ファイルの大きさを取得する

```
01: char buffer[100];
02: CFile cFileRead;
03: cFileRead.Open(_T("C:¥¥test.txt"), CFile::modeRead);
04: ULONGLONG lSize = cFileRead.GetLength();
05: cFileRead.Close();
```

1〜3行目はリスト7-10と同じです。4行目では3行目で開いたファイルの大きさをlSizeに格納しています。

5行目でファイルをクローズしています。

ファイルを削除する

ファイルを削除するには、**Remove関数**を使用します（**構文7-15**）。

構文　7-15　ファイルを削除する

```
static void CFile::Remove (LPCTSTR 削除するファイル名 );
```

Remove関数は、クラスのインスタンスを生成しなくても実行できる**スタティック関数**です。クラスに宣言されているスタティック関数を利用するには、クラス名にスコープ解決演算子をつけてメンバー関数名を指定します。

Remove関数の第一引数には、削除するファイル名を設定します。ファイル"C:¥test.txt"を削除する例を以下に示します。

```
CFile::Remove(_T("C:¥¥test.txt"));
```

ファイル名を変更する

ファイル名を変更するには、**Rename関数**を使用します（**構文7-16**）。

構文　7-16　ファイルを削除する

```
static void CFile::Rename(LPCTSTR 変更前のファイル名,
                          LPCTSTR 変更後のファイル名);
```

Rename関数はスタティック関数として宣言されています。「変更前のファイル名」に変更前のファイル名、「変更後のファイル名」に変更後のファイル名を指定します。"C:¥test.txt"のファイル名を"C:¥sample.txt"に変更する例を以下に示します。

```
CFile::Rename(_T("C:¥¥test.txt"), _T("C:¥¥sample.txt"));
```

ファイルのステータスを取得する

GetStatus関数を使用すると、ファイルの情報を取得することができます。**構文7-17**はスタティック関数、**構文7-18**はインスタンスから呼び出す構文です。

構文　7-17　ファイルのステータスを取得する（スタティック関数）

```
static BOOL CFile:: GetStatus(CFileStatus& ファイルステータス,
                              LPCTSTR ファイル名);
```

構文　7-18　ファイルのステータスを取得する

```
BOOL インスタンス名.GetStatus(CFileStatus& ファイルステータス);
```

CFileStatusは取得したファイル情報を返すためのクラスです。取得できるステータスを表7-2に示します。

▼表7-2　CFileStatusクラスで取得できるステータス

メンバー変数名	内容
m_ctime	ファイルの作成日時
m_mtime	ファイルの最終変更日時
m_atime	ファイルの最終読み取り日時
m_size	ファイルサイズ（単位：Byte）
m_attribute	ファイルの属性
m_szFullName	ファイル名

表7-2のm_attributeには表7-3のような属性が返ります。

▼表7-3　ファイルの属性

値	内容
0x00	通常のファイル
0x01	読み取り専用
0x02	隠しファイル
0x04	システムファイル
0x08	ボリューム
0x10	ディレクトリ
0x20	アーカイブ

GetStatus関数の戻り値には、取得が成功した場合はTRUE、失敗した場合はFALSEが返ります。ファイルの属性を取得する例を以下に示します。

```
CFileStatus status;
CFile::GetStatus(_T("E:¥¥test.txt"),status);
```

ポイント

スタティックのGetStatus関数を使用すると、ファイルが存在するかを調べることができます。第二引数に調べたいファイル名を指定して実行し、戻り値がTRUEであれば「存在する」、FALSEであれば「存在しない」ことがわかります。

03 日付や時刻を扱う

Keyword
- COleDateTimeクラス
- COleDateTimeSpanクラス

日付や時刻を扱うには？

MFCには日付や時刻を扱うことができる**COleDateTime**クラスが用意されています。また「10月7日の15日前は、何月何日でしょうか？」のような日付や時刻の足し算、引き算をするために、**COleDateTimeSpan**クラスが用意されています。

この節ではCOleDateTimeクラスとCOleDateTimeSpanクラスの使い方を学んでいきましょう。

日付と時刻を設定する

● 任意の日付と時刻を設定する

COleDateTimeクラスのインスタンスに日付と時刻を設定するには、**SetDateTime関数**を使用します（**構文7-19**）。

構文 7-19　日付と時刻を設定する

```
int 結果 = インスタンス名.SetDateTime(int 年,int 月,int 日,
          int時,int 分,int 秒);
```

戻り値には、設定に成功した場合は0が返ります。

COleDateTimeクラスのインスタンスに「2022年2月12日12時17分43秒」を設定する例を以下に示します。

```
COleDateTime cTime;
cTime.SetDateTime(2022, 2, 12, 12, 17, 43);
```

● 現在のシステム時刻を取得する

現在のシステム時刻（PCの時刻）を取得するには、**GetCurrentTime関数**を使用します（**構文7-20**）。

構文 7-20　システム時刻を取得する

```
インスタンス名 = COleDateTime::GetCurrentTime();
```

この関数はCOleDateTimeクラスのスタティック関数として定義されています。

現在のシステム時刻を取得する例を以下に示します。

```
COleDateTime cTime = COleDateTime::GetCurrentTime();
```

● 日付と時刻を表す文字列を解析する

"2022/2/12 12:17:43"のような文字列を解析してCOleDateTimeクラスのインスタンスに設定するには、**ParseDateTime関数**を使用します（**構文7-21**）。

構文 7-21　日付と時刻を表す文字列を解析する

```
BOOL 結果 = インスタンス名.ParseDateTime(日付と時刻を表す文字列);
```

戻り値には、解析に成功した場合はTRUEが返ります。

"2022/2/12 12:17:43"という文字列を解析して、COleDateTimeクラスのインスタンスに設定する例を以下に示します。

```
COleDateTime cTime;
cTime.ParseDateTime(_T("2022/2/12 12:17:43"));
```

インスタンスに設定されている日付と時刻を取得する

● 日付と時刻の値を取得する

COleDateTimeクラスのインスタンスに設定されている日付と時刻の値を取得するには、**構文7-22**に示す関数を使用して日付と時刻の要素ごとに取得します。

構　文　7-22　日付と時刻の値を取得する

```
int 取得した年 = インスタンス名.GetYear();
int 取得した月 =インスタンス名.GetMonth();
int 取得した日 =インスタンス名.GetDay();
int 取得した時間 =インスタンス名.GetHour();
int 取得した分 =インスタンス名.GetMinute();
int 取得した秒 =インスタンス名.GetSecond();
```

現在のシステム時刻を取得してTRACEマクロで出力する例を、**リスト7-13**に示します

▼リスト7-13　現在のシステム時刻をTraceマクロで出力する

```
01: COleDateTime cTime = COleDateTime::GetCurrentTime();
02: TRACE("%d/%d/%d %d:%d:%d¥n",
03:         cTime.GetYear(), cTime.GetMonth(), cTime.GetDay(),
04:         cTime.GetHour(), cTime.GetMinute(), cTime.GetSecond());
```

1行目でシステム時刻を取得して、2～3行目で日付と時刻の要素ごとにTRACEマクロで出力しています。現在のシステム時刻が「2022年2月12日12時17分43秒」である場合、リスト7-13を実行すると以下のように「出力」

ウィンドウに出力されます。

```
2022/2/12 12:17:43
```

● 日付と時刻の値を文字列で出力する

構文7-22の関数では設定された日付と時刻を要素ごとに取得することができますが、**Format関数**を使用すると文字列で出力することができます(**構文7-23**)。

構文 7-23 日付と時刻の値を文字列で取得する

```
CString 取得した文字列 = インスタンス名.Format(LPCTSTR 書式指定子);
```

表7-4に書式指定子の一例を示します。

▼表7-4 Format関数の書式指定子

書式指定子	意味
%Y	年
%m	月
%d	日
%H	時
%M	分
%S	秒

現在のシステム時刻を取得して、Format関数により変換した文字列をTraceマクロで出力する例を**リスト7-14**に示します。

▼リスト7-14 Format関数の使用例

```
01: COleDateTime cTime = COleDateTime::GetCurrentTime();
02: TRACE(cTime.Format(_T("%Y/%m/%d %H:%M:%S ¥n")));
```

1行目でシステム時刻を取得し、2行目でFormat関数により日付と時刻の書式を指定して生成した文字列を、TRACEマクロで出力しています。

現在のシステム時刻が「2022年2月12 日12時17分43秒」である場合、

リスト7-14を実行すると以下のように「出力」ウィンドウに出力されます。

```
2022/2/12 12:17:43
```

日付と時刻を比較する

日付と時刻の比較にはC言語の比較演算子を用いることができます。現在のシステム時刻が2022年以降であるかを調べる例を**リスト7-15**に示します。

▼リスト7-15　日付と時刻の比較

```
01: COleDateTime cCurrentTime = COleDateTime::GetCurrentTime();
02: COleDateTime cTime;
03: cTime.SetDateTime(2022, 1, 1, 0, 0, 0);
04: if (cCurrentTime >= cTime){
05:     TRACE("現在は2022年を過ぎています¥n");
06: }else{
07:     TRACE("現在は2022年を過ぎていません¥n");
08: }
```

1行目で現在のシステム時刻を取得して、COleDateTimeクラスのインスタンスcCurrentTimeに設定しています。

2行目で生成したCOleDateTimeクラスのインスタンスcTimeに、3行目で「2022年2月12日12時17分43秒」を設定しています。

4行目で日付と時刻を比較しています。cCurrentTimeがcTimeより大きいか等しい場合、現在は2022年以降となります。

現在のシステム時刻が「2021年10月30日11時22分33秒」である場合、リスト7-15を実行すると以下のように「出力」ウィンドウに出力されます。

```
現在は2022年を過ぎていません
```

日付と時刻の加減算を行う

日付や時刻の足し算、引き算をするための、**COleDateTimeSpanクラス**の使い方を学んでいきましょう。

COleDateTimeSpanクラスはCOleDateTimeクラスと併用して使用します。COleDateTimeクラスのインスタンスが持つ値に対して、COleDateTimeSpanクラスを使用して加減算を行います。例えば「2022年10月7日の15日前は、何月何日でしょうか？」という問いに対して、「2022年10月7日」はCOleDateTimeクラスに設定し、「15日前」はCOleDateTimeSpanクラスに設定してから、COleDateTimeクラスをCOleDateTimeSpanクラスで引くことにより、求めることができます。**図7-4**にCOleDateTimeクラスとCOleDateTimeSpanクラスの関係を示します。

▼図7-4　COleDateTimeクラスとCOleDateTimeSpanクラスの関係

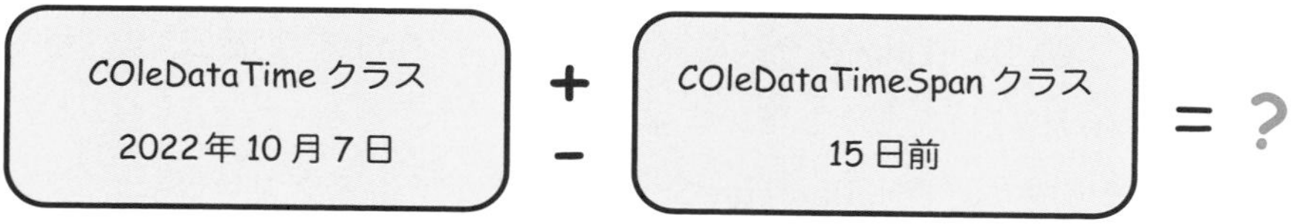

● COleDateTimeSpanクラスに日時を設定する

COleDateTimeクラスと異なり、COleDateTimeSpanクラスは日と時間のみの設定となります。COleDateTimeSpanクラスに日時を設定するには、**SetDateTimeSpan関数**を使用します（**構文7-24**）。

構文　7-24　COleDateTimeSpanクラスに値を設定する

```
void インスタンス名 . SetDateTimeSpan( 日 , 時 , 分 , 秒 );
```

COleDateTimeSpanクラスに「15日」を設定する例を以下に示します。

```
COleDateTimeSpan cSpan;
cSpan.SetDateTimeSpan(15, 0, 0, 0);
```

● COleDateTimeSpanクラスを使用して加減算を行う

COleDateTimeSpanクラスを使用して加減算を行うには、C言語の加減算の演算子を用いることができます。**リスト7-16**に示します。

▼リスト7-16　時刻の減算

```
01: COleDateTime cTime;
02: cTime.SetDateTime(2022, 10, 7, 0, 0, 0);
03: COleDateTimeSpan cSpan;
04: cSpan.SetDateTimeSpan(15, 0, 0, 0);
05: cTime -= cSpan;
06: TRACE("2022/10/7 の15日前は %S です。¥n",
            cTime.Format(_T("%Y/%m/%d")));
```

1行目でCOleDateTimeクラスのインスタンスcTimeを生成し、2行目で「2022年10月7日」を設定しています。

3行目で生成したCOleDateTimeSpanクラスのインスタンスcSpanに、4行目で「15日」を設定しています。

5行目でcTimeの値からcSpanの値を引き、6行目でTRACEマクロによりその結果を出力しています。

リスト7-16を実行すると、以下のように「出力」ウィンドウに出力されます。

```
2022/10/7 の15日前は 2022/09/22 です。
```

この章のまとめ

- MFC では文字列を扱う CString クラスが提供されています。
- MFC ではファイルを扱う CFile クラスが提供されています。
- MFC では日付や時刻を扱う COleDateTime クラスが提供されています。また COleDateTime クラスの日付と時刻の加減算を行うために、COleDateTime クラスが提供されています。

《章末復習問題》

練習問題 7-1

文字列“りんご　バナナ”を作成して、その間に“みかん”を入れるプログラムを作成してください。

練習問題 7-2

任意の場所にファイル”sample.txt”を作成し、ファイルの中には問題1で作成した文字列を書きこんでください。全角文字は1文字あたり2バイトを使用するとして作成してください。

練習問題 7-3

「2022年1月1日」の500日後は、何年何月何日かを計算してください。

解答は P.565 ➡

8章

コモンコントロール

第4章でダイアログベースのMFCアプリケーションの作成を行いました。
ここではダイアログ画面にいろいろなコントロールを作成して、その使い方を学んでいきましょう。

01 スタティックテキスト／ボタン／エディットコントロール

Keyword　スタティックテキストコントロール　ボタンコントロール　エディットコントロール

スタティックテキスト・ボタン・エディットコントロールとは？

スタティックテキストコントロールは、テキストの表示を行うことができるコントロールです。

ボタンコントロールは、クリックすることにより任意の動作を実行させることができるコントロールです。

エディットコントロールは、テキストを入力することができるコントロールです（**図8-1**）。

この節ではこれらのコントロールの使い方と、ダイアログ画面の編集方法について学んでいきましょう。

▼**図8-1　スタティックテキスト・ボタン・エディットコントロール**

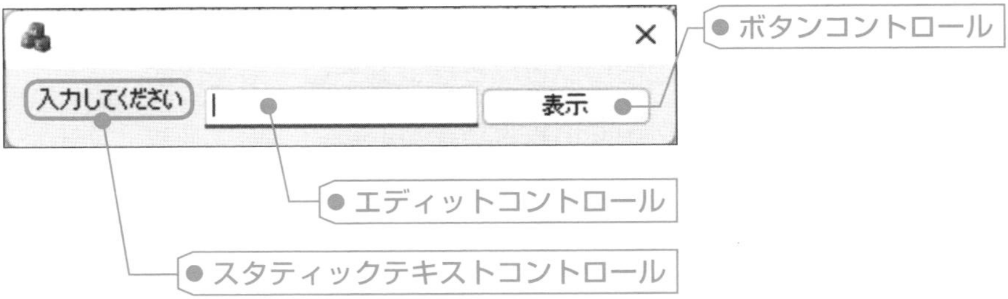

ダイアログ画面を編集する

コントロールの使用を学ぶために、新しくMFCダイアログベースのプロジェクト「SampleEditControl」を作成しましょう。**4章**を参考にプロジェクトを作成してください。

プロジェクトを作成した後にダイアログ画面の編集を行います。ダイアログ画面の編集を行うにはVisual Studioの［表示］メニューから［ソリューションエクスプローラー］を選択して「ソリューションエクスプローラー」を開いた後に、［ソリューション'SampleEditControl'］→［SampleEditControl］→［リソースファイル］→［SampleEditControl.rc］をダブルクリックします（**図8-2**）。

▼**図8-2 リソースビュー**

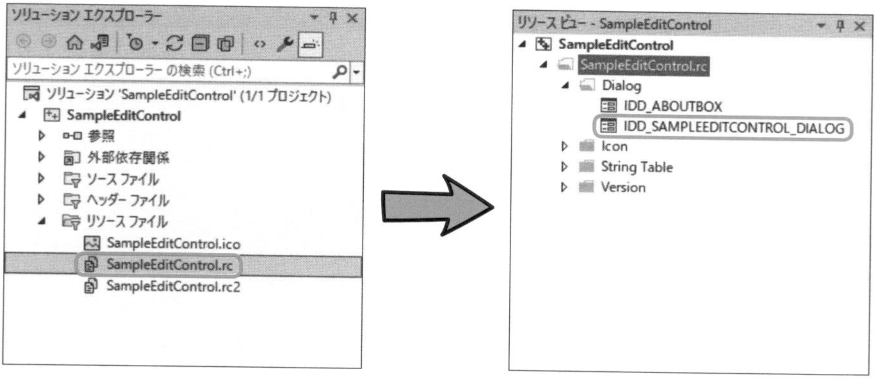

リソースビューにはダイアログ画面の構築に関する情報が表示されます。図8-2のように、ダイアログベースのプロジェクトの中には「プロジェクト名.rc」というフォルダがあります。

「Dialog」フォルダ内の「IDD_プロジェクト名_DIALOG」をダブルクリックすると、**ダイアログエディター**が開きます（**図8-3**）。

▼図8-3　ダイアログエディター

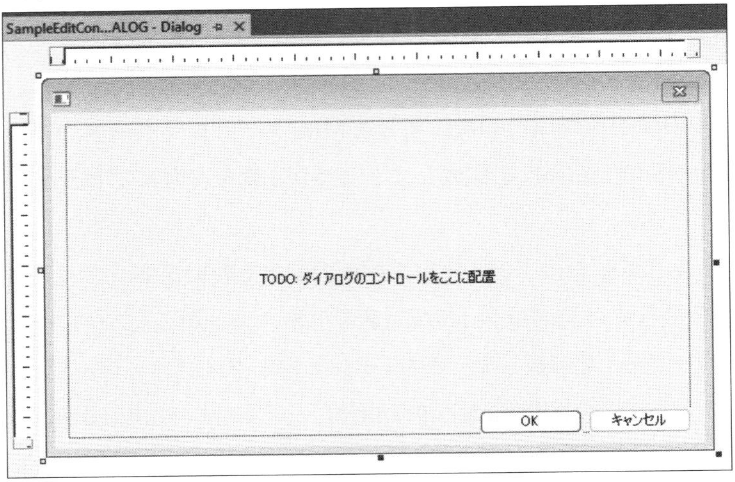

作成したダイアログ画面の中央にあるスタティックテキスト、および右下にある［OK］・［キャンセル］ボタンを削除します。削除するにはマウスでコントロールをクリックし、選択状態にしてから Delete キーを押します。図8-4はコントロールが選択された状態を示しています。

▼図8-4　コントロールの選択状態

次に必要なコントロールをダイアログ画面に貼り付けていきます。

Visual Studioの［表示］メニューから［ツールボックス］を選択して、「ツールボックス」ウィンドウを開きます（図8-5）。

▼図8-5 「ツールボックス」ウィンドウ

「ツールボックス」ウィンドウの中には、Windowsアプリケーションが共通で使用可能な**コモンコントロール**が表示されています。最初にボタンコントロールをダイアログ画面に貼り付けましょう。

「ツールボックス」ウィンドウから［Button］（**図8-6**）をマウスでドラッグし、ダイアログ画面内でドロップします

▼図8-6 「ツールボックス」ウィンドウ内のButton

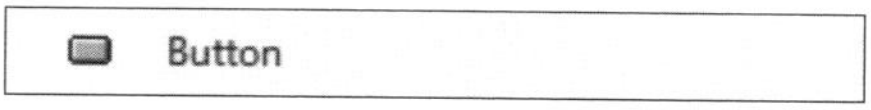

エディットコントロールとスタティックテキストも貼り付けます。「ツールボックス」ウィンドウから［Edit Control］と［Static Text］（**図8-7**）をダイアログ画面にドラッグ&ドロップしてください。

▼図8-7 「ツールボックス」ウィンドウ内のEdit ControlとStatic Text

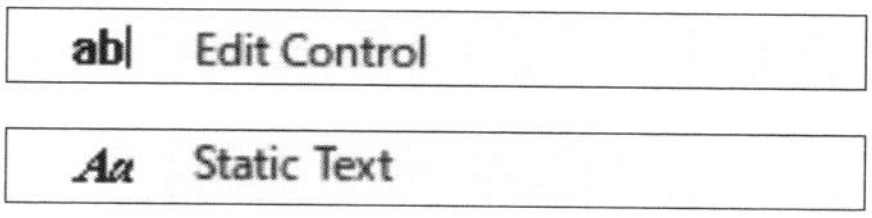

ダイアログ画面に貼り付けたコントロール移動するには、コントロールをクリックして、マウスでドラッグします（**図8-8**）。

▼**図8-8　コントロールの移動（マウスカーソルの形状に注目してください）**

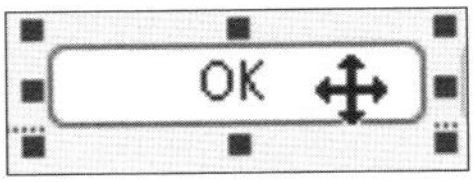

コントロールの大きさを変更するには、コントロールをクリックして選択状態にしてから■部分をドラッグします（**図8-9**）。

▼**図8-9　コントロールの大きさを変更（マウスカーソルの形状に注意）**

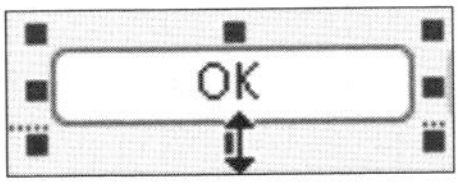

コントロールの大きさを調整して、**図8-10**のように編集してください。

▼**図8-10　編集後のダイアログ画面**

コントロールのテキストを編集する

先ほど編集したダイアログ画面を使用して、［OK］ボタンが押されたらエディットボックスに入力されたテキストをメッセージボックスに表示するアプリケーションを作成します。

最初にスタティックテキストコントロールに表示されているテキストを変更してみましょう。ダイアログ画面のスタティックテキストコントロールを右クリックし、［プロパティ］メニューを選択して「プロパティ」ウィンドウを開きます（**図8-11**）。

▼図8-11　プロパティウィンドウ

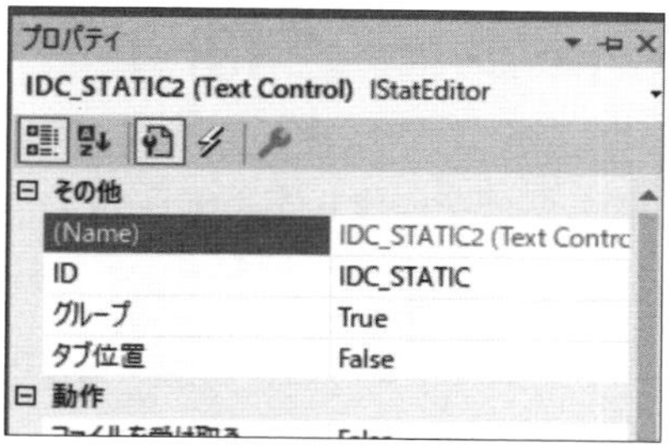

プロパティウィンドウはコントロールに関する様々な編集を行うことができます。表示されているテキストを変更するには、**キャプションプロパティ**を変更します。プロパティの中から［キャプション］を選択して、初期値で設定されている「スタティック」から「入力してください」に変更してください（**図8-12**）。

▼図8-12　キャプションプロパティの変更

更にボタンコントロールのテキストも変更してみましょう。同様にボタンコントロールを選択して、［キャプション］プロパティを「表示」に変更します。

コントロールの大きさはテキストにあわせて適度に変更してください。ここまででダイアログ画面は**図8-13**のような状態になります。

▼図8-13　キャプションプロパティ変更後のダイアログ画面

メッセージハンドラーとは？

ボタンコントロールがクリックされたときの処理を作成しましょう。

ボタンコントロールがクリックされると、OSから「ボタンがクリックされた」というメッセージがアプリケーションに対して通知されます。他にも「キーボードが押された」、「画面が開いた」など様々なメッセージがアプリケーションに通知されますが、こうしたメッセージを処理する関数（**メッセージハンドラー**）を作成することでボタンがクリックされた場合のコードを記述することができます。

ポイント

メッセージハンドラーは、一般的にはイベントハンドラーという表現を用いることが多いですが、本書は「メッセージハンドラー」で表現を統一しています。

それでは、ボタンコントロールのクリックメッセージハンドラーを作成しましょう。IDプロパティの値によりどのコントロールに対するイベントなのかが判別されますので、ボタンコントロールのプロパティウィンドウを開いてIDプロパティの値を確認してください。図8-14はボタンコントロールのIDプロパティの例です。

▼図8-14　ボタンコントロールのIDプロパティ

ID	IDC_BUTTON1

クラスウィザードを使用して、メッセージハンドラーを作成します。クラスウィザードを起動し、クラスウィザード画面の［クラス名］に「SampleEditControlDlg」が選択されていることを確認して、［コマンド］タブを選択します。［オブジェクトID］の中から、先ほど確認したボタンコン

トロールのIDを選択してください。

次に［メッセージ］の中からクリックされたときに通知されるメッセージ［BN_CLICKED］を選択して、［ハンドラーの追加］ボタンを押します（**図8-15**）。

▼図8-15　クラスウィザード画面の［コマンド］タブ

［ハンドラーの追加］ボタンを押すと「メンバー関数の追加」画面が表示されます（**図8-16**）。

▼図8-16　「メンバー関数の追加」画面

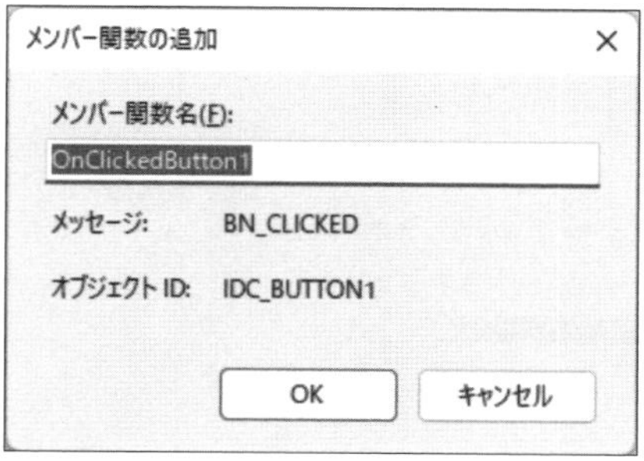

［メンバー関数名］で作成するメッセージハンドラー関数名を変更することができますが、ここではそのまま［OK］ボタンを押します。これでSampleEditControlDlg.cppにOnClickedButton1という名前のメッセージハンドラー関数が作成されました。

エディットボックスに入力されたテキストを取得する

エディットボックスに入力されたテキストを取得する処理を作成します。

エディットボックスコントロール用のメンバー変数を追加します。クラスウィザード画面の［メンバー変数］タブを開き、［メンバー変数］一覧の［コントロールID］の中からエディットボックスコントロールのIDを選択して、［変数の追加］ボタンをクリックします（**図8-17**）。

▼**図8-17　クラスウィザード画面の［メンバー変数］タブ**

［変数の追加］ボタンをクリックすると「コントロール変数の追加（全般設定）」画面が表示されます（**図8-18**）。この画面を使用して、コントロールとの間でデータを交換するためのメンバー変数を作成します。

▼図8-18　「コントロール変数の追加（全般設定）」画面

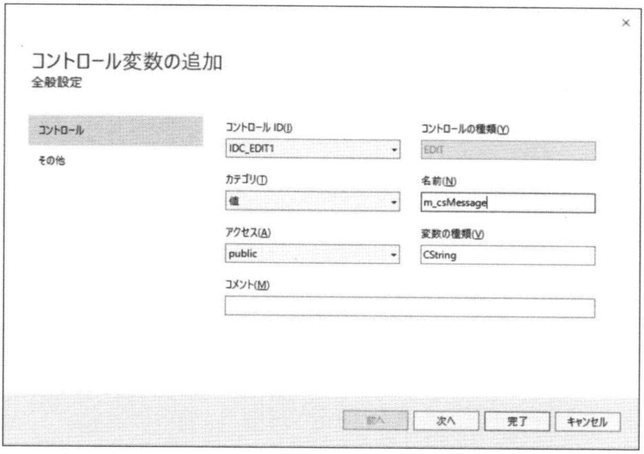

［カテゴリ］には作成する変数の用途を指定します。コントロール制御用の変数であれば「コントロール」、コントロールに表示されている値の取得・設定用の変数であれば「値」を選択します。ここではコントロールのテキストを取得したいので「値」を選択してください。

［名前］に作成するメンバー変数の名前を入力します。ここでは「m_csMessage」と入力してください。

［カテゴリ］に「値」を選択した場合、［変数の種類］にはコントロールから取得する値のデータ型を指定します。ここではテキストを取得したいので、「CString」を入力してください。

［次へ］ボタンをクリックすると「コントロール変数の追加（その他の設定）」画面が表示されます（図8-19）。

▼図8-19　「コントロール変数の追加（その他の設定）」画面

前の画面で［変数の種類］に「CString」を選択すると、エディットボックスに入力可能な最大文字数を指定する［最大文字数］が入力できます。ここでは入力せずにそのまま［完了］ボタンを押してください。

クラスウィザード画面に戻ったら、［OK］ボタンを押してクラスウィザード画面を閉じてください。

メッセージボックスを表示する

ボタンコントロールのクリックメッセージハンドラーに、メッセージボックスを表示するコードを追加しましょう。

ソリューションエクスプローラーからSampleEditControlDlg.cppを開き、OnClickedButton1関数を編集します。

エディットコントロールに入力されたテキストをメンバー変数m_csMessageで取得するために、コントロールとメンバー変数の間でデータを交換するCWndクラスの**UpDateData関数**を使用します（**構文8-1**）。

構文 8-1 コントロールとメンバー変数の間でデータを交換する

```
BOOL 結果 = CWnd::UpdateData(bool データを交換する方向);
```

UpdateData関数の引数がTRUEの場合はコントロールからメンバー変数へ、FALSEの場合はメンバー変数からコントロールへ値が代入されます。

UpdateData関数の実行が成功した場合はTRUEが返されます。

ここではエディットコントロールのテキストを取得したいので、UpdateData関数の引数にはTRUEを設定します。エディットコントロールのテキストを取得して、メッセージボックスに表示するコードを**リスト8-1**に示します。

▼リスト8-1 メッセージボックスを表示する

```
01: void CSampleEditControlDlg::OnClickedButton1()
02: {
03:     CWnd::UpdateData(TRUE);
04:     AfxMessageBox(m_csMessage);
05: }
```

1行目はボタンクリックメッセージハンドラー関数を定義しています。

3行目のUpdateData関数の引数はTRUEですので、エディットコントロールに入力されたテキストがメンバー変数m_csMessageに代入されます。

4行目の**AfxMessageBox()**はメッセージボックスを表示する関数で、引数に渡されたテキストをメッセージボックスに表示します。m_csMessageを引数に渡すことで、エディットコントロールに入力したテキストがメッセージボックスに表示されます。

動かしてみよう

それではこれまで作成したコードを動かしてみましょう。Visual Studioでプロジェクトをビルドして、エラーがないことを確認してから実行してください。実行すると**図8-20**のような画面が表示されます。

▼図8-20　起動時のダイアログ画面

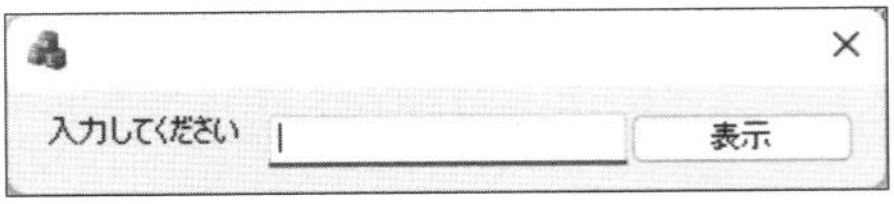

エディットコントロールに任意の文字を入力し、[表示] ボタンを押すと、**図8-21**のようにメッセージボックスが表示されます。

▼図8-21　表示されたメッセージボックス

02 チェックボックス／ラジオボタン／グループボックスコントロール

Keyword
- チェックボックスコントロール
- ラジオボタンコントロール
- グループボックスコントロール

チェックボックス・ラジオボタン・グループボックスコントロールとは？

チェックボックスコントロールは、複数の選択肢の中から複数の選択を行うことができるコントロールです。

ラジオボタンコントロールは、複数の選択肢の中から1つの選択を行うことができるコントロールです。

グループボックスコントロールは、複数のコントロールを1つにまとめる枠線の表現を行うコントロールです。

この節では、チェックボックスやラジオボタンを使用した画面を作成しながら、使い方を学んでいきましょう。

▼図8-22 チェックボックス・ラジオボタン・グループボックスコントロール

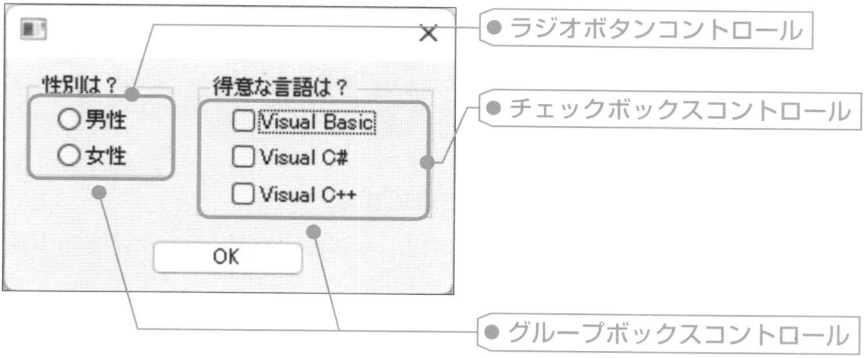

ダイアログ画面を編集する

チェックボックスとラジオボタンの状態をメッセージボックスで表示するアプリケーションを作成していきます。**図8-22**のダイアログ画面を表示する、MFCダイアログベースのプロジェクト「SampleCheckBoxAndRadioButton」を作成してください。

図8-22と前節を参考に、ダイアログエディターでダイアログ画面を編集しましょう。

● グループボックスコントロールを追加する

「ツールボックス」ウィンドウから[Group Box]を選択し(**図8-23**)、ダイアログ画面に2つ貼りつけます。

▼図8-23　「ツールボックス」ウィンドウ内のグループボックス

図8-23の画面のグループボックスコントロール左側を「グループボックス①」、右側を「グループボックス②」として、貼り付けたグループボックスのプロパティを**表8-1**のように設定しましょう。

▼表8-1　グループボックスのプロパティ

プロパティ	グループボックス①	グループボックス②
Caption	性別は?	得意な言語は?

● チェックボックスコントロールを追加する

「ツールボックス」ウィンドウから[Check Box]を選択し、ダイアログ画面に3つ貼りつけます(**図8-24**)。

▼図8-24　「ツールボックス」ウィンドウ内のCheck Box

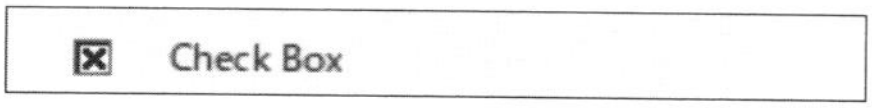

図8-24の画面のチェックボックスコントロールを上から「チェックボックス①」、「チェックボックス②」、「チェックボックス③」として、貼り付けたチェックボックスのプロパティを**表8-2**のように設定します。

▼表8-2　チェックボックスのプロパティ

プロパティ	チェックボックス①	チェックボックス②	チェックボックス③
キャプション	Visual Basic	Visual C#	Visual C++

● ラジオボタンコントロールを追加する

「ツールボックス」ウィンドウから［Radio Button］を選択し、ダイアログ画面に2つ貼りつけます（**図8-25**）。

▼図8-25　「ツールボックス」ウィンドウ内のRadio Button

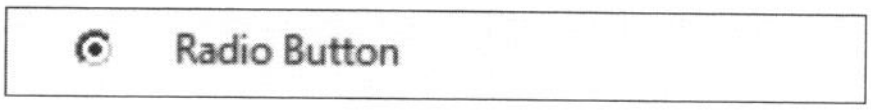

図8-25の画面のラジオボタンコントロールを、上から「ラジオボタン①」、「ラジオボタン②」として、貼り付けたグループボックスのプロパティを**表8-3**のように設定します。

▼表8-3　ラジオボタンのプロパティ

プロパティ	ラジオボタン①	ラジオボタン②
キャプション	男性	女性
グループ	True	False

グループプロパティは、グループボックス内に配置されているコントロールのグループ化を設定するプロパティです。グループ化されたラジオボタンは複数のラジオボタンの中の1つだけが選択されるようになります。初期値

はFalseですが、グループ化する最初のコントロールだけをTrueに設定します。

この仕組みはこの後で説明します。

● ボタンコントロールを追加する

「ツールボックス」ウィンドウから［Button］を選択し、ダイアログ画面に1つ貼りつけます。ボタンコントロールのCaptionプロパティを「OK」に変更してください。

● タブオーダーを編集する

タブオーダーとは、Tabキーを押したときに、コントロール間のフォーカスが移動する順番のことです。ラジオボタンのグループプロパティをTrueに設定すると、次のタブオーダーに設定されているラジオボタンコントロールと連動して動作するようになります。次のタブオーダーがラジオボタン以外のコントロールか、またはGroupプロパティがTrueのラジオボタンが出現するまで、ラジオボタンコントロール間はグループ化されます（**図8-26**）。

▼**図8-26　グループプロパティとタブオーダーの関係**

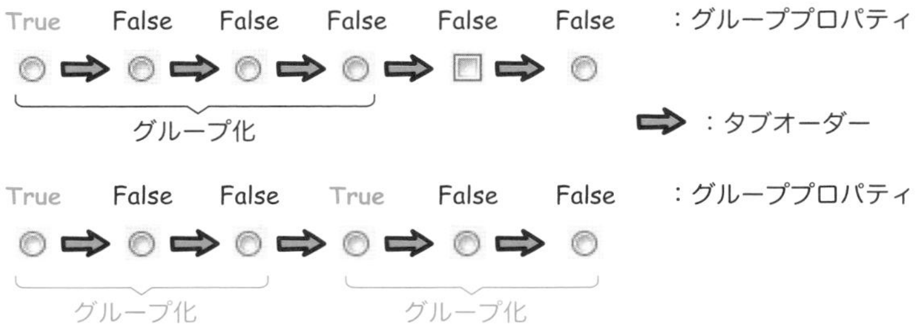

これまでに配置したコントロールのタブオーダーを設定しましょう。タブオーダーはダイアログ画面編集時のVisual Studioの［書式］メニューから［タブオーダー］を選択します。タブオーダーを選択すると**図8-27**のような画面が表示されます。

▼図8-27　タブオーダー設定画面

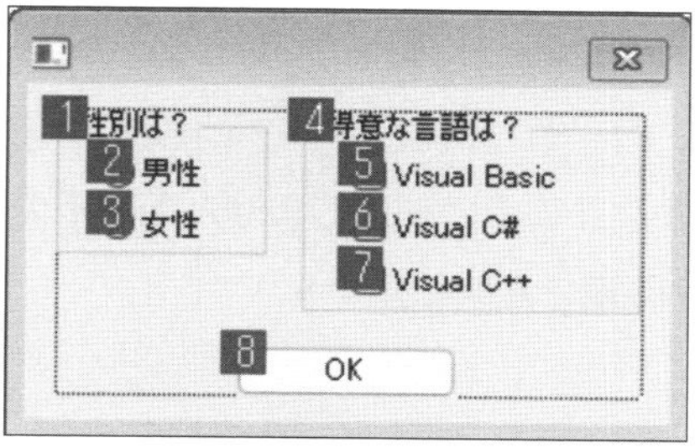

画面に表示されている番号がタブオーダーの順番を表しています。タブオーダーを変更するには、フォーカスを移動させたい順番にマウスでコントロールをクリックします。

図8-26のようにタブオーダーを設定してください。タブオーダーの編集が完了したら、Enter キーを押してタブオーダー設定画面を終了します。

チェックボックスとラジオボタンの状態を取得する

● メンバー変数を追加する

ラジオボタンとチェックボックスの状態を取得するために、CSampleCheckBoxAndRadioButtonDlgクラスにメンバー変数を追加します。

表8-2のチェックボックスと表8-3のラジオボタンに、**表8-4**の通りにメンバー変数を追加しましょう。メンバー変数の追加方法は前節を参考にしてください(表8-3のラジオボタン②にはメンバー変数を追加しなくてもいいです)。

▼表8-4　追加するメンバー変数

コントロール	カテゴリ	名前	変数の種類
チェックボックス①	値	m_bVb	BOOL
チェックボックス②	値	m_bCSharp	BOOL
チェックボックス③	値	m_bVc	BOOL
ラジオボタン①	値	m_iGender	int

「コントロール変数の追加（全般設定）」画面で［変数の種類］に「int」を入力した場合、「コントロール変数の追加（その他の設定）」画面で［最小値］［最大値］の入力ができるようになります（図8-28）。これによりメンバー変数の最小値と最大値を制御することができますが、ここでは使用しませんのでそのまま［OK］ボタンを押します（使用方法は**10章**で説明します）。

▼**図8-28　[最小値] [最大値] の入力項目**

● ボタンコントロールのクリックメッセージハンドラーを追加する

ボタンがクリックされたときに、チェックボックスとラジオボタンの状態を表示する処理を作成していきます。

前節を参照しながら、ボタンコントロールのクリックメッセージハンドラーを追加して、ボタンクリックメッセージハンドラーのコードを**リスト8-2**のように変更しましょう。リスト8-2の例では、ボタンコントロールのIDはIDC_BUTTON1で、メンバー関数名はOnClickedButton1()となっています。

▼リスト8-2 ボタンクリックメッセージハンドラー

```
01: void CSampleCheckBoxAndRadioButtonDlg::OnClickedButton1()
02: {
03:     CWnd::UpdateData(TRUE);
04:     CString csGender;
05:     if (m_iGender == 0) {
06:         csGender = _T(" 男性 ");
07:     }
08:     else {
09:         csGender = _T(" 女性 ");
10:     }
11:     CString csLanguage;
12:     if (m_bVb) {
13:         csLanguage += " Visual Basic ";
14:     }
15:     if (m_bCSharp) {
16:         csLanguage += " Visual C# ";
17:     }
18:     if (m_bVc) {
19:         csLanguage += " Visual C++ ";
20:     }
21:     CString csMessage;
22:     csMessage = _T("性別は") + csGender + _T("です。¥n");
23:     if (csLanguage.IsEmpty()) {
24:         csMessage += _T("得意な言語はありません。");
25:     }
26:     else {
27:         csMessage += _T("得意な言語は") + csLanguage + _T("です。");
28:     }
29:     AfxMessageBox(csMessage);
30: }
```

3行目でUpdateData関数の引数をTRUEに設定して呼び出していますので、コントロールの値がメンバー変数に代入されます。

m_iGenderにはラジオボタンがチェックされている位置が代入されています。GroupプロパティをTrueに設定したコントロールを0として、タブオーダー順に1つずつ加算された値が返ってきます。よってm_iGenderの値が

0であれば「男性」、1であれば「女性」となります。4～10行目ではCStringクラスのインスタンスcsGenderに代入する文字列をm_iGenderの値により決定しています。

チェックボックスがチェックされていれば、チェックボックス用のメンバー変数にはTRUEが代入されます。11～20行目ではCStringクラスのインスタンスcsLanguageの文字列をm_bVb、m_bCSharp、m_bVcの値により決定しています。

21～28行目はメッセージボックスに表示する文字列を作成しています。

22行目はラジオボタンで取得した性別を表示する文字列を作成しています。　23行目のCStringクラスのIsEmpty()は、保持している文字列が空であればTRUEを返す関数です。チェックボックスがどれもチェックされていなければ、ここまでの処理の結果によりcsLanguageには文字が代入されていませんので、「得意な言語はない」ことになります（24行目）。csLanguageに文字が代入されていれば、「得意な言語」を表示する文字列を作成します（27行目）。

COLUMN

BOOL型とbool型

C言語で真または偽の状態を表すデータ型にはbool型がありますが、MFCではBOOL型と言うデータ型が別に定義されています。BOOL型の場合に設定する値はtrueまたはfalse、BOOL型の場合にはTRUEまたはFALSEを設定します。

例えばソースコードでTRUEのところをtrue、falseのところをFALSEと書いても問題なく動作します。

実行してみよう

それではこれまでに作成したコードを動かしてみましょう。Visual Studioでプロジェクトをビルドして、エラーがないことを確認してから実行してください。

実行直後は**図8-29**のような画面が表示されます。

▼**図8-29　起動直後のダイアログ画面**

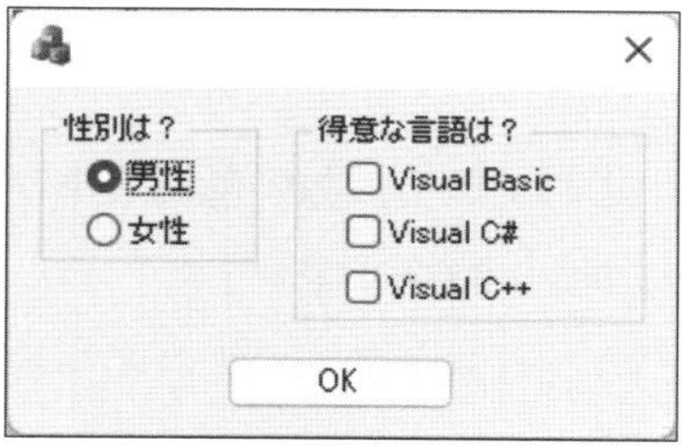

ラジオボタンやチェックボックスの状態を変更して、[OK] ボタンを押してみましょう。**図8-30**に実行例を示します。

▼**図8-30　実行例**

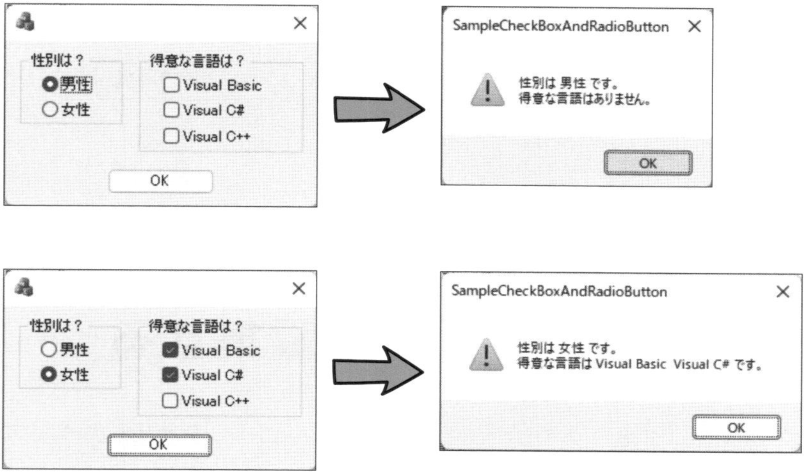

03 リストボックス／コンボボックスコントロール

Keyword
- リストボックスコントロール
- コンボボックスコントロール

リストボックス・コンボボックスコントロールとは？

リストボックスコントロールは、一覧に表示されている複数の項目の中から、単数または複数の選択を行うことができるコントロールです。

コンボボックスコントロールは、ドロップダウンリストで表示される複数の項目の中から、単数の選択を行うことができるコントロールです。

この節ではコンボボックスやリストボックスを使用した画面を作成しながら、使い方を学んでいきましょう。

▼図8-31　コンボボックス・リストボックスコントロール

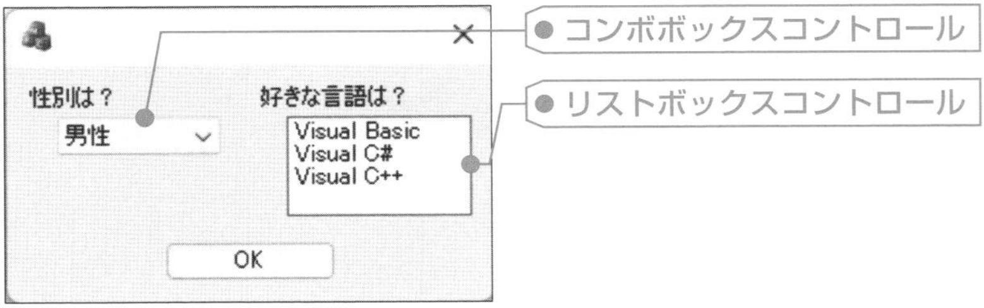

ダイアログ画面を編集する

前節ではチェックボックスとラジオボタンコントロールを使用したダイアログ画面を作成しました。その画面と同様の機能をリストボックスとコンボボックスコントロールに変更して作成します。

図8-31のダイアログ画面を表示する、MFCダイアログベースのプロジェクト「SampleComboBoxAndListBox」を作成してください。

図8-31を参考に、ダイアログエディターでダイアログ画面を編集しましょう。

● コンボボックスボックスコントロールを追加する

「ツールボックス」ウィンドウから［Combo Box］を選択し（**図8-32**）、ダイアログ画面に1つ貼りつけます。

▼図8-32 「ツールボックス」ウィンドウ内のCombo Box

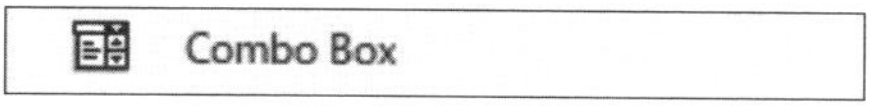

貼り付けたコンボボックスコントロールのプロパティを**表8-5**のように設定します。

▼表8-5 コンボボックスのプロパティ

プロパティ	値
並び替え	False
種類	ドロップダウンリスト

並び替えプロパティは、ドロップダウンリスト内の要素をソートするかを設定します。初期値はTrue（ソートする）ですが、ここではソートをさせたくないためFalseに設定しています。

種類プロパティは、コンボボックスの種別を「標準」、「ドロップダウン」または「ドロップダウンリスト」で設定します。「標準」や「ドロップダウン」を選択すると、エディットコントロールのようにドロップダウンリスト外の任意の文字が入力できるようになります。**図8-33**に種類プロパティによるコンボボックスの違いを示します。

▼図8-33　種類プロパティによるコンボボックスの違い

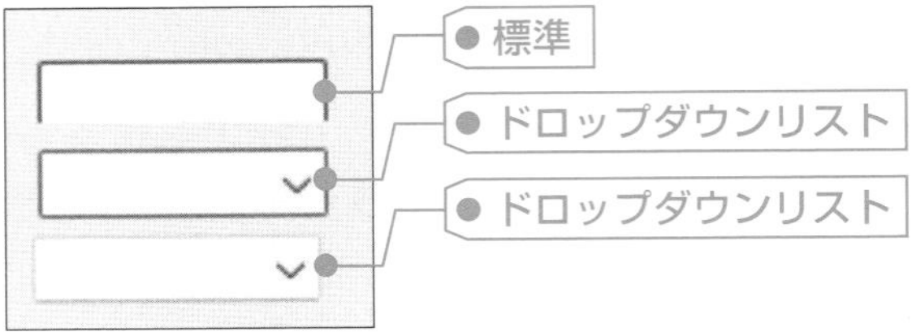

ここでは入力できないように「ドロップダウンリスト」を設定しています。

● リストボックスコントロールを追加する

「ツールボックス」ウィンドウから [List Box] を選択し（**図8-34**）、ダイアログ画面に1つ貼りつけます。

▼図8-34　「ツールボックス」ウィンドウ内のList Box

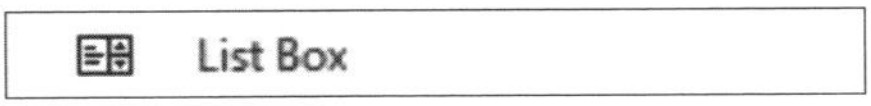

貼り付けたリストボックスコントロールのプロパティを**表8-6**のように設定します。

▼表8-6　リストボックスのプロパティ

プロパティ	値
選択	マルチ

選択プロパティは、リストボックスコントロールに表示されている項目をいくつ選択できるのかを設定します。初期値は「シングル」で単数選択のみ可能ですが、「マルチ」にすることにより複数の選択が可能になります。

● スタティックテキストコントロールを追加する

「ツールボックス」ウィンドウから [Static Text] を選択し、ダイアログ画面に2つ貼りつけます。キャプションププロパティを各々「性別は？」「得意な言語は？」に設定してください。

● ボタンコントロールを追加する

「ツールボックス」ウィンドウから[Button]を選択し、ダイアログ画面に1つ貼りつけます。キャプションプロパティを「OK」に設定してください。

コンボボックスとリストボックスの状態を取得する

● メンバー変数を追加する

コンボボックスとリストボックスの状態を取得するために、CSampleComboBoxAndListBoxDlgクラスにメンバー変数を追加します。

表8-7に示すメンバー変数を追加しましょう。

▼**表8-7** 追加するメンバー変数

コントロール	カテゴリ	名前	変数の種類
コンボボックス	コントロール	m_cComboBox	CComboBox
リストボックス	コントロール	m_cListBox	CListBox

追加するメンバー変数の「カテゴリ」に「コントロール」を設定すると、コントロールを制御する変数(以下コントロール変数)を作成することができます。「変数の種類」にあるCComboBoxはコンボボックスコントロールのクラス、CListBoxはリストボックスコントロールのクラスであることを示しています。

● コンボボックスコントロールのメンバー関数

コンボボックスのドロップダウンリストに項目を追加するには**AddString関数**を使用します(**構文8-2**)。

構文 8-2 ドロップダウンリストに項目を追加する

```
int 追加した項目のインデックス =
    コントロール変数名.AddString(CString 追加する項目);
```

「追加する項目」には、コンボボックスに表示する選択項目の文字列を設定します。AddString()を複数呼び出すとドロップダウンリストの項目が上から順に追加されます。

戻り値には、0を基点にしてドロップダウンリストの上から何番目に追加されたのかを返します。

ドロップダウンリストのある項目を選択状態にするには、**SetCurSel関数**を使用します（**構文8-3**）。

構文　8-3　ドロップダウンリストの項目を選択する

```
int 選択された項目のインデックス =
    コントロール変数名.SetCurSel(int インデックス);
```

「インデックス」には、選択させたい項目のドロップダウンリスト内の位置を設定します。

戻り値にはSetCurSel()を実行した結果、選択された項目のドロップダウンリスト内の位置が返ります。

ドロップダウンリストが選択されている位置を取得するには**GetCurSel関数**を使用します（**構文8-4**）。

構文　8-4　選択されている項目のインデックスを取得する

```
int インデックス= コントロール変数名.GetCurSel();
```

ドロップダウンリスト内の文字列を取得するには、**GetLBText関数**を使用します（**構文8-5**）。

構文　8-5　リスト項目を取得する

```
int 取得した項目の文字の長さ =
    コントロール変数名.GetLBText(int インデックス, CString 格納先);
```

「インデックス」には取得したいドロップダウンリストの位置を設定し、「格納先」には取得先の変数を設定します。

● リストボックスコントロールのメンバー関数

リストボックス内に項目を追加するには**AddString関数**を使用します（**構文8-6**）。

構　文　8-6　リストに項目を追加する

```
int 追加した項目のインデックス =
    コントロール変数名.AddString(CString 追加する項目);
```

コンボボックスコントロールのAddString関数と同じ使い方をします。

リストボックス内の項目の数を取得するには**GetCount関数**を使用します（**構文8-7**）。

構　文　8-7　リストの数を取得する

```
int リストの数 = コントロール変数名.GetCount();
```

リストボックス内の項目の選択状態を取得するには**GetSel関数**を使用します（**構文8-8**）。

構　文　8-8　リストの選択状態を調べる

```
int 選択状態 = コントロール変数名.GetSel(int インデックス);
```

「インデックス」にはリストボックス内の項目の位置を設定し、戻り値には選択されていれば0より大きい数、選択されていなければ0を返します。

リストボックス内の文字列を取得するには、**GetText関数**を使用します（**構文8-9**）。

構　文　**8-9　リスト項目を取得する**

```
int 取得した項目の文字の長さ =
    コントロール変数名.GetText(int インデックス, CString 格納先);
```

コンボボックスコントロールのGetLBText関数と同じ使い方をします。画面を作成しながら、これらの使い方を学んでいきましょう。

● OnInitDialog関数を編集する

OnInitDialog関数に追加するコードを**リスト8-3**に示します。

▼リスト8-3　OnInitDialog関数に追加するコード

```
01: BOOL CSampleComboBoxAndListBoxDlg::OnInitDialog()
02: {
03:     // TODO: 初期化をここに追加します。
04:     m_cComboBox.AddString(_T("男性"));
05:     m_cComboBox.AddString(_T("女性"));
06:     m_cComboBox.SetCurSel(0);
07:     m_cListBox.AddString(_T("Visual Basic"));
08:     m_cListBox.AddString(_T("Visual C#"));
09:     m_cListBox.AddString(_T("Visual C++"));
10: }
```

4～6行目でコンボボックスコントロール変数m_cComboBoxの初期化を行っています。

4～5行目のAddString()により、ドロップダウンリストには上から「男性」「女性」の順に登録されます。

6行目のSetCurSel()の第一引数でドロップダウンリストのインデックスを0に指定していますので、AddString()で最初にリストに登録された「男性」が初期値で表示されるようになります。

7～9行目でリストボックスコントロール変数m_cListBoxの初期化を行っています。

コンボボックスと同様、AddString()によりリストボックス内のリストを追加しています。

● ボタンクリックメッセージハンドラーを追加する

ボタンコントロールのクリックメッセージハンドラーを追加して、メッセージハンドラーのコードを**リスト8-4**のように変更しましょう。リスト8-4の例ではボタンコントロールのIDはIDC_BUTTON1で、メンバー関数名はOnClickedButton1()となっています。

▼リスト8-4　ボタンクリックメッセージハンドラー

```
void CSampleComboBoxAndListBoxDlg::OnClickedButton1()
{
    CString csGender;
    int iSelect = m_cComboBox.GetCurSel();
    m_cComboBox.GetLBText(iSelect, csGender);
    CString csSelect;
    CString csLanguage;
    for (int i = 0; i < m_cListBox.GetCount(); i++) {
        if (m_cListBox.GetSel(i) > 0) {
            m_cListBox.GetText(i, csSelect);
            csLanguage += (csSelect + _T(" "));
        }
    }
    CString csMessage;
    csMessage = _T("性別は ") + csGender + _T(" です。¥n");
    if (csLanguage.IsEmpty()) {
        csMessage += _T("得意な言語はありません。");
    }
    else {
        csMessage += _T("得意な言語は ") + csLanguage +
                     _T("です。");
    }
    AfxMessageBox(csMessage);
}
```

コントロール変数の場合、CWndクラスのUpdateData関数を使用して値を取得することはできません。コントロールに設定されている値を取得するコードを書いていきます。

3～5行目で、コンボボックスコントロール変数m_cComboBoxからコンボボックスに設定されている値を取得しています。

4行目のGetCurSel()によりコンボボックスで選択されている項目のインデックスを取得し、5行目のGetLBText()の第一引数に渡します。GetLBText()の結果、コンボボックスの選択項目がCStringのインスタンスcsGenderに代入されます。

7～13行目でリストボックスコントロール変数m_cListBoxから、リストボックス内の選択されている項目を取得しています。

8行目のGetCount()によりリストボックスの項目数を取得し、9行目のGetSel()によりリストボックス内のどの項目が選択されているのかを調べています。何か選択されていればGetSel()は0より大きい値が返りますので、10行目のGetText()によりリストボックスの選択されている項目をCStringクラスのインスタンスcsSelectに代入しています。

11行目のcsLanguageにはすべての選択項目を結合した文字列が格納されます。

14行目以降はリスト8-2の20行目以降のメッセージボックスを表示する処理とほとんど違いはありません。

実行してみよう

それではこれまでに作成したコードを動かしてみましょう。Visual Studioでプロジェクトをビルドして、エラーがないことを確認してから実行してください。

実行直後は**図8-35**のような画面が表示されます。

▼図8-35　起動直後のダイアログ画面

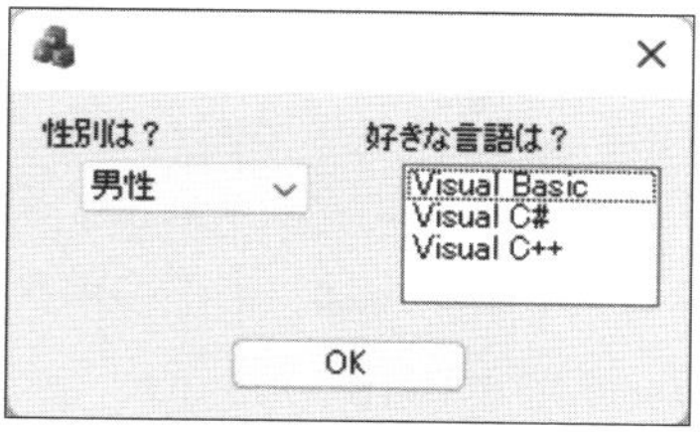

コンボボックスやリストボックスの状態を変更して、[OK] ボタンを押してみましょう。**図8-36**に実行例を示します。

▼図8-36　実行例

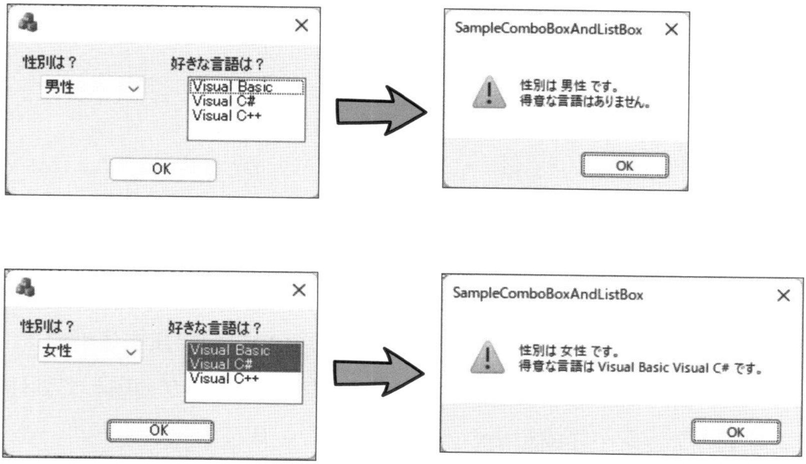

04 スライダ／スピンコントロール

Keyword
スライダコントロール
スピンコントロール

スライダ・スピンコントロールとは？

スライダコントロールは、スライダをスライドさせることによって値を変更することができるコントロールです。スピンコントロールは、上下のボタンによって値を変更することができるコントロールです（図8-37）。

この節では、スライダコントロールやスピンコントロールを使用した画面を作成しながら、使い方を学んでいきましょう。

▼図8-37　スライダ・スピンコントロール

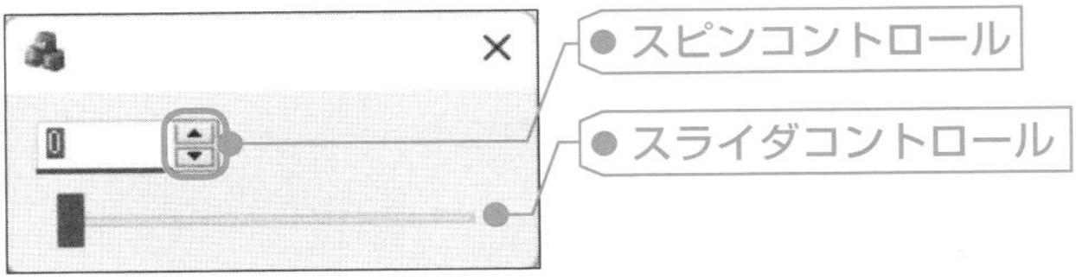

ダイアログ画面を編集する

スライダコントロールとスピンコントロールが1つずつ存在する画面で、片方のコントロールを操作すると、もう片方のコントロールが連動して動作するアプリケーションを作成します。

図8-37のダイアログ画面を表示するMFCダイアログベースのプロジェク

ト「SampleSliderAndSpin」を作成してください。

図8-37を参考にダイアログエディターでダイアログ画面を編集しましょう。

● エディットコントロールを追加する

スピンコントロールは通常はエディットコントロールとセットで使用するコントロールですので、スピンコントロールに連動させるエディットコントロールを1つ用意します。「ツールボックス」ウィンドウから[Edit Control]を選択し、ダイアログ画面に1つ貼りつけます。

エディットコントロールのプロパティを**表8-8**のように変更してください。

▼表8-8 エディットコントロールのプロパティ

プロパティ	値
数字	True

エディットコントロールの数字プロパティをTrueにすることで、エディットコントロールに入力できる文字を数値に限定することができます。

● スピンコントロールを追加する

「ツールボックス」ウィンドウから[Spin Control]を選択し(**図8-38**)、ダイアログ画面に1つ貼りつけます。

▼図8-38 「ツールボックス」ウィンドウ内のスピンコントロール

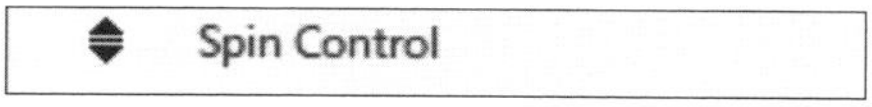

● スライダコントロールを追加する

「ツールボックス」ウィンドウから[Slider Control]を選択し(**図8-39**)、ダイアログ画面に1つ貼りつけます。

▼図8-39　「ツールボックス」ウィンドウ内のスライダコントロール

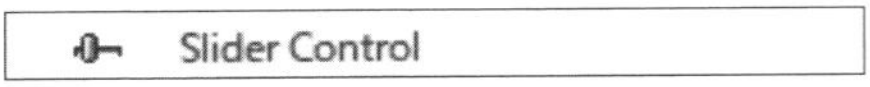

● タブオーダーを設定する

図8-40のようにタブオーダーを設定してください（タブオーダーの設定方法は**8-02**を参照してください）。

▼図8-40　タブオーダーの設定

COLUMN

スピンコントロールの配置

ダイアログエディターでスピンコントロールを配置するときには、図8-40のようにエディットコントロールと離れていても問題はありません。この後でスピンコントロールに設定するプロパティによりエディットコントロールと関連付けられ、実行時には図8-37のようにエディットコントロールのすぐ隣に自動的に配置されます。

● スピンコントロールのプロパティを設定する

スピンコントロールのプロパティを、**表8-9**のように設定します。

▼表8-9　スピンコントロールのプロパティ

プロパティ	設定値	説明
自動連動	True	タブオーダー順でスピンコントロールの1つ前のコントロールを関連付ける場合にTrueを設定。初期値はFalse
連動整数の設定	True	自動連動プロパティで関連付けたコントロールのテキストを連動させる場合にTrueを設定。初期値はFalse
配置	Right Align	Auto Buddyプロパティで関連付けたコントロールのどの位置にスピンコントロールを配置するかを設定する

図8-37のようにエディットコントロールの右側に配置したいので、配置プロパティは［Right Align］を設定しています。

ここまでの設定により、スピンコントロールとエディットコントロールが連動して動作するようになりました。まだ途中ですが、Visual StudioからSampleSliderAndSpin プロジェクトをビルド後に実行して、スピンコントロールとエディットコントロールの動作を確かめてみてください。

スピンコントロールとスライダコントロールの状態を取得する

● メンバー変数を追加する

スピンコントロールとスライダコントロールの状態を取得するために、CSampleSliderAndSpinDlg クラスにメンバー変数を追加します。

表8-10に示すメンバー変数を追加しましょう。

▼表8-10　追加するメンバー変数

コントロール	カテゴリ	名前	変数の種類
スピンコントロール	コントロール	m_cSpin	CSpinButtonCtrl
スライダコントロール	コントロール	m_cSlider	CSliderCtrl

スピンコントロールのメンバー関数を**構文8-10～12**に、スライダコントロールのメンバー関数を**構文8-13～15**にそれぞれ示します。

構　文　8-10　スピンコントロールの入力できる値の範囲を指定する

```
コントロール変数名 .SetRange(int 最小値 , int 最大値 );
```

構　文　8-11　スピンコントロールの現在の位置を取得する

```
int 現在の位置 = コントロール変数名 .GetPos32();
```

構文 8-12 スピンコントロールの位置を設定する

```
コントロール変数名 .SetPos32(int 位置 );
```

構文 8-13 スライダコントロールの入力できる値の範囲を指定する

```
コントロール変数名 .SetRange(int 最小値 , int 最大値 );
```

構文 8-14 スライダコントロールの現在の位置を取得する

```
int 現在の位置 = コントロール変数名 .GetPos();
```

構文 8-15 スライダコントロールの位置を設定する

```
コントロール変数名 .SetPos(int 位置 );
```

● OnInitDialog 関数を編集する

OnInitDialog関数にスピンコントロールとスライダコントロールに入力可能な値の範囲を設定するコードを追加します。CSampleSliderAndSpinDlg.cppのOnInitDialog()に**リスト8-5**のコードを追加してください。

▼リスト 8-5 OnInitDialog 関数に追加するコード

```
BOOL CSampleSliderAndSpinDlg::OnInitDialog()
{
    // TODO: 初期化をここに追加します。
    m_cSpin.SetRange(0, 100);
    m_cSlider.SetRange(0, 100);
}
```

スピンコントロールとスライダコントロールは、**SetRange関数**により入力できる値の範囲を指定することができます。第一引数には最小値、第二引数には最大値を指定します。

● スライダコントロールがスライドされたことを知るには？

スライダコントロールがスライドされたら、スライダコントロールの現在の値をスピンコントロールに反映させるようにコードを追加していきます。

スライダコントロールがスライドされたことは、スライダコントロールのメッセージハンドラーでは知ることができません。ダイアログ画面に通知される**WM_HSCROLLメッセージ**を利用することで知ることができます。WM_HSCROLLメッセージとは、ウィンドウ（画面）に表示されている水平スクロールバーがスクロールされたときに通知されるメッセージです。

それではWM_HSCROLLメッセージを利用してスライダコントロールがスライドされたことをわかるようにしましょう。「クラスウィザード」画面を開いて［メッセージ］タブを選択し、［メッセージ］一覧の中から［WM_HSCROLL］を選択して［ハンドラーの追加］ボタンを押します（**図8-41**）。

▼図8-41　WM_HSCROLLメッセージハンドラーの追加

［ハンドラーの追加］ボタンを押すと、CSampleSliderAndSpinDlgクラスに**OnHScroll関数**が追加されます。ちなみに、OnHScroll関数の構文は**構文8-16**のようになっています。

構文　8-16　OnHScroll関数

```
void OnHScroll( スクロールの操作、スクロールの位置、スクロールされた
コントロールへのポインタ );
```

OnHScroll()の第一引数にはスクロールバーが操作されたときの動作が渡されます。スクロール操作の値の一例を**表8-11**に示します。

▼表8-11　OnHScroll()のスクロール操作の値

値	意味
SB_LEFT	左端へスクロール
SB_LINELEFT	左へスクロール
SB_LINERIGHT	右へスクロール
SB_PAGELEFT	右端へスクロール

第二引数にはスクロールバーが移動した位置が渡されます。

第三引数にはスクロールバーのポインタが渡されます。これによりウィンドウ内のどのスクロールバーがスクロールされたのかを知ることができます。

それではSampleSliderAndSpinDlg.cppを開いてCSampleSliderAndSpinDlgクラスのOnHScroll関数を編集しましょう。**リスト8-6**にOnHScroll関数のソースコードを示します。

▼リスト8-6　OnHScroll関数

```
void CSampleSliderAndSpinDlg::OnHScroll(UINT nSBCode,
                           UINT nPos, CScrollBar* pScrollBar)
{
    if (*pScrollBar == m_cSlider){
       m_cSpin.SetPos32(m_cSlider.GetPos());
    }
    CDialogEx::OnHScroll(nSBCode, nPos, pScrollBar);
}
```

3〜5行目が追加したコードです。3行目のようにOnHScrollメッセージハンドラーの第三引数pScrollBarとスライダコントロール変数m_cSlider を比較することにより、目的のスライダコントロールがスライドされたことがわかります。

4行目のスライダコントロール変数m_cSliderの**GetPos()**によりスライダコントロールの現在の位置を取得し、スピンコントロール変数m_cSpinの**SetPos32()**によりスピンコントロールの位置を設定しています。

ポイント

6行目はコードウィザードで自動的に作成されたコードです。コードウィザードで自動的に作成されたコードはアプリケーションの処理をOSに依頼するために必要ですので、削除や変更を行わないようにしてください。

● エディットコントロールのテキストが変更されたことを知るには？

スピンコントロールの値が変わったら、スライダコントロールの値を変更するようにコードを追加していきます。しかしスピンコントロールのメッセージハンドラーでは実現が難しいので、スピンコントロールに関連付けられているエディットコントロールの値が変わったらスライダコントロールの値を変更するようにしてみましょう。

エディットコントロールのテキストが変わるとコントロールに対して**EN_UPDATEメッセージ**が通知されますので、クラスウィザードでEN_UPDATEメッセージハンドラーを追加しましょう。ダイアログエディターを使用してエディットコントロールのIDプロパティを確認してください。

「クラスウィザード」画面を開いて［コマンド］タブ内の［オブジェクトID］のリストからエディットコントロールのIDを選択した後に、［メッセージ］のリストから［EN_UPDATE］を選択して［ハンドラーの追加］ボタンを押します（図8-42）。

［ハンドラーの追加］ボタンを押すと「メンバー関数の追加」画面が表示されます。エディットコントロールのIDプロパティが［IDC_EDIT1］の場合、［メンバー関数名］には「OnUpdateEdit1」が設定されます。変更せずにこのまま［OK］ボタンを押してください。

▼図8-42　エディットコントロールのEN_UPDATEハンドラー追加

それではSampleSliderAndSpinDlg.cppを開いてCSampleSliderAndSpinDlgクラスのOnEnUpdateEdit1関数を編集しましょう。**リスト8-7**にOnUpdateEdit1関数のソースコードを示します。

▼リスト8-7　OnUpdate関数

```
01: void CSampleSliderAndSpinDlg::OnUpdateEdit1()
02: {
03:     if (m_cSpin.m_hWnd != NULL){
04:         m_cSlider.SetPos(m_cSpin.GetPos32());
05:     }
06: }
```

3～5行目がコードを追加した行です。

画面起動時にスピンコントロールが作成されていないうちにエディットコントロールにEN_UPDATEメッセージが送られてくることがあるため、3行目でスピンコントロールのハンドルに有効な値が入らない限り次の処理を行わないようにしています。

4行目のスピンコントロールの**GetPos32()**によりスピンコントロールの現在の値を取得し、スライダコントロールの**SetPos()**によりスライダコントロールの位置を設定しています。

実行してみよう

それではこれまでに作成したコードを動かしてみましょう。Visual Studioでプロジェクトをビルドして、エラーがないことを確認してから実行してください。

実行直後は**図8-43**のような画面が表示されます。

▼**図8-43　起動直後のダイアログ画面**

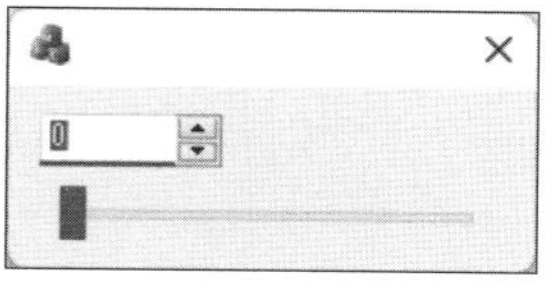

スピンコントロールやスライダコントロールを動かしてみましょう。**図8-44**に実行例を示します。

▼**図8-44　実行例**

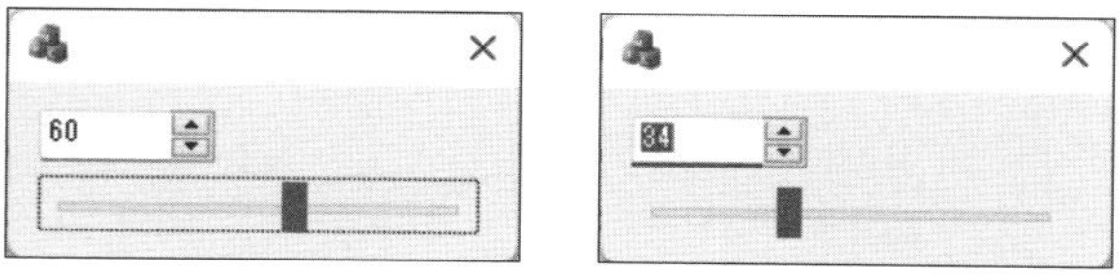

05 日時指定／月間予定表コントロール

Keyword
日時指定コントロール
月間予定表コントロール

日時指定・月間予定表コントロールとは？

日時指定コントロールは、日付や時刻を入力するためのコントロールです。

月間予定表コントロールは、カレンダーを表示して日付を選択するためのコントロールです。

この節では日時指定コントロールや月間予定表コントロールを使用した画面を作成しながら、使い方を学んでいきましょう。

▼図8-45　日時指定、月間予定表コントロール

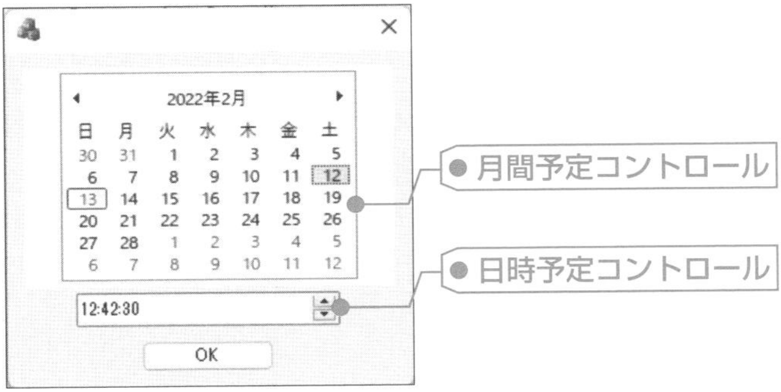

ダイアログ画面を編集する

日時指定、月間予定表コントロールに設定された日付と時刻をメッセージ

ボックスに表示するアプリケーションを作成します。

図8-45のダイアログ画面を表示する、MFCダイアログベースのプロジェクト「SampleDateTimeAndMonthCal」を作成してください。

図8-45を参考に、ダイアログエディターでダイアログ画面を編集しましょう。

● 月間予定表コントロールを追加する

「ツールボックス」ウィンドウから［Month Calendar Control］を選択し（**図8-46**）、ダイアログ画面に1つ貼りつけます。

▼図8-46　「ツールボックス」ウィンドウ内の月間予定表コントロール

● 日時指定コントロールを追加する

「ツールボックス」ウィンドウから［Date Time Picker］を選択し（**図8-47**）、ダイアログ画面に1つ貼りつけます。

▼図8-47　「ツールボックス」ウィンドウ内の日時指定コントロール

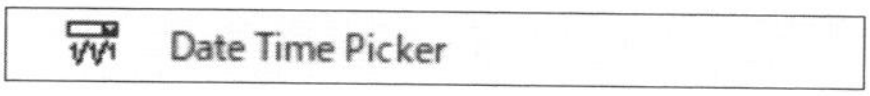

貼り付けた日時指定コントロールのプロパティを**表8-12**のように設定します。

▼表8-12　日時指定コントロールのプロパティ

プロパティ	値
フォーマット	時刻

フォーマットプロパティは日時指定コントロールの書式を設定します。書式には**図8-48**のような値を設定することができます。ここでは日付指定コントロールに時刻の入力を行わせたいので、フォーマットプロパティを［時刻］に設定しています。

▼図8-48　日時指定コントロールのFormatプロパティ

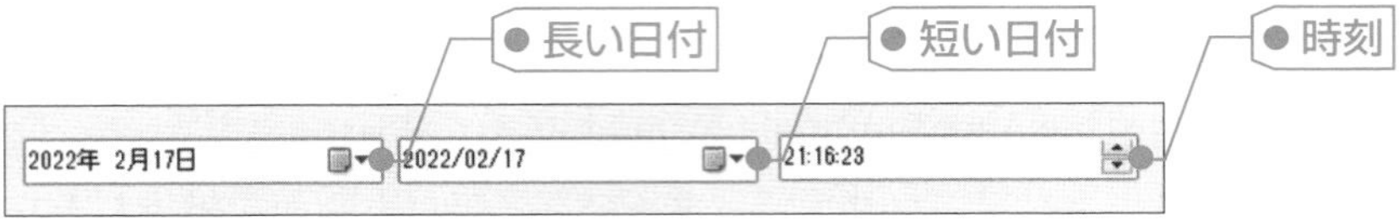

● ボタンコントロールを追加する

「ツールボックス」ウィンドウから［Button］を選択し、ダイアログ画面に1つ貼りつけます。ボタンコントロールのキャプションプロパティを「OK」に変更してください。

日時指定・月間予定表コントロールの状態を取得する

● メンバー変数を追加する

日時指定コントロールと月間予定表コントロールの状態を取得するために、CSampleDateTimeAndMonthCalDlgクラスにメンバー変数を追加します。

表8-13に示すメンバー変数を追加しましょう。

▼表8-13　追加するメンバー変数

コントロール	カテゴリ	名前	変数の型
日時指定	値	m_cTime	COleDateTime
月間予定表	値	m_cDate	COleDateTime

● OnInitDialog関数を編集する

ダイアログ画面が開いたときに、日時指定・月間予定表コントロールの初期値を設定するようにOnInitDialog関数を編集します。

OnInitDialog関数に追加するコードを、**リスト8-8**に示します。

▼リスト8-8　OnInitDialog関数に追加するコード

```
01: BOOL CSampleDateTimeAndMonthCalDlg::OnInitDialog()
02: {
03:     // TODO: 初期化をここに追加します。
04:     m_cDate.SetDate(2022,2,12);
05:     m_cTime.SetTime(12,42,30);
06:     CWnd::UpdateData(FALSE);
07: }
```

日時指定・月間予定表コントロールに初期値を設定するために4、5行目でコントロール変数に対して値を設定しています。メンバー変数のデータ型はCOleDateTimeですが、使い方は**7-03**を参照してください。

4行目で月間予定表コントロールの変数に「2022年2月12日」を設定しています。

5行目で日時指定コントロールの変数に「12時42分30秒」を設定しています。

6行目でCWndクラスのUpdateData関数の引数をFALSEにして呼び出すことにより、コントロールのメンバー変数に設定した値がコントロールに反映されます。

ポイント

日時指定・月間予定表コントロールに初期値を設定しない場合は、システムの日付と時刻が初期値に設定されます。

● ボタンコントロールのクリックメッセージハンドラーを追加する

ボタンコントロールのクリックメッセージハンドラーを追加して、メッセージハンドラーのコードを**リスト8-9**のように変更しましょう。リスト8-9の例ではボタンコントロールのIDはIDC_BUTTON1で、メンバー関数名OnClickedButton1()となっています。

▼リスト8-9　ボタンクリックメッセージハンドラー

```
01: void CSampleDateTimeAndMonthCalDlg::OnClickedButton1()
02: {
03:     CWnd::UpdateData(TRUE);
04:     CString cDate = m_cDate.Format(_T("%Y/%m/%d"));
05:     CString cTime = m_cTime.Format(_T("%H:%M:%S"));
06:     AfxMessageBox(cDate + _T(" ") + cTime);
07: }
```

3行目でCWndクラスのUpdateData関数の引数にTRUEを渡していますので、コントロールに表示されている値がコントロールのメンバー変数に設定されます。

4、5行目でコントロールの値を書式指定した文字列に変換し、6行目でその文字列をメッセージボックスに表示しています。

実行してみよう

それではこれまでに作成したコードを動かしてみましょう。Visual Studioでプロジェクトをビルドして、エラーがないことを確認してから実行してください。

実行例を**図8-49**に示します。

▼図8-49　実行例

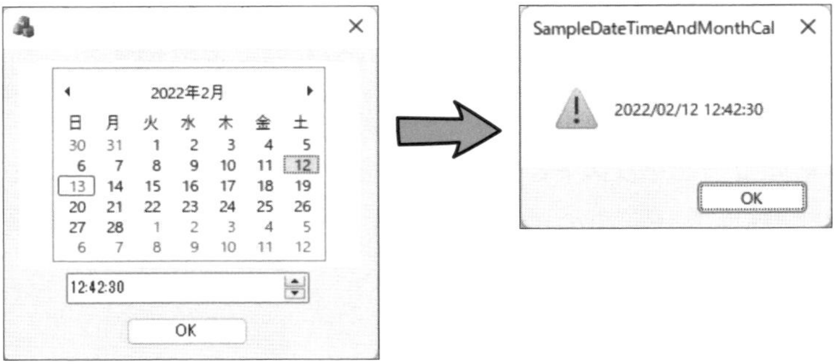

06 プログレスバーコントロール

Keyword ☑プログレスバーコントロール

プログレスバーコントロールとは？

プログレスバーコントロールは、時間がかかる処理の進行状況を表示するためのコントロールです（**図8-50**）。

この節ではプログレスバーコントロールを使用した画面を作成しながら、使い方を学んでいきましょう。

▼図8-50　プログレスバーコントロール

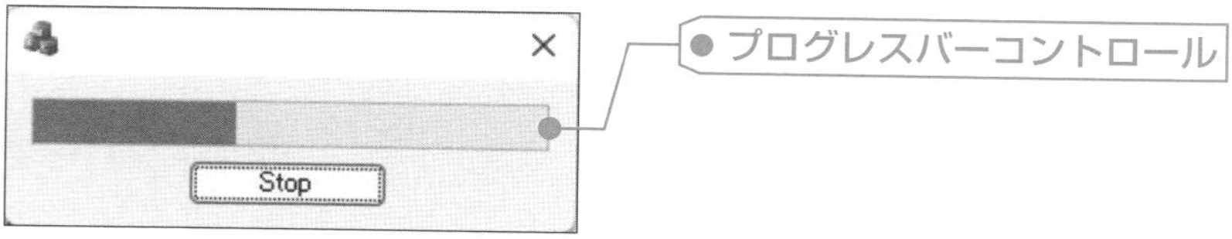

ダイアログ画面を編集する

1秒おきにプログレスバーコントロールの進行状況を進め、ボタンコントロールで進捗を一時停止・再開できるアプリケーションを作成します。

図8-50のダイアログ画面を表示する、MFCダイアログベースのプロジェクト「SampleProgress」を作成してください。

図8-50を参考にダイアログエディターでダイアログ画面を編集しましょう。

● プログレスバーコントロールを追加する

「ツールボックス」ウィンドウから［Progress Control］を選択し（**図8-51**）、ダイアログ画面に1つ貼りつけます。

▼図8-51　「ツールボックス」ウィンドウ内のプログレスバーコントロール

● ボタンコントロールを追加する

「ツールボックス」ウィンドウから［Button］を選択し、ダイアログ画面に1つ貼りつけます。ボタンコントロールのCaptionプロパティを「Start」に変更してください。

プログレスバーコントロールを制御する

● メンバー変数を追加する

プログレスバーコントロールを制御するために、CSampleProgressDlgクラスにメンバー変数を追加します。またボタンを押されたときにボタンコントロールのCaptionを変更しますので、ボタンコントロール用のメンバー変数も追加します。

表8-14に示すメンバー変数を追加しましょう。

▼表8-14　追加するメンバー変数

コントロール	カテゴリ	名前	変数の型
プログレスコントロール	Control	m_cProgress	CProgressCtrl
ボタンコントロール	Control	m_cButton	CButton

● プログレスバーコントロールのメンバー関数

これから説明するプログレスバーコントロールのメンバー関数の構文を、**構文8-17～19**に示します

構文 8-17 値の範囲を設定する

```
void コントロール変数名.SetRange32(int 最小値, int 最大値);
```

構文 8-18 プログレスバーの新しい位置を設定する

```
int 直前の位置 = コントロール変数名.SetPos(int 新しい位置);
```

構文 8-19 プログレスバーの現在の位置を取得する

```
int 現在の位置 = コントロール変数名.GetPos();
```

● コントロールのテキストを取得・設定する

この後、ボタンコントロールのテキストを状況に合わせて変更するコードを作成します。コントロールのテキストを取得／設定する構文を**構文8-20、21**に示します。

構文 8-20 コントロールのテキストを設定する

```
void コントロール変数名.SetWindowText(LPCTSTR 設定する文字列);
```

構文 8-21 コントロールのテキストを取得する

```
void コントロール変数名.GetWindowText(CString& 取得先);
```

構文8-20、21はボタンコントロールに限らず、Captionプロパティを持つすべてのコントロールで使用することができます。

● タイマーを作成する

これから作成するアプリケーションは、プログレスバーを1秒おきに更新する、というものです。定期的に何かを実行させたい場合は、**タイマー**を使用します。タイマーとは、設定した時間が経過(タイムアウト)するとメッセージで通知してくれる機能です。

タイマーを作成するにはCWndクラスの**SetTimer関数**を使用します(**構文8-22**)。

構 文 8-22 タイマーをセットする

```
UINT タイマー ID = CWnd::SetTimer(UINT タイマー ID, UINT タイムアウト値 , void コールバック関数 );
```

タイマーは1つの画面で複数設定することができます。

第一引数にはタイマーを識別するタイマーIDを任意に設定します。

第二引数にはタイムアウトする時間をミリ秒単位で指定します。

第三引数のコールバック関数は、タイムアウトしたときに実行する関数のアドレスを設定します。タイマーがタイムアウトすると**WM_TIMER メッセージ**が通知され、指定されたコールバック関数を実行します。NULLを設定してWM_TIMERメッセージハンドラーに処理を記述することもできます。

戻り値には作成されたタイマーIDが返ります。

タイマーを停止するには**KillTimer関数**を使用します(**構文8-23**)。

構 文 8-23 タイマーを停止する

```
BOOL 結果 = CWnd::KillTimer(UINT  タイマー ID);
```

構文8-22で作成したタイマーIDを使用して、停止させたいタイマーIDを引数に設定します。戻り値にはタイマーを停止に成功した場合はTRUEが返ります。

● プログレスバーコントロールを初期化する

プログレスバーコントロールの最大・最小値の範囲を設定します。CSampleProgressDlgクラスのOnInitDialog関数を**リスト8-10**のように編集します。

▼リスト8-10 OnInitDialog関数

```
01: BOOL CSampleProgressDlg::OnInitDialog()
02: {
03:     // TODO: 初期化をここに追加します。
04:     m_cProgress.SetRange32(0, 100);
05:     return TRUE;
06: }
```

4行目が追加したコードです。プログレスバーコントロールの値の範囲を**SetRange32関数**により最小値0、最大値100に設定しています。

● ボタンコントロールクリックハンドラーを作成する

ボタンが押されたらタイマーを開始／停止するようにコードを追加しましょう。ボタンコントロールのクリックメッセージハンドラーを追加して、メッセージハンドラーのコードを**リスト8-11**のように編集します。

リスト8-11の例では、ボタンコントロールのIDはIDC_BUTTON1、メンバー関数名はOnClickedButton1()となっています。

▼リスト8-11 ボタンクリックメッセージハンドラー

```
void CSampleProgressDlg::OnClickedButton1()
{
    if(m_cProgress.GetPos() < 100) {
        CString csText;
        m_cButton.GetWindowText(csText);
        if(csText == _T("Start")) {
            CWnd::SetTimer(1, 1000, NULL);
            m_cButton.SetWindowText(_T("Stop"));
        }
        else{
```
次へ

```
11:             CWnd::KillTimer(1);
12:             m_cButton.SetWindowText(_T("Start"));
13:         }
14:     }
15: }
```

3〜14行目が追加したコードです。

3行目でプログレスバーの現在の位置を**GetPos関数**で取得し、100未満であれば以降の処理を行います。

5行目で**GetWindowText関数**によりボタンコントロールのテキストを取得しています。

6行目以降は取得したテキストにより以降の処理を決定しています。テキストが「Start」の場合、7行目でタイマーIDを1、タイマーのタイムアウト値を1000ミリ秒に設定し、コールバック関数は設定せずにタイマーを設定します。そして8行目でボタンコントロールのテキストを**SetWindowText関数**により「Stop」に変更しています。

テキストが「Stop」の場合、11行目でタイマーを設定した際に指定したタイマーIDの1を指定してタイマーを停止しています。そして12行目でボタンコントロールのテキストを「Start」に変更しています。

● プログレスバーを進める

タイマーがタイムアウトしたらプログレスバーを1つ進めるようにコードを作成していきましょう。

タイマーがタイムアウトしたときに通知されるWM_TIMERメッセージハンドラーを作成しましょう。「クラスウィザード」画面を開き、[クラス名]に「CSampleProgressDlg」クラスを選択します。[メッセージ]タブを選択し、[メッセージ]一覧の中から[WM_TIMER]を選択して、[ハンドラーの追加]ボタンを押します(**図8-52**)。

▼図8-52　「クラスウィザード」画面

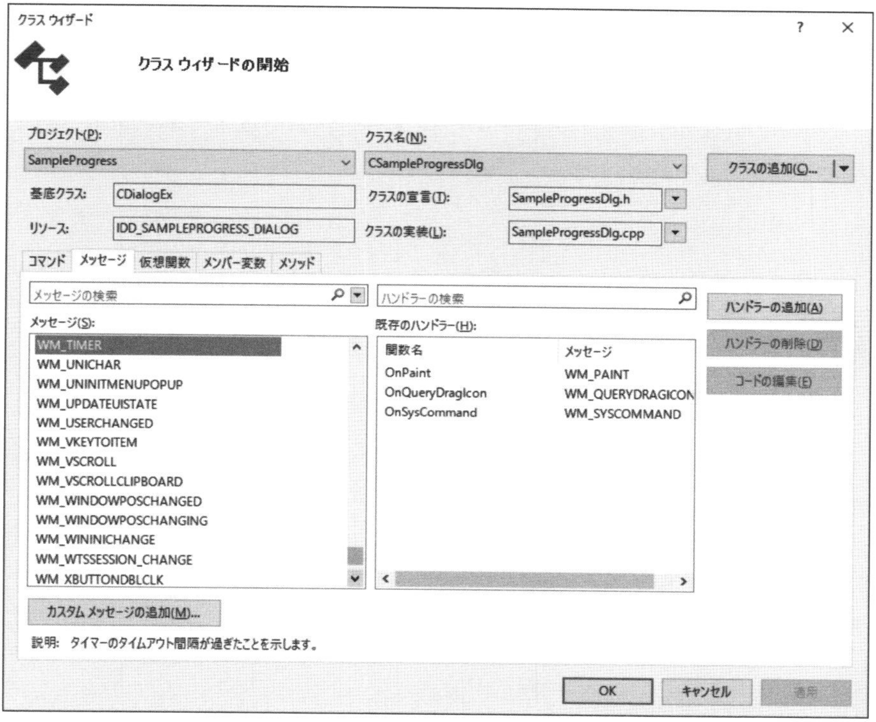

［ハンドラーの追加］ボタンを押すと、CSampleProgressDlgクラスにOnTimer関数が作成されます。リスト8-12のようにコードを追加しましょう。

▼リスト8-12　作成されたOnTimer関数

```
void CSampleProgressDlg::OnTimer(UINT_PTR nIDEvent)
{
    m_cProgress.SetPos(m_cProgress.GetPos() + 1);
    if(m_cProgress.GetPos() >= 100) {
        CWnd::KillTimer(1);
    }
    CDialogEx::OnTimer(nIDEvent);
}
```

3〜6行目が追加したコードです。

3行目でプログレスバーの現在の位置を**GetPos関数**で取得し、その値から1つ加算した値を**SetPos関数**で設定しています。

4行目で現在のプログレスバーの位置を調べ、100以上であれば5行目でタイマーを停止しています。

実行してみよう

それではこれまでに作成したコードを動かしてみましょう。Visual Studioでプロジェクトをビルドして、エラーがないことを確認してから実行してください。

アプリケーション起動時は**図8-53**のような画面が表示されます。

▼図8-53　起動時のダイアログ画面

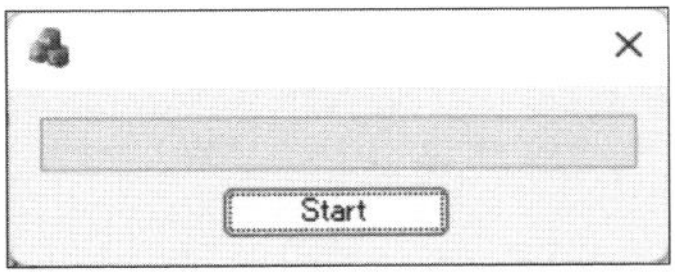

ボタンを押すと、**図8-54**のように動作します。

▼図8-54　実行時のダイアログ画面

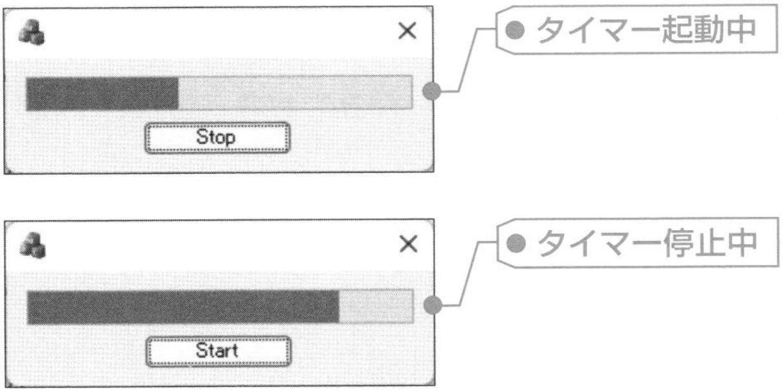

07 IPアドレスコントロール

Keyword ☑IPアドレスコントロール

IPアドレスコントロールとは？

IPアドレスコントロールは、IPアドレスの入力用コントロールでエディットボックスコントロールと似ています（**図8-55**）。

この節ではIPアドレスコントロールを使用した画面を作成しながら、使い方を学んでいきましょう。

▼図8-55　IPアドレスコントロール

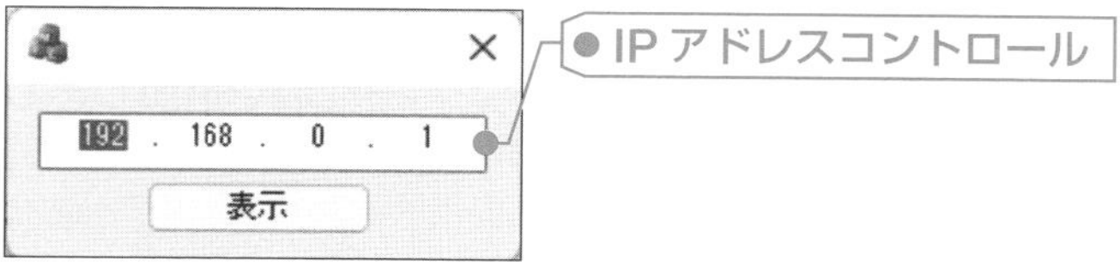

ダイアログ画面を編集する

IPアドレスコントロールに入力された値を、メッセージボックスに表示するアプリケーションを作成します。

図8-55のダイアログ画面を表示するMFCダイアログベースのプロジェクト「SampleIPAddress」を作成してください。

図8-55を参考に、ダイアログエディターでダイアログ画面を編集しましょう。

● IP アドレスコントロールを追加する

「ツールボックス」ウィンドウから[IP Address Control]を選択し（**図8-56**）、ダイアログ画面に1つ貼りつけます。

▼図8-56　「ツールボックス」ウィンドウ内のIPアドレスコントロール

● ボタンコントロールを追加する

「ツールボックス」ウィンドウから [Button] を選択し、ダイアログ画面に1つ貼りつけます。ボタンコントロールのCaptionプロパティを「表示」に変更してください。

IPアドレスコントロールを制御する

● メンバー変数を追加する

IPアドレスコントロールを制御するために、CSampleIPAddressDlgクラスにメンバー変数を追加します。**表8-15**に示すメンバー変数を追加しましょう。

▼表8-15　追加するメンバー変数

コントロール	カテゴリ	名前	変数の型
IP アドレスコントロール	Control	m_cIPAddress	CIPAddressCtrl

● IP アドレスコントロールのメンバー関数

これから説明するIPアドレスコントロールのメンバー関数の構文を、**構文8-24、25**に示します。

構文 8-24 IPアドレスを設定する

```
int 空白でないフィールドの数 コントロール変数名.SetAddress(
    BYTE& フィールド0の参照,
    BYTE& フィールド1の参照,
    BYTE& フィールド2の参照,
    BYTE& フィールド3の参照);
```

構文 8-25 IPアドレスを取得する

```
void コントロール変数名.GetAddress(
    BYTE フィールド0の値,
    BYTE フィールド1の値,
    BYTE フィールド2の値,
    BYTE フィールド3の値);
```

IPv4アドレスは「162.168.0.1」のように、4組の数字をドットでつなげたフォーマットになっています。構文8-24、25の「フィールド」とは、IPアドレスの1組の数字を指し、左からフィールド0～フィールド3となります(**図8-57**)。

構文8-24の戻り値はIPアドレスコントロールのフィールドが正しく設定されている数が返ります。よって、すべてのフィールドに正しい値が設定されていれば4が返ることになります。

▼図8-57 IPアドレスのフィールド

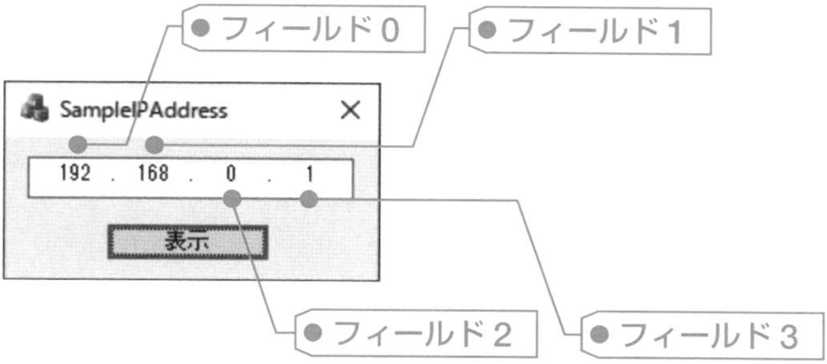

● IPアドレスコントロールに初期値を設定する

ダイアログ画面の起動時に、IPアドレスの初期値を設定してみましょう。

CSampleIPAddressDlgクラスのOnInitDialog関数を**リスト8-13**のように編集します。

▼リスト8-13 OnInitDialog関数

```
01: BOOL CSampleIPAddressDlg::OnInitDialog()
02: {
03:     // TODO: 初期化をここに追加します。
04:     m_cIPAddress.SetAddress(192, 168, 0, 1);
05:     return TRUE;
06: }
```

4行目が追加したコードです。IPアドレスコントロールの**SetAddress関数**により、IPアドレス「192.168.0.1」を設定しています。

● IPアドレスコントロールの値を取得する

ボタンが押されたら入力されたIPアドレスを表示するように、コードを追加しましょう。ボタンコントロールのクリックメッセージハンドラーを追加して、メッセージハンドラーのコードを**リスト8-14**のように編集します。リスト8-14の例では、ボタンコントロールのIDはIDC_BUTTON1、メンバー関数名はOnClickedButton1()となっています。

▼リスト8-14 ボタンクリックメッセージハンドラー

```
void CSampleIPAddressDlg::OnClickedButton1()
{
    BYTE f0, f1, f2, f3;
    if(m_cIPAddress.GetAddress(f0, f1, f2, f3) == 4) {
        CString csIPAddress;
        csIPAddress.Format(_T("%d.%d.%d.%d"), f0, f1,
                                              f2, f3);
        AfxMessageBox(csIPAddress);
    }
}
```

3～8行目が追加したコードです。

4行目ではIPアドレスコントロールの**GetAddress関数**により、IPアドレスのフィールドを取得しています。

6行目のCStringクラスの**Format()**は、書式指定子を使用して第二引数以降の変数を指定したフォーマットに変換するための関数です。IPアドレスコントロールのすべてのフィールドに正しい値が入っていれば、Format関数により数値を文字に変換されてcsIPAddressに代入されます。

7行目では文字列に変換したIPアドレスをメッセージボックスに表示しています。

実行してみよう

それではこれまでに作成したコードを動かしてみましょう。Visual Studioでプロジェクトをビルドして、エラーがないことを確認してから実行してください。

アプリケーション起動時は**図8-58**のような画面が表示されます。

▼**図8-58　起動時のダイアログ画面**

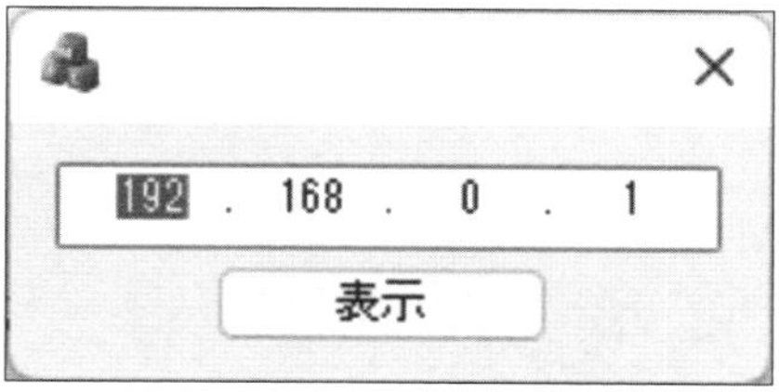

ボタンを押すと入力したIPアドレスがメッセージボックスに表示されます（**図8-59**）。

▼図8-59　実行例

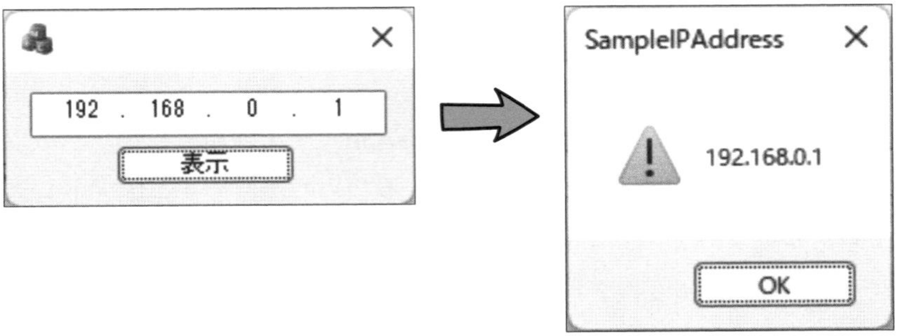

図8-60のようにいずれかのフィールドが空欄の場合、メッセージボックスは表示されません。

▼図8-60　フィールドが空欄

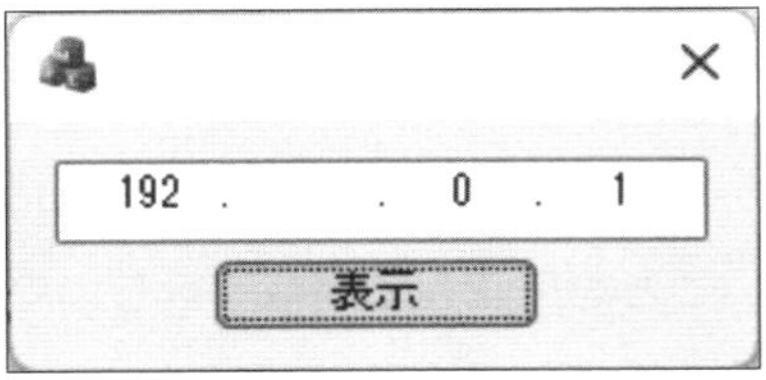

IPアドレスコントロールは0から255の範囲しか入力できないように制御されており、255を超える値を入力すると自動的に255に設定されます（図8-61）。

▼図8-61　自動的に255に設定される

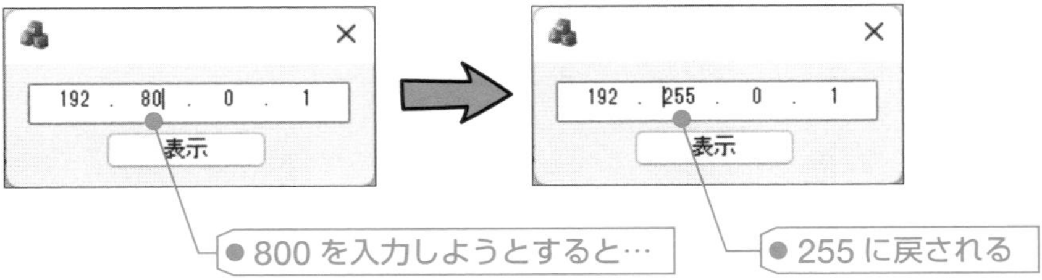

COLUMN

MFC アプリの配布

Visual Studio のプロジェクトプロパティページの［構成プロパティ］→［詳細］に［MFC の使用］という項目があります。デフォルト値は「共有 DLL で MFC を使う」になっています。

この項目が「共有 DLL で MFC を使う」となっている場合、アプリが実行される PC には「Microsoft Visual C++ 再頒布可能パッケージ」と言われる Visual C++ のランタイムがインストールされている必要があります。

ここまででランタイムをインストールした覚えがないのに、なぜ「共有 DLL で MFC を使う」でビルドした EXE が実行されたのか？と不思議に思うかもしれませんが、Visual Studio のインストール時に SDK 版の Visual C++ のランタイムが同時にインストールされるため、デバッグ実行することができていたのです。

「スタティックライブラリで MFC を使用する」に変更すると「Microsoft Visual C++ 再頒布可能パッケージ」の事前インストールが不要になります。ただし、実行に必要な Visual C++ のランタイムが EXE の中に組み込まれるため、実行ファイルのサイズが大きくなります。「スタティックライブラリで MFC を使用する」に変更してビルドして実行ファイルのサイズを確認してみてください。

16 章で説明する「C++/CLI」を使用したアプリは、「共有 DLL で MFC を使う」でビルドされている必要があり、実行環境にも「Microsoft Visual C++ 再頒布可能パッケージ」がインストールされている必要があります。

この章のまとめ

- テキストを表示させるには、スタティックテキストコントロールを使用します。
- クリックすることにより任意の動作を実行させるには、ボタンコントロールを使用します。
- テキストの入力を行わせるには、エディットコントロールを使用します。
- 複数の選択項目の中から選択させるには、チェックボックスコントロールやラジオボタンコントロールを使用します。
- 複数のコントロールをまとめるには、グループボックスコントロールを使用します
- 複数リストの中から選択させるには、リストボックスコントロールやコンボボックスコントロールを使用します。

- 数値の入力を補助するには、スライダコントロールやスピンコントロールを使用します。
- 日付や時刻を入力させるには、日時指定コントロールや月間予定表コントロールコントロールを使用します。
- 時間がかかる処理の進行状況を表示するためには、プログレスバーコントロールを使用します。
- IP アドレスを入力させるには、IP アドレスコントロールを使用します。
- CWnd クラスの UpDateData 関数を使用することで、コントロールとコントロールのメンバー変数の間でデータを交換することができます。

《章末復習問題》

練習問題 8-1

8-03で作成したリストボックス・コンボボックスコントロールを使用したアプリケーションで、コンボボックスコントロールのTypeプロパティを「ドロップダウン」に変更して動かしてみましょう。

練習問題 8-2

8-04で作成したスライダ・スピンコントロールを使用したアプリケーションで、スライダコントロールを縦方向に操作するように変更してみてください。スライダコントロールはOrientationプロパティを「垂直方向」にすることで上下に移動できるスライダを作成することができます。また、ダイアログ画面では垂直方向のスクロールをWM_VSCROLLメッセージで知ることができます。

解答は P.567 ➡

9章

デバイスコンテキスト

第8章ではWindowsの様々なコントロールの使い方を学んできました。Windowsで図形を描画するには、デバイスコンテキストと言われる技術を利用します。
本章ではデバイスコンテキストの使用方法を学んでいきましょう。

01 CDCクラス

Keyword ☑デバイスコンテキスト ☑CDCクラス ☑CPaintDCクラス

デバイスコンテキストとは

デバイスコンテキストとは、出力用デバイスの情報を格納しているデータ構造体のことです。デバイスコンテキストを利用することにより、出力デバイスに対して描画を行うことができます。

出力用デバイスには、以下のようなものがあります（図9-1）。

- ディスプレイ
- プリンタ
- メモリ

デバイスコンテキストはこれらのデバイスに対して、デバイスの違いをほとんど意識せずに描画を行うことができます。

▼図9-1　デバイスコンテキストで扱うことができる出力用デバイス

CDCクラス

MFCでデバイスコンテキストを扱うには、**CDCクラス**を使用します。

CDCクラスを使用すると、

- **線を引く**
- **円や四角形などの図形を描画する**
- **色を塗りつぶす**
- **文字を書く**
- **描画を取得する**
- **描画を移動する**
- **印刷の開始と終了を行う**

などの描画に関する操作を行うことができます(**図9-2**)。

また、MFCにはJPEGやGIFなどのイメージフォーマットの読み込みや保存を行うためのクラスも用意されており、描画したデータをファイルに保存したり、読み込んだりすることもできます。

それではCDCクラスを利用して描画を行う方法を学んでいきましょう。

▼図9-2　CDCクラスを利用して図形を描画する

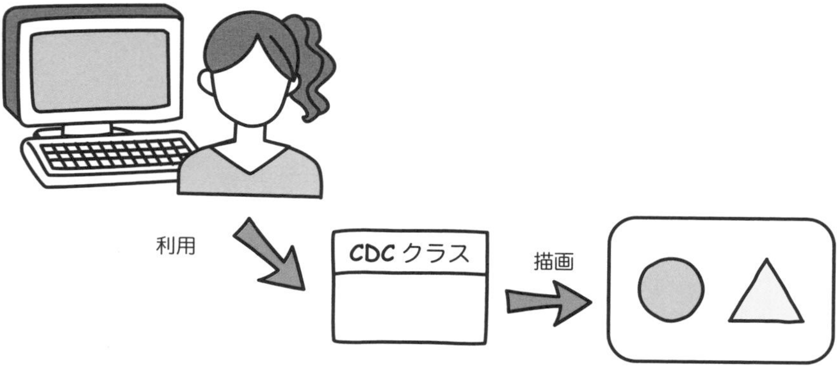

描画を行うには？

例えば2つのダイアログ画面（ウィンドウ）が重なりあっているような場合、下側のウィンドウをクリックするとウィンドウの上下関係が入れ替わり、下にあったウィンドウの隠れていた部分が欠けることなく描画されていますよね？

この時に下側のウィンドウが上に移動すると、今まで重なっていた部分を再描画する必要が発生するため、OSはアプリケーションにWM_PAINTメッセージを送信して、再描画しなければならないことを伝えます（**図9-3**）。

▼**図9-3　再描画のタイミング**

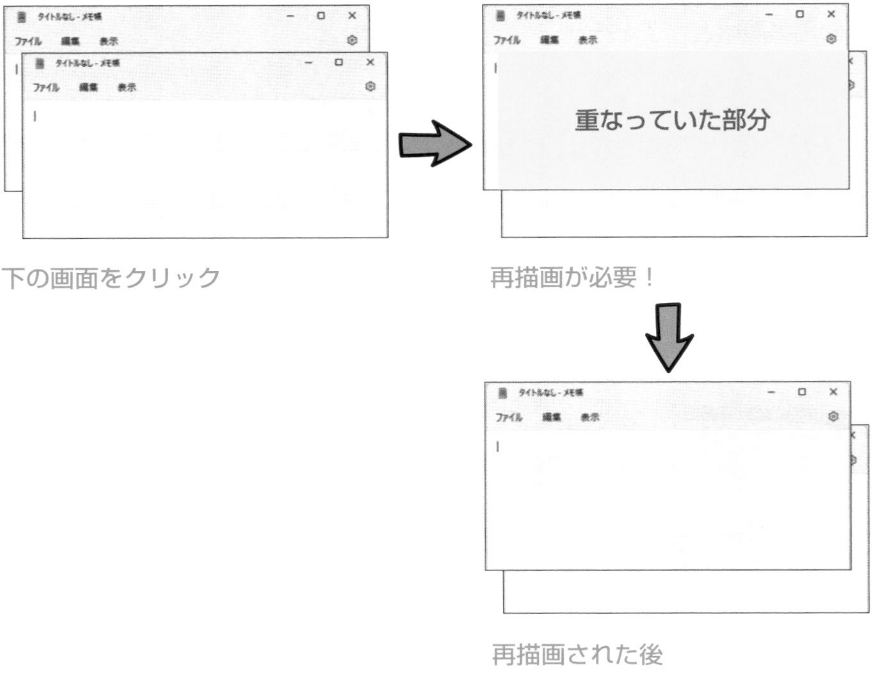

そのため、描画の処理はWM_PAINTメッセージハンドラーに記述することで、適切なタイミングで描画を行うことができます。

MFCアプリケーションウィザードで作成されたダイアログベースのプロジェクトを見てみると、ダイアログクラスに**OnPaint()**という関数が作成されています。このOnPaint関数が**WM_PAINTメッセージ**ハンドラーになります。**リスト9-1**にMFCアプリケーションウィザードで作成されたOnPaint関数を示します。

▼リスト9-1 MFCアプリケーションウィザードで作成されたOnPaint関数

```
01: void CSampleEditControlDlg::OnPaint()
02: {
03:     if (IsIconic())
04:     {
    中略
05:         // アイコンの描画
06:         dc.DrawIcon(x, y, m_hIcon);
07:     }
08:     else
09:     {
10:         CDialogEx::OnPaint();
11:     }
12: }
```

3行目のIsIconic()はアプリケーションがアイコン（最小化）になっているかを取得する関数で、4〜7行目はアプリケーションがアイコンになっている場合にアイコンを描画するための処理が記述されています。9行目以降がアイコンになっていない場合の処理になります。描画処理を追加するには9行目と10行目の間にコードを記述しますので、覚えておいてください。

02 直線を描画する

Keyword　MoveTo( )　LineTo( )　CPenクラス

直線を描画するには？

● CPaintDC クラス

MFCでは**CPaintDCクラス**を使用して図形を描画することができます。CPaintDCクラスはCDCクラスから派生したクラスで、WM_PAINTメッセージハンドラー内でデバイスコンテキストを扱う場合に使用することができます。

CPaintDCクラスのインスタンスを生成するには**構文9-1**のように記述します。

構　文　9-1　CPaintDC クラスのインスタンスを生成する

```
CPaintDC インスタンス名(CWnd* CWndオブジェクトへのポインタ);
```

「CWndオブジェクトへのポインタ」にはダイアログ画面のポインタを渡します。直線を描画するために使用するCPaintDCクラスのメンバー関数の構文を、**構文9-2～4**に示します。

構　文　9-2　指定した位置に移動する

```
インスタンス名.MoveTo(int X座標, int Y座標);
```

構　文　9-3　現在の位置から指定した位置まで線を描画する

```
インスタンス名.LineTo(int X座標, int Y座標);
```

構　文　9-4　描画オブジェクトを選択する

```
描画オブジェクトのポインタ = インスタンス名.SelectObject(描画オブジェクトのインスタンス名);
```

構文9-4の「描画オブジェクト」とは、線を描画する「ペン」や色を塗る「ブラシ」などのデバイスコンテキストの描画用オブジェクトのことを指しています（「ペン」や「ブラシ」はこの後で説明します）。SelectObject()を使用することでペンやブラシを持ち替えることができます。戻り値には持ち替える前の描画オブジェクトのポインタが返ります。

● CPenクラス

線を描画する「ペン」を作成するには、CPenクラスを使用します。本節で使用するCPenクラスのメンバー関数の構文を、**構文9-5**に示します。

構　文　9-5　ペンを作成する

```
インスタンス名.CreatePen(int 線の種類, int 線の太さ, COLORREF 線の色);
```

CreatePen()の第一引数で指定することができる線の種類には、**表9-1**のようなものがあります。

▼表9-1　線の種類

値	種類
PS_SOLID	実線
PS_DASH	破線
PS_DOT	点線

第二引数で指定することができる線の太さは、第一引数でPS_SOLIDを指定した場合に有効になります。

第三引数の色の指定は**RGBマクロ**で色を作成することができます。RGBマクロの構文を以下に示します（**構文9-6**）。

構　文　9-6　色を指定する

```
COLORREF 色 = RGB(BYTE 赤色の強さ , BYTE 緑色の強さ , BYTE 青色の強さ );
```

赤、緑、青の色の強さは0～255の間で指定します。戻り値のCOLORREFはお互いの色を掛け合わせた結果を格納するデータ型です。

直線を描画してみよう

それでは直線を描くプログラムを作成してみましょう。MFCダイアログベースのプロジェクト「SampleDrawLine」を作成してください。

SampleDrawLineDlg.cppを開いて、CSampleDrawLineDlgクラスのOnPaint関数を**リスト9-2**のようにコードを追加してください。

▼リスト9-2　OnPaint関数に追加したコード

```
void CSampleDrawLineDlg::OnPaint()
{
    if (IsIconic())
    {
  中略
    }
    else
    {
        CPaintDC dc(this);
        CPen myPen;
```

次へ

```
10:         myPen.CreatePen(PS_SOLID, 5, RGB(255,0,0));
11:         CPen* pOldPen = dc.SelectObject(&myPen);
12:         dc.MoveTo(10,20);
13:         dc.LineTo(200,120);
14:         dc.SelectObject(pOldPen);
15:         CDialogEx::OnPaint();
16:     }
17: }
```

8～14行目が追加したコードです。CPaintDCクラスのインスタンスは、thisポインタを指定して生成することができます。

9、10行目では線や図形を描画するために使用するペンmyPenを作成しています。10行目のCreatePen()により実線で太さが5の赤い色のペンを作成しています。11行目では線を引く前にSelectObject()により作成したペンをデバイスコンテキストに結びつけ、戻り値をpOldPenに代入しています。

12～13行目で線を描画しています。12行目の**MoveTo()**でペンを持ち上げ、水平方向X=10、垂直方向Y=20に移動します。そして13行目の**LineTo()**により、X=200、Y=120の位置まで線を描画します。

描画オブジェクトを使用し終わったら、14行目のSelectObject()で元の描画オブジェクトに戻してあげます。

実行してみよう

それではこれまでに作成したコードを動かしてみましょう。Visual Studioでプロジェクトをビルドして、エラーがないことを確認してから実行してください。

実行すると、**図9-4**のように太めの赤い実線の直線が描画されます。

▼図9-4　実行例

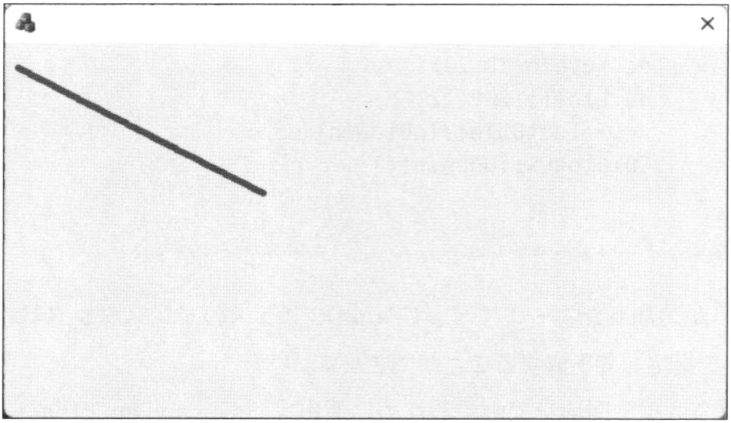

COLUMN

CDCクラスで描ける線

CDCクラスでは直線の他にも**表9-A**のような線を描くことができます。

▼表9-A　CDCクラスで作成できる線の例

関数	図形
Arc	楕円の円弧
PolyBezier	ベジエ スプライン
Polyline	指定された点同士を結ぶ線

03 図形を描画する

Keyword　Rectangle()　Ellipse()

図形を描画するには？

デバイスコンテキストを使用すると、いろいろな図形を作成することができます。この節ではデバイスコンテキストを使用して、四角形と円を描画してみましょう。

● CPaintDC クラス

CPaintDCクラスで四角形を描画するには、**Rectangle関数**を使用します(**構文9-7**)。

構　文　**9-7　四角形を描画する**

```
インスタンス名.Rectangle(int 左上のX座標, 左上のint Y座標,
int 右下のX座標, 左下のint Y座標);
```

構文9-7で指定する座標の描画イメージは、**図9-5**に示すような形になります。

▼図9-5　Rectangle()による座標イメージ

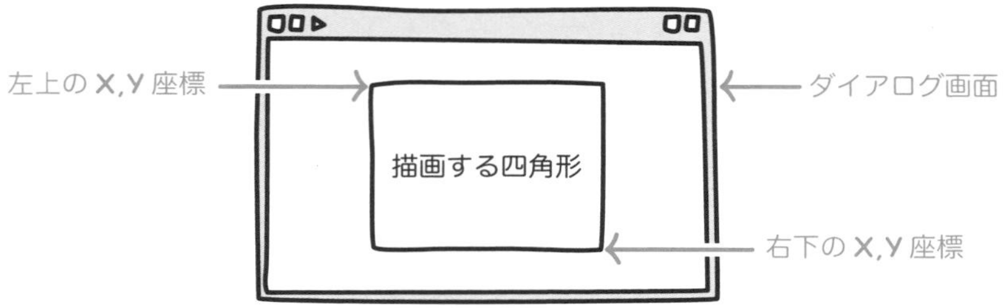

CPaintDCクラスで円を描画するには、**Ellipse関数**を使用します（**構文9-8**）。

構　文　**9-8　円を描画する**

```
インスタンス名.Ellipse(int 左上のX座標, 左上のint Y座標, int
右下のX座標, 左下のint Y座標);
```

構文9-8で指定する座標の描画イメージは、**図9-6**のようになります。

▼図9-6　Ellipse()による座標イメージ

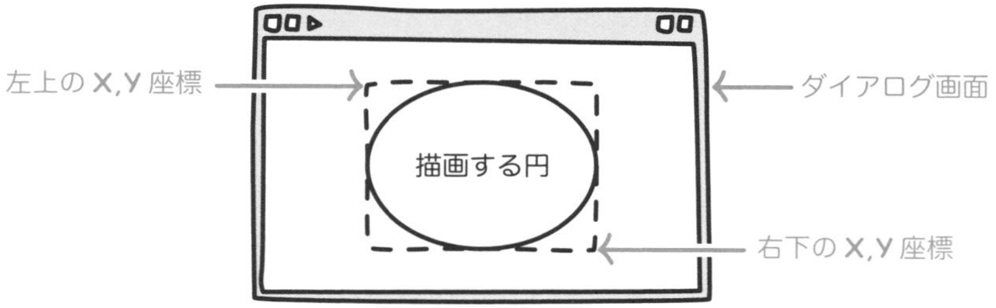

四角形や円を描画してみよう

それでは四角形や円を描くプログラムを作成してみましょう。MFCダイアログベースのプロジェクト「SampleDrawRectAndCircle」を作成してください。

SampleDrawRectAndCircleDlg.cppを開いて、CSampleDrawRectAndCircleDlgクラスのOnPaint関数に**リスト9-3**のようにコードを追加してください。

▼リスト9-3　四角形と円の描画

```
01: void CSampleDrawRectAndCircleDlg::OnPaint()
02: {
03:     if (IsIconic())
04:     {
        中略
05:     }
06:     else
07:     {
08:         CPaintDC dc(this);
09:         CPen myPen;
10:         myPen.CreatePen(PS_SOLID, 5, RGB(255,0,0));
11:         CPen* pOldPen = dc.SelectObject(&myPen);
12:         dc.Rectangle(10,10,150,100);
13:         dc.Ellipse(180,10,300,100);
14:         dc.SelectObject(pOldPen);
15:         CDialogEx::OnPaint();
16:     }
17: }
```

8～14行目が追加したコードになります。8～11行目は前節で使用しているコードと同じですね。

12行目でRectangle関数を使用して四角形を描画しています。四角形の外枠は10～11行目で作成しているペンで描画されます。

13行目でEllipse関数を使用して円を描画しています。円の外枠は10～11行目で作成しているペンで描画されます。

実行してみよう

それではこれまでに作成したコードを動かしてみましょう。Visual Studioでプロジェクトをビルドして、エラーがないことを確認してから実行してください。

実行例を**図9-7**に示します。四角形と円の外枠は太めの赤い実線で描画されています。

▼図9-7　図形の描画

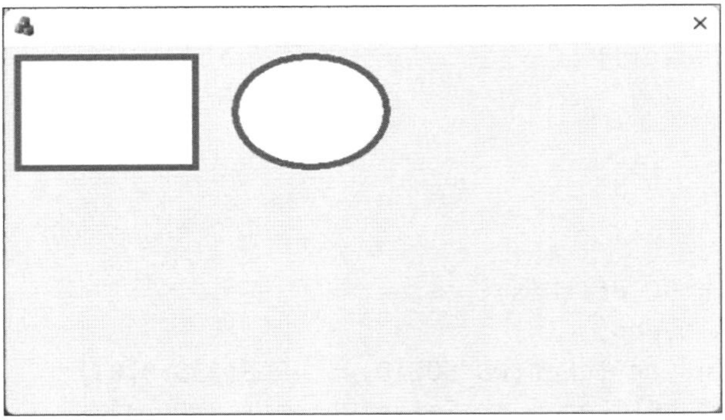

COLUMN

CDCクラスで描ける図形

CDCクラスでは、四角形や円の他にも表9-Aのような図形を描くことができます。

▼表9-A　CDCクラスで作成できる図形の例

関数	図形
Chord	弦
Pie	扇形
Polygon	多角形

04 図形を塗りつぶす

Keyword ☑CBrushクラス

図形を塗りつぶすには？

● CBrush クラス

前節では四角形や円を描画しました。この節では前節で作成した四角形や円の内部を塗りつぶしてみましょう。

描画した四角形や円の内部は「ブラシ」を使用して塗りつぶすことができます。ブラシを作成するには**CBrush クラス**を使用します。本節で使用するCBrush クラスのメンバー関数の構文を以下に示します（**構文9-9、10**）。

構文 9-9 単色のブラシを作成する

```
インスタンス名 .CreateSolidBrush(COLORREF 色 );
```

構文 9-10 パターンブラシを作成する

```
インスタンス名 .CreateHatchBrush(int パターン , COLORREF 色 );
```

構文9-10は**表9-2**のようなパターンを指定して塗りつぶすことができます。

▼表9-2　CreateHatchBrushのパターン

値	パターン
HS_HORIZONTAL	
HS_VERTICAL	
HS_FDIAGONAL	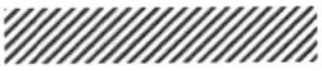
HS_BDIAGONAL	
HS_CROSS	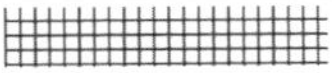
HS_DIAGCROSS	

四角形や円を塗りつぶしてみよう

それでは四角形や円の内部を塗りつぶしてみましょう。前節で使用した「SampleDrawRectAndCircle」プロジェクトを使用します。

SampleDrawRectAndCircleDlg.cppを開いて、CSampleDrawRectAndCircleDlgクラスのOnPaint関数を**リスト9-4**のように修正してください。

▼リスト9-4　四角形と円の描画

```
void CSampleDrawRectAndCircleDlg::OnPaint()
{
    if (IsIconic())
    {
  中略
    }
    else
    {
        CPaintDC dc(this);
        CPen myPen;
        myPen.CreatePen(PS_SOLID, 5, RGB(255,0,0));
        CPen* pOldPen = dc.SelectObject(&myPen);
        CBrush solidBrush;
        solidBrush.CreateSolidBrush(RGB(0,255,0));
```

次へ

```
14:         CBrush* pOldBrush = dc.SelectObject(&solidBrush);
15:         dc.Rectangle(10,10,150,100);
16:         CBrush hatchBrush;
17:         hatchBrush.CreateHatchBrush(HS_CROSS, RGB(0,0,255));
18:         dc.SelectObject(&hatchBrush);
19:         dc.Ellipse(180,10,300,100);
20:         dc.SelectObject(pOldBrush);
21:         dc.SelectObject(pOldPen);
22:         CDialogEx::OnPaint();
23:     }
24: }
```


13行目のCreateSolidBrush()により緑色のブラシを作成し、14行目のSelectObject()によりデバイスコンテキストに結び付けています。デバイスコンテキストに結びつけたブラシを使用して、15行目のRectangle()で四角形の内部を塗りつぶします。

17行目のCreateHatchBrush()により青色の格子のブラシを作成し、18行目のSelectObject()によりデバイスコンテキストに結び付けています。デバイスコンテキストに結びつけたブラシを使用して、19行目のEllipse()で円の内部を塗りつぶします。

実行してみよう

それではこれまでに作成したコードを動かしてみましょう。Visual Studioでプロジェクトをビルドして、エラーがないことを確認してから実行してください。

実行すると**図9-8**のように四角形の内側は緑色に、円の内側は青色の格子で塗りつぶされます。

▼図9-8　図形の描画

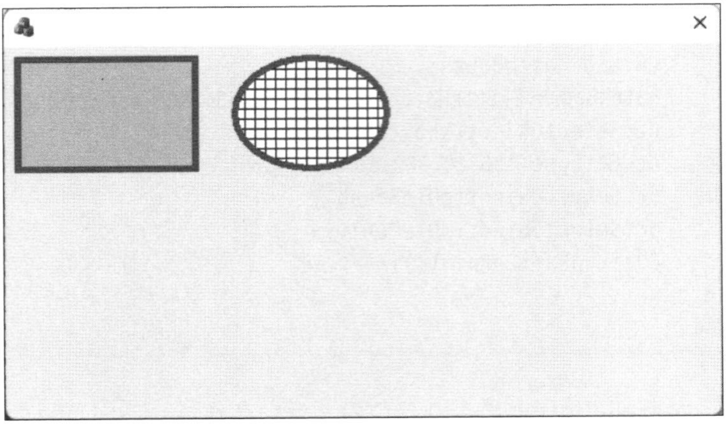

COLUMN

CDC クラスの Rectangle 以外の関数

CDC クラスの Rectangle 関数により四角形の描画と塗りつぶしを行うことができますが、四角形の描画にはその他に**表 9-B** のような関数が用意されています。

▼表9-B　CDCクラスで作成できる四角形の描画の例

関数	内容
DrawEdge	四角形の縁を描画します
FillRect	指定されたブラシを使って、四角形を塗りつぶします
FillSolidRect	純色で四角形を塗りつぶします
FrameRect	四角形の周囲に境界線を描画します

05 文字を描画する

Keyword ☑ LOGFONT構造体 ☑ CFontクラス ☑ CRectクラス

文字を描画するには？

8章ではダイアログ画面で文字を表示させるためにスタティックテキストコントロールを使用することを学びました。デバイスコンテキストでも文字を描画することができます。この節ではデバイスコンテキストを使用して文字を描画してみましょう。

● CPaintDC クラス

CPaintDCクラスで文字を描画するには、**DrawText関数**を使用します（**構文9-11**）。

構文 9-11 文字を描画する

```
インスタンス名.DrawText(LPCTSTR 描画する文字列のポインタ,
                        int 文字数,
                        LPRECT 文字列を描画する四角形の座標,
                        テキストのフォーマット形式);
```

第二引数の「文字数」に-1を指定すると、文字列の最後まで描画します。

第三引数の「文字列を描画する四角形の座標」には、CRectクラスのポインタを指定します。CRectクラスについては後で説明します。

第四引数には文字の整形方法を複数の組み合わせで指定することができます。指定可能な値の例を**表9-3**に示します。

▼表9-3　文字列フォーマット指定値

値	内容
DT_CENTER	文字列を長方形領域内の中央揃えで表示します
DT_LEFT	文字列を左揃えにします
DT_RIGHT	文字列を右揃えにします
DT_SINGLELINE	文字列を単一行で表示します
DT_WORD_ELLIPSIS	長方形領域内に納まらない部分がある場合、それを切り取って省略記号（...）を追加します

描画する文字の色を設定したい場合は、SetTextColor関数を使用します（**構文9-12**）。

構　文　9-12　文字の色を設定する

```
COLORREF 直前の文字の色 = インスタンス名. SetTextColor(COLORREF 色);
```

● CRect クラス

CRectクラスは四角形の左上隅と右下隅を定義します。CRectクラスのインスタンスを生成するには**構文9-13**のように記述します。

構　文　9-13　CRectクラスのインスタンスを生成する

```
CRect インスタンス名(int 左上のX座標, int 左上のY座標,
                    int 右下のX座標, int 右下のY座標);
```

文字の描画はCRectクラスで指定した四角形の範囲内で行われます（**図9-9**）。

▼図9-9　文字の描画範囲

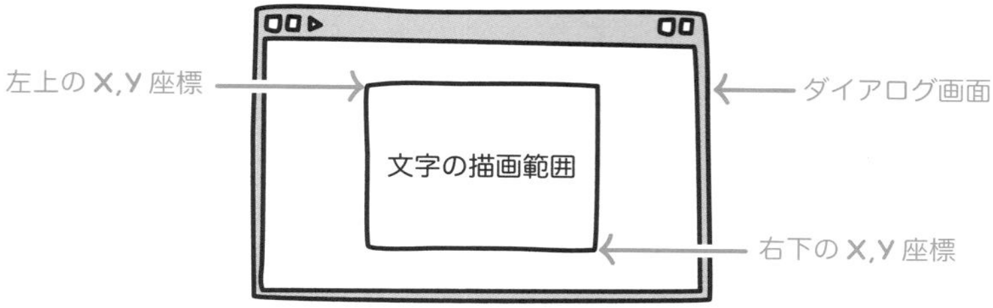

● CFont クラス

描画する文字のフォントを指定したい場合は、CFont クラスのCreateFont Indirect関数を使用してフォントを選択し（**構文9-14**）、デバイスコンテキストに結びつけます。戻り値にはSetTextColor()で設定する前の文字の色が返ります。

構　文　9-14　フォントを選択する

```
CFont クラスのインスタンス名 .CreateFontIndirect(
      LOGFONT* LOGFONT 構造体のポインタ );
```

LOGFONT構造体には使用するフォントの詳細を設定します。LOGFONT構造体はいろいろな設定を行うことができますが、本節で使用する設定項目を**表9-4**に示します。

▼表9-4　LOGFONT構造体のメンバー

メンバー	内容
lfFaceName	フォント名を設定します
lfHeight	フォントの高さをピクセル単位で設定します
lfItalic	フォントをイタリック（斜め）にするかを設定します
lfWeight	フォントの太さを0から1000までの数値で設定します
lfUnderline	文字に下線を引くかを設定します

lfWeightには、**表9-5**のような定数を使用することができます。

▼表 9-5　lfWeight の定数値

定数	値
FW_DONTCARE	0
FW_THIN	100
FW_EXTRALIGHT	200
FW_LIGHT	300
FW_NORMAL	400
FW_MEDIUM	500
FW_SEMIBOLD	600
FW_BOLD	700
FW_EXTRABOLD	800
W_HEAVY	900

COLUMN

構造体の初期化

構造体は領域をすべて 0 で初期化してから使用することが望ましいです。**2 章**で説明した memset() を使用して初期化することができますが、以下に示す SecureZeroMemory 関数を使用することもできます。

構　文　9-A　メモリ領域に 0 を埋め込む

```
SecureZeroMemory(PVOID メモリ領域のポインタ , SIZE_T 領域のサイズ )
```

文字を描画してみよう

それでは文字を描くプログラムを作成してみましょう。MFCダイアログベースのプロジェクト「SampleDrawString」を作成してください。

SampleDrawStringDlg.cppを開いて、CSampleDrawStringDlgクラスのOnPaint関数を**リスト9-5**のように修正してください。

▼リスト 9-5　文字の描画

```
01: void CSampleDrawStringDlg::OnPaint()
02: {
03:     if (IsIconic())
04:     {
    中略
05:     }
06:     else
07:     {
08:         CPaintDC dc(this);
09:         COLORREF oldColor = dc.SetTextColor(RGB(0, 0, 255));
10:         LOGFONT lf;
11:         SecureZeroMemory(&lf, sizeof(LOGFONT));
12:         _tcscpy_s(lf.lfFaceName, _T("Arial"));
13:         lf.lfHeight = 100;
14:         lf.lfItalic = TRUE;
15:         lf.lfWeight = FW_BOLD;
16:         lf.lfUnderline = TRUE;
17:         CFont font;
18:         font.CreateFontIndirect(&lf);
19:         CFont* oldFont = dc.SelectObject(&font);
20:         CRect rect(0,0,700,200);
21:         dc.DrawText(_T("Visual C++"),-1,rect,DT_LEFT);
22:         dc.SetTextColor(oldColor);
23:         dc.SelectObject(oldFont);
24:         font.DeleteObject();
25:         CDialogEx::OnPaint();
26:     }
27: }
```

8～24行目が追加したコードです。

9行目のSetTextColor()により文字の色を青色に設定し、設定する直前の文字の色をoldColorに代入しています。

10～16行目でLOGFONT構造体にフォント情報を設定しています。10行目でLOGFONT構造体の変数lfを生成し、11行目のSecureZeroMemory()により構造体の初期化を行ってから、メンバー変数の設定を行います。

12行目で使用するフォント名を「Arial」に設定しています。_tcscpy_s()は、指定した領域に文字をコピーする関数です。

13行目でフォントの高さを「100ピクセル」、14行目でイタリックを「有効」、15行目で太さを「FW_BOLD」、16行目で下線を「有効」に設定しています。

17〜19行目でフォント情報をデバイスコンテキストに結び付けています。17行目でCFontクラスのインスタンスfontを生成し、18行目のCreateFontIndirect()で使用するフォントを指定して、19行目のSelectObject()によりフォント情報をデバイスコンテキストに結びつけています。

20、21行目で文字を描画しています。20行目のCRectクラスにより文字を描画する範囲を設定し、21行目のDrawText()により文字列「Visual C++」を左寄せで描画します。

22〜24行目は描画が完了したので描画オブジェクトを元に戻しています。CFontクラスのインスタンスがCreateFontIndirect()によりフォントを選択した場合、使い終わったら24行目の**DeleteObject関数**を呼び出して内部の情報を破棄する決まりになっていますので、覚えておいてください。

実行してみよう

それではこれまでに作成したコードを動かしてみましょう。Visual Studioでプロジェクトをビルドして、エラーがないことを確認してから実行してください。

実行例を**図9-10**に示します。文字列「Visual C++」が指定されたフォント情報で描画されています。

▼図9-10　文字の描画

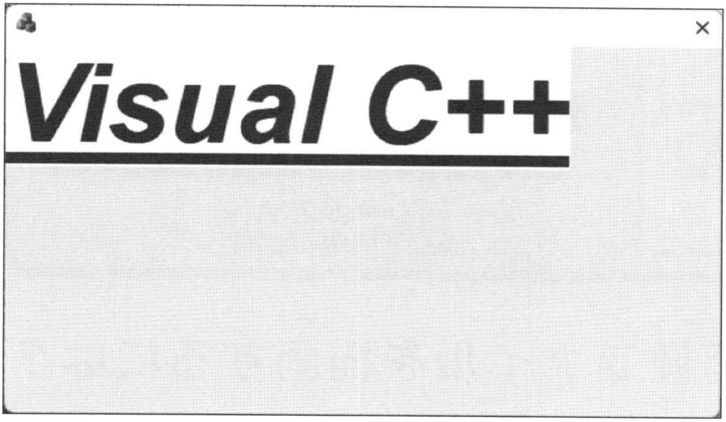

COLUMN

文字列の終端

メモリ上に格納されている文字列は長さが不定のため、どこからどこまでが 1 つの文字列になるのかを見分けるのは困難です。

C 言語では文字列の終端を「0（ゼロ）」で表し、この文字列の終端を表す値を NULL（ヌルまたはナル）文字と呼んでいます。文字列のポインタを先頭に NULL が表れるアドレスの間までが 1 つの文字列となります。

メモリ領域が最初から 0 で埋まっていることはほとんどありません。0 で初期化されていない領域に文字列を作成すると、意図しない文字列が後ろにくっついてくることがあります。メモリ領域に文字列を作成する場合、memset() や SecureZeroMemory() などの関数を使用して、あらかじめメモリ領域の初期化を行っておくとよいでしょう。文字配列に初期値を埋める方法は P.66 のコラムを参照してください。CString クラスは文字列の終端に NULL 値を自動的に設定してくれる仕組みになっています。

06 画像ファイルを描画する

Keyword
- CImageクラス
- CFileDialogクラス

画像ファイルを描画するには？

前節までは図形や文字を描画しましたが、本節ではBMP、GIF、JPEGなどの画像フォーマットのファイルを読み込んで描画してみましょう。

● CImage クラス

画像ファイルの処理は、**CImageクラス**の利用で簡単に実現することができます。CImageクラスを使用して画像ファイルのイメージを読み込むには、**構文9-15**を使用します。

構文　9-15　ファイルからイメージを読み込む

```
インスタンス名 .Load(LPCTSTR ファイル名 );
```

CImageクラスではJPEG、GIF、PNG、ビットマップ（BMP）などの画像フォーマットを読み込むことができます。

CImageクラスで読み込んだイメージをデバイスコンテキストにコピーするには、**構文9-16**や**構文9-17**を使用することができます。

構 文 9-16 イメージをデバイスコンテキストにコピーし、必要に応じて伸縮する

```
インスタンス名.StretchBlt(
    HDC コピー先のデバイスコンテキストのハンドル,
    LPRECT コピー先の四角形の座標);
```

構 文 9-17 イメージをデバイスコンテキストにコピーする

```
インスタンス名.Draw(HDC コピー先のデバイスコンテキストのハンドル,
                    int コピー先の左上のX座標
                    int コピー先の左上のY座標);
```

構文9-16と構文9-17はイメージを伸縮する・しないの違いがあります。

CImageクラスに読み込まれたイメージの大きさを取得するには、**構文9-18**や**構文9-19**を使用することができます。

構 文 9-18 イメージの高さを取得する（ピクセル単位）

```
int イメージの高さ = インスタンス名.GetHeight());
```

構 文 9-19 イメージの幅を取得する（ピクセル単位）

```
int イメージの高さ = インスタンス名.GetWidth());
```

COLUMN

オーバーロード

構文9-17で説明したDraw関数には、構文9-16と同様にコピー先の四角形の座標を指定することもできます（**構文9-B**）。

構　文　9-B　イメージをデバイスコンテキストにコピーする

```
インスタンス名.Draw(HDC　コピー先のデバイスコンテキストのハンドル,
                   LPRECT　コピー先の四角形の座標);
```

Draw関数にはこの他にもいろいろな引数の設定方法があります。オブジェクト指向プログラミングでは、引数の指定方法を変えることで同じメソッド名で複数の定義を行える機能があります。このことをオーバーロードといいます。

Draw関数はStretchBlt関数とほとんど同じ機能を持っていますが、本書では画像の伸縮を行う場合にはStretchBlt関数を使用するように説明しています。

● CPaintDCクラス

画像を伸縮するときの画質モードを指定するSetStretchBltMode関数を使用します（**構文9-20**）。

構　文　9-20　画像の伸縮モードを指定する

```
インスタンス名.SetStretchBltMode(HDC デバイスコンテキストのハンドル,
                                 int 伸縮モード);
```

伸縮モードには**表9-6**のような指定をすることができます。

▼表9-6 伸縮モード

定義	内容
BLACKONWHITE	除去するピクセルと残るピクセルのカラー値を使って論理 AND 演算を行います
COLORONCOLOR	ピクセルを削除します
HALFTONE	転送元四角形から転送先四角形のピクセルのブロックにピクセルを割り当てます
WHITEONBLACK	除去するピクセルと残るピクセルのカラー値を使って論理 OR 演算を行います

画像の伸縮を行う場合には、画像の間引きをどのように行うのかによって伸縮後の画質が変わってきます。**図9-11**に伸縮モードによる画質の違いを示します。

▼図9-11 伸縮モードによる画質の違い

元の写真

BLACKONWHITE

HALFTONE

COLORONCOLOR

WHITEONBLACK

● CFileDialog クラス

読み込むファイルを指定するときに、**図9-12**のようなファイルを「開く」ダイアログを表示させると便利です。ファイルダイアログを作成するには**CFileDialog クラス**を使用します。

▼図9-12 ファイルを「開く」ダイアログ

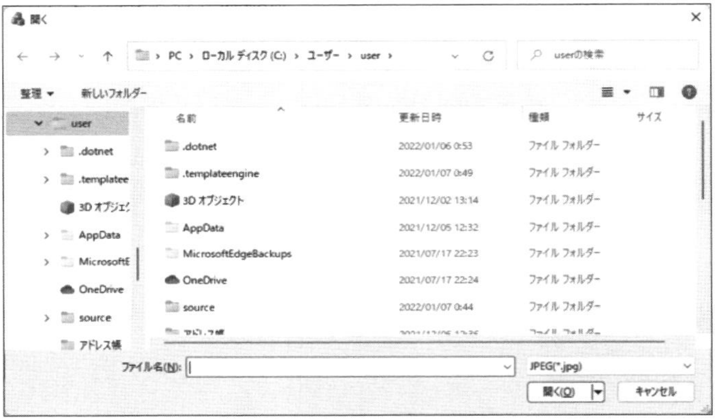

CFileDialog クラスのインスタンスの生成は、**構文9-21**のように記述します。

構文 9-21 CFileDialog クラスのインスタンスを生成する

```
CFileDialog インスタンス名(BOOL  表示するファイルダイアログの種類,
                          LPCTSTR  既定のファイル拡張子,
                          LPCTSTR  ファイル名の初期値,
                          DWORD    カスタマイズフラグ,
                          LPCTSTR  ファイルのフィルター);
```

「表示するファイルダイアログの種類」にTRUEを設定するとファイルを「開く」、FALSEを設定すると「ファイル名を付けて保存」ダイアログボックスが表示されます。

「既定のファイル拡張子」は、ダイアログボックスの［ファイル名］エディットボックスに拡張子を付けないファイル名を入力した場合に追加される拡張子を設定します。

「ファイル名の初期値」は「ファイル名」エディットボックスに設定されるファイル名の初期値を指定します。

「カスタマイズフラグ」は**表9-7**のような設定をすることができます。

▼表9-7　CFileDialogクラスのカスタマイズ

フラグ	内容
OFN_HIDEREADONLY	「書き込み禁止」チェックボックスを無効にします
OFN_OVERWRITEPROMPT	「ファイル名を付けて保存」ダイアログボックスで、ファイルが存在する場合に上書きするかを確認します

「ファイルのフィルター」はファイルのフィルターをかける場合に設定します（**図9-13**）。このフィルターに適合するファイルのみ選択することができます。

▼図9-13　ファイルのフィルター

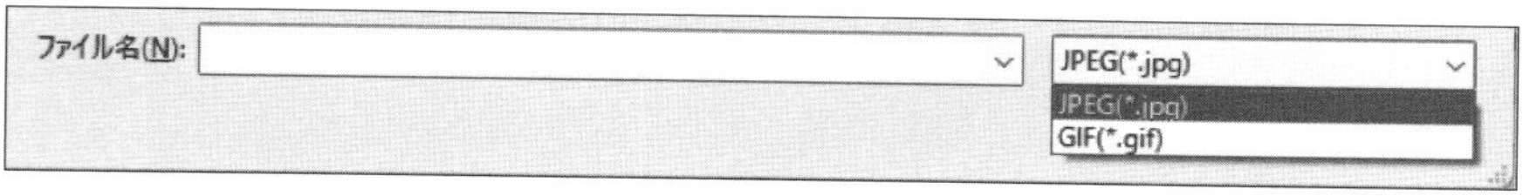

フィルターをかけるためのフォーマットは、

```
JPEG(*.jpg)|*.jpg|GIF(*.gif)|*.gif||
```

のように記述します。

各要素は「｜」で分けられており、2つの要素のペアで1種類のフィルターを形成します。要素ペアの1つ目は画面表示、2つ目はファイルの拡張子を指定します。ファイルの拡張子は「*.拡張子」形式で指定します（*（アスタリスク）はワイルドカード（1文字以上の任意の文字列）を意味しています）。

フォーマットの最後には「｜」を2つ記述します。

CFileDialogクラスでファイルダイアログを開くには、**構文9-22**のように記述します。

構　文　**9-22　ファイルダイアログを表示する**

```
int 結果 = インスタンス名.DoModal()
```

戻り値にはファイルダイアログで何のボタンを押されたかを返します。[キャンセル] ボタンが押された場合は「IDCANCEL」、それ以外は「IDOK」が返ります。

画像ファイルを描画してみよう

ダイアログ画面起動時にファイルダイアログを開き、選択された画像ファイルを読み込んで、ダイアログ画面の大きさに合わせて描画するプログラムを作成してみましょう。

MFCダイアログベースのプロジェクト「SampleDrawPicture」を作成してください。

● CImageクラスの変数を作成する

CSampleDrawPictureDlgクラスにCImageクラスのメンバー変数を追加します。Visual Studioから「クラスウィザード」画面を開き、[クラス名] に「CSampleDrawPictureDlg」を選択して、[メンバー変数] タブの [カスタムの追加] ボタンを押します（**図9-14**）。

▼図9-14 「クラスウィザード」画面

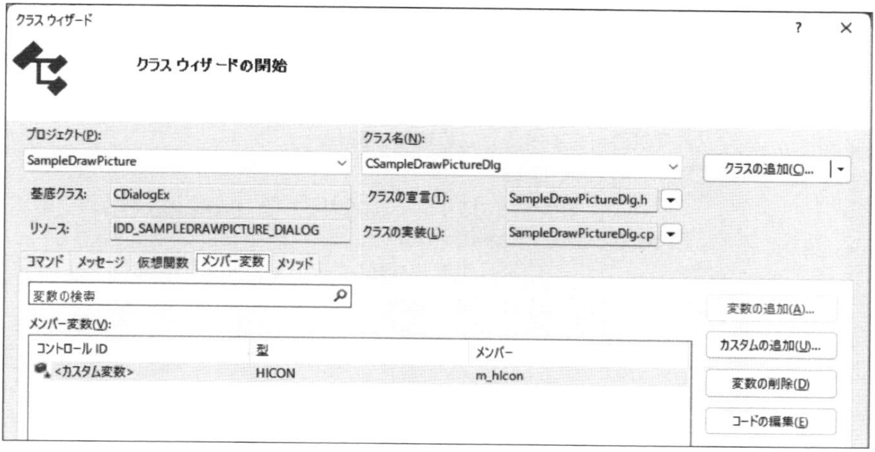

「メンバー変数の追加」画面が開いたら、**図9-15**のように［変数の型］に「CImage」、［変数名］に「cImage」を入力して、［OK］ボタンを押します。

▼図9-15 「メンバー変数の追加」画面

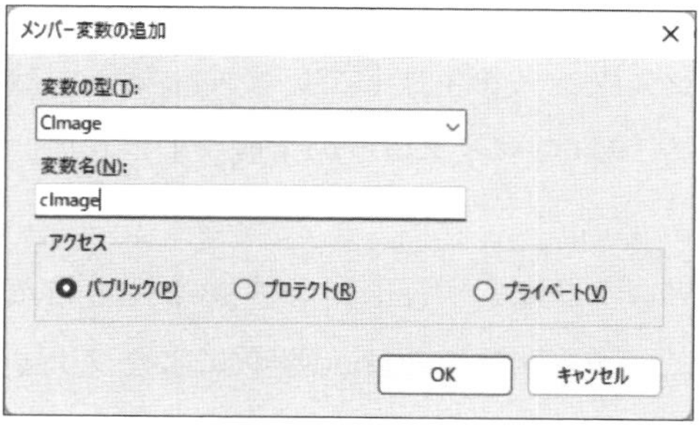

● OnInitDialog関数を編集する

ダイアログ画面起動時にファイルダイアログを開き、描画する画像ファイルを選択できるようにCSampleDrawPictureDlgクラスのOnInitDialog関数に**リスト9-6**のようなコードを追加します。

▼リスト9-6　OnInitDialog関数

```
01: BOOL CSampleDrawPictureDlg::OnInitDialog()
02: {
      省略
03:     // TODO: 初期化をここに追加します。
04:     CString csFilter =
                _T("JPEG(*.jpg)|*.jpg|GIF(*.gif)|*.gif||");
05:     CFileDialog cLoadDialog(
                        TRUE, NULL, NULL, NULL, csFilter);
06:     if (cLoadDialog.DoModal() == IDOK) {
07:         cImage.Load(cLoadDialog.GetPathName());
08:     }
09:     return TRUE;
10: }
```

4～8行目が追加したコードです。

4行目ではファイルを「開く」ダイアログでJPEGとGIFファイルのみ開くようにフィルターを作成します。

5行目でCFileDialogクラスのインスタンスを生成しています。第一引数にTRUEを指定することでファイルを「開く」ダイアログの生成を指定しています。

6行目でファイルを「開く」ダイアログを開き、[開く]ボタンを押されたら7行目を実行します。7行目ではCImageクラスのLoad関数によりファイルダイアログで選択された画像ファイルを読み込みます。

● OnPaint関数を編集する

画像を描画する処理をOnPaint関数に追加します。CSampleDrawPictureDlgクラスのOnPaint関数を**リスト9-7**のようにコードを追加します。

▼リスト 9-7　OnPaint 関数

```
01: void CSampleDrawPictureDlg::OnPaint()
02: {
03:     if (IsIconic())
04:     {
    省略
05:     }
06:     else
07:     {
08:         CPaintDC dc(this);
09:         CRect rect;
10:         CWnd::GetClientRect(&rect);
11:         dc.SetStretchBltMode(COLORONCOLOR);
12:         cImage.StretchBlt(dc,rect);
13:         CDialog::OnPaint();
14:     }
15: }
```


8～12行目が追加したコードです。

10行目のCWndクラスの**GetClientRect()**は、ダイアログ画面のウィンドウサイズを取得する関数です。取得した結果をCRectクラスのインスタンスrectに代入します。

11行目でデバイスコンテキストの伸縮モードを「COLORONCOLOR」に設定し、12行目のCImageクラスのStretchBlt()でウィンドウサイズに合わせて画像を伸縮します。

● OnSize メッセージハンドラーの作成

これまでのコードでファイルを「開く」ダイアログで画像ファイルを選択すると、ダイアログ画面に画像ファイルが表示されるようになります。しかしダイアログ画面のサイズを変更すると、画像が乱れてしまいます（**図9-16**）。

▼図9-16　ウィンドウサイズを変更した画面

これを改善するために、ダイアログ画面のサイズが変更されたら、画像を描画しなおすようにコードを追加します。ダイアログ画面のサイズが変更されると、OSから**WM_SIZEメッセージ**が通知されます。WM_SIZEメッセージハンドラーを追加して、再描画を行うコードを作成します。

「クラスウィザード」画面を開き、CSampleDrawPictureDlgクラスを選択してから、［メッセージ］タブの［メッセージ］一覧の中から［WM_SIZE］を選択し、［ハンドラーの追加］ボタンを押します（**図9-17**）。

［ハンドラーの追加］ボタンを押すとCSampleDrawPictureDlgクラスに**OnSize関数**が追加されますので、**リスト9-8**のようにコードを追加します。

▼図9-17　「クラスウィザード」画面

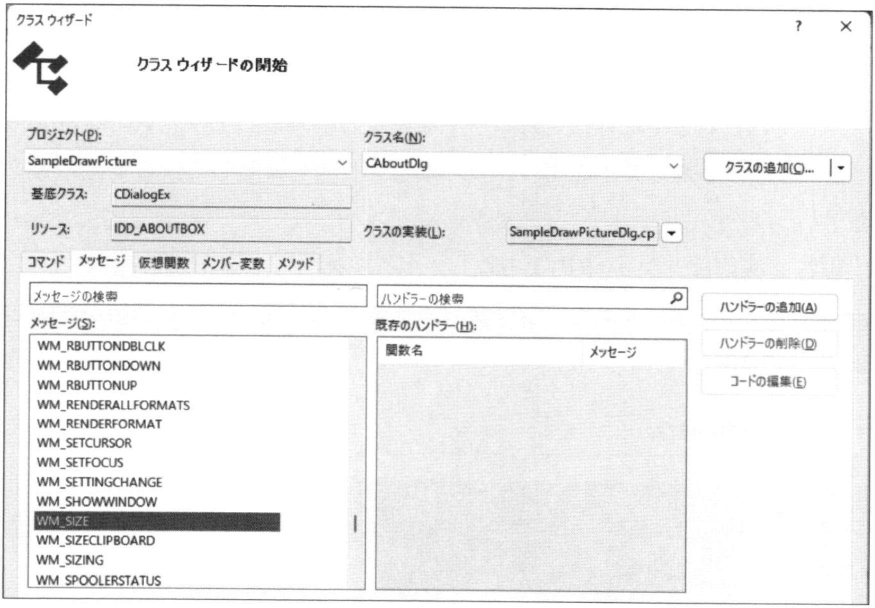

▼リスト9-8　OnSize関数

```
01: void CSampleDrawPictureDlg::OnSize(UINT nType, int cx, int cy)
02: {
03:     CDialogEx::OnSize(nType, cx, cy);
04:     // TODO: ここにメッセージ ハンドラー コードを追加します。
05:     CWnd::Invalidate();
06:     CWnd::UpdateWindow();
07: }
```

5～6行目が追加したコードです。5行目のCWndクラスのInvalidate()は、ウィンドウ内の描画を破棄する関数です。6行目のCWndクラスのUpdate Window()はウィンドウ内を再描画する関数です。このように、描画しなおすには今の描画を一旦破棄してから再描画を行うようにします。

実行してみよう

それではこれまでに作成したコードを動かしてみましょう。Visual Studioでプロジェクトをビルドして、エラーがないことを確認してから実行してください。

実行直後には、図9-12のような「ファイルを開く」画面が表示されます。画像ファイルを選択すると、ダイアログ画面の大きさに応じて画像が伸縮します（**図9-18**）。

▼図9-18　画像の伸縮

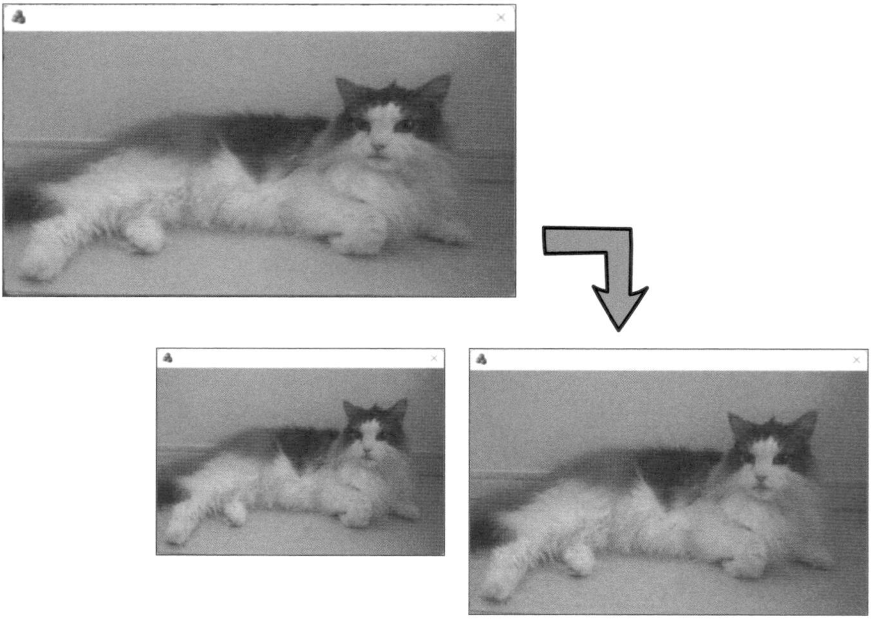

ポイント

本節のサンプルコードでは、「ファイルを開く」画面で［キャンセル］ボタンを押すと、プログラムは異常終了します。

この章のまとめ

- デバイスコンテキストを利用することで、出力デバイスに描画を行うことができます。
- デバイスコンテキストを利用することで、線や図形や文字などを描画することができます。
- ダイアログ画面で描画を行うには、WM_PAINT メッセージハンドラーの OnPaint 関数内に描画のプログラムを記述します。
- WM_PAINT メッセージハンドラー内で描画を行うには、CPaintDC クラスを使用します。

《章末復習問題》

練習問題 9-1

リスト9-2を利用して、×になるように線を追加してみてください。

練習問題 9-2

リスト9-4を利用して、四角形を黒い縦線で塗りつぶし、円を赤色に塗りつぶしてみてください。

練習問題 9-3

リスト9-5を利用して、フォントを「Tahoma」に変更してください。

練習問題 9-4

リスト9-7を利用して、SetStretchBltMode()を指定しない場合に、画像がどのようになるのかを確認してみてください。

解答は P.568 ➡

10章

MFCの仕組み

これまでの章ではMFCアプリケーションウィザードで作成されたプロジェクトを利用して、さまざまなプログラムを作成しました。
本章ではMFCアプリケーションウィザードで作成されているソースコードをのぞいて、MFCの動作の仕組みを見てみましょう。

01 ダイアログデータエクスチェンジ

Keyword ☑ダイアログデータエクスチェンジ

ダイアログデータエクスチェンジ（DDX）とは？

8章では、ダイアログ画面上のコントロールとダイアログクラスに作成したメンバー変数とデータを交換するために、CWndクラスのUpdateData関数を使用することを学びました。

UpdateData関数でデータを交換する仕組みは、**ダイアログデータエクスチェンジ（DDX :Dialog Data eXchange）**という機能により実現されています（**図10-1**）。

この節では、DDXがどのようにMFCで実現されているのかについて学んでいきましょう。

▼**図10-1　UpdateData関数とDDX**

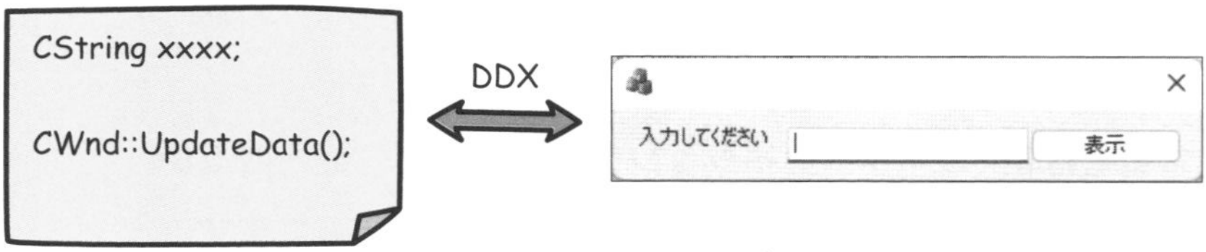

ダイアログデータエクスチェンジの仕組み

この節では**8-01**で作成した「SampleEditControl」プロジェクトを使用して

説明します。

8章では「SampleEditControl」プロジェクトを作成して、ダイアログ画面のエディットボックスコントロールと、「メンバー変数の追加ウィザード」画面で追加したデータ型CStringのメンバー変数m_csMessageとの間で、テキストデータを交換する方法を学びましたよね？

追加したメンバー変数はSampleEditControlDlg.hに定義されていますので、ファイルを開いてみましょう（**リスト10-1**）。

▼リスト10-1　SampleEditControlDlg.h

```
class CSampleEditControlDlg : public CDialogEx
{
// コンストラクション
public:
    CSampleEditControlDlg(CWnd* pParent = NULL);
 // 標準コンストラクター
// ダイアログ データ
#ifdef AFX_DESIGN_TIME
    enum { IDD = IDD_SAMPLEEDITCONTROL_DIALOG };
#endif
    protected:
    virtual void DoDataExchange(CDataExchange* pDX);
 // DDX/DDV サポート
// 実装
protected:
    HICON m_hIcon;
    // 生成された、メッセージ割り当て関数
    virtual BOOL OnInitDialog();
    afx_msg void OnSysCommand(UINT nID,
                              LPARAM lParam);
    afx_msg void OnPaint();
    afx_msg HCURSOR OnQueryDragIcon();
    DECLARE_MESSAGE_MAP()
public:
    CString m_csMessage;
    afx_msg void OnClickedButton1();
};
```

追加したメンバー変数m_csMessageは22行目に定義されていますが、目立った特長はないようです。ところで11行目には「//DDX/DDV サポート」というコメントがあります。このことから、この行にある**DoDataExchange関数**がDDX処理のポイントになると推測できそうですね。

ヘッダーファイルにDoDataExchange関数が宣言されていますので、ソースファイルには実体が定義されているはずです。今度はSampleEditControlDlg.cppのDoDataExchange関数を見てみましょう（**リスト10-2**）。

▼リスト10-2　DoDataExchange関数

```
01: void CSampleEditControlDlg::DoDataExchange(CDataExchange* pDX)
02: {
03:     CDialogEx::DoDataExchange(pDX);
04:     DDX_Text(pDX, IDC_EDIT1, m_csMessage);
05: }
```

4行目に追加したメンバー変数m_csMessageが記述されていますね。この行にある**DDX_Text()**は、CString型のデータとコントロールとの間でデータ交換を行ってくれるダイアログデータエクスチェンジ用のマクロです。データ型の種類毎に様々な関数が用意されています。「メンバー変数の追加」ウィザード画面で、［カテゴリ］を「Value」にしてメンバー変数を追加すると、自動的に［変数の型］に入力したデータ型に応じたダイアログデータエクスチェンジ用のマクロが作成される仕組みになっています。

DDX_Text()の第二引数と第三引数は、データを交換するコントロールとメンバー変数を指定します。第二引数IDC_EDIT1はエディットボックスコントロールのIDですね。

DDX_Text()の第一引数は、1行目のDoDataExchange()の引数になっている**CDataExchangeクラス**のポインタを設定しています。CDataExchangeクラスは、コントロールとメンバー変数との間でデータを交換するための「入れ物」のような役割をします。

CWndクラスのUpdateData関数の内部ではCDataExchangeクラスのイン

スタンスを生成し、ダイアログクラスのDoDataExchange関数を呼び出しています。DoDataExchange関数を呼び出すときには、CDataExchangeクラスのインスタンスを渡します。このCDataExchangeクラスを通じて、コントロールとメンバー変数の間でデータを交換しています（**図10-2**）。

CWndクラスのUpdateData関数が引数「TRUE」により呼び出された場合は、コントロールのデータがCDataExchangeクラスを経由してメンバー変数に設定されます。反対に、CWndクラスのUpdateData関数が引数「FALSE」により呼び出された場合は、メンバー変数の値がCDataExchangeクラスを経由してコントロールのデータに設定されます。

▼図10-2 CDataExchangeクラスの役割

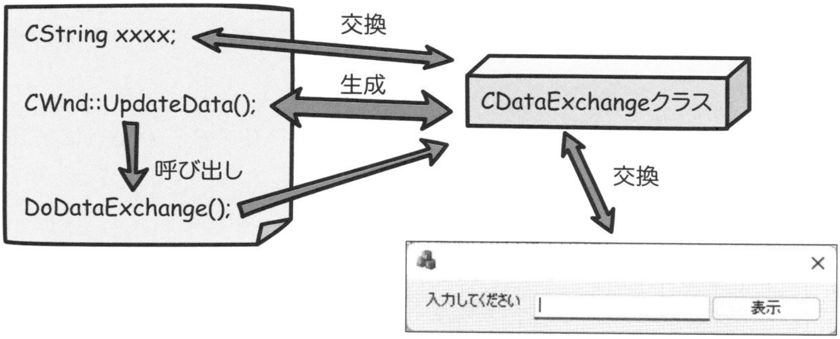

UpdateData関数を呼び出すことだけを覚えていれば、このような仕組みを意識することなくデータを自動的に交換してくれます。DDXを利用することでプログラミングが楽になりますので、使い方を是非マスターしてください。

02 メッセージの処理

Keyword
- メッセージハンドラー
- メッセージマップ

メッセージハンドラー

8章では、メッセージハンドラーを作成することで「マウスがクリックされた」「画面のサイズが変更された」などの処理が記述できることを学びました（**図10-3**）。

この節では、メッセージハンドラーの仕組みがMFCでどのように実現されているのかを見ていきましょう。

▼図10-3　メッセージハンドラー

メッセージハンドラーの仕組み

この節では前節と同様に、**8章**で作成した「SampleEditControl」プロジェクトを使用して説明します。

「SampleEditControl」プロジェクトではボタンコントロールのクリックメッセージハンドラーを作成して、メッセージボックスを表示するプログラムを作成しましたよね？このメッセージハンドラーは、OnClickedButton1関数として作成されていました。この関数はSampleEditControlDlg.hで宣言されています（リスト10-1の23行目）。

```
afx_msg void OnClickedButton1();
```

「**afx_msg**」は、「Windows OSからの何かのメッセージに関連付けられている」という意味を持つキーワードです。このafx_msgキーワードはリスト10-1の18、19行目にも見られますね。

また、リスト10-1の20行目には、以下のような処理があります。

```
DECLARE_MESSAGE_MAP()
```

DECLARE_MESSAGE_MAP()は、「Winodows OSから送られてくるメッセージをアプリケーションに割り当てるための定義（**メッセージマップ**と言います）がありますよ」ということを伝えているマクロ文です。

ヘッダーファイルに**DECLARE_MESSAGE_MAP**マクロが宣言されていれば、ソースファイルの中に**BEGIN_MESSAGE_MAP**マクロが必ず作成されます。

SampleEditControlDlg.cppを見てみましょう。ファイルの中に**リスト10-3**のようなコードがありますので、探してみてください。

▼リスト10-3　BEGIN_MESSAGE_MAPマクロ

```
BEGIN_MESSAGE_MAP(CSampleEditControlDlg, CDialogEx)
    ON_WM_PAINT()
    ON_WM_QUERYDRAGICON()
    ON_BN_CLICKED(IDC_BUTTON1,
            &CSampleEditControlDlg::OnClickedButton1)
END_MESSAGE_MAP()
```

このマクロ内にはアプリケーションが処理するメッセージが定義されています。**8章**では「クラスウィザード」画面を使用してボタンコントロールのクリックメッセージハンドラーを追加しましたが、そこではボタンのクリック時のメッセージが「BN_CLICKED」であることを説明しました。そのBN_CLICKEDメッセージは、リスト10-3の4行目「ON_BN_CLICKED()」という形で見ることができます。**ON_BN_CLICKED()**は「ボタンコントロールがクリックされた」メッセージを処理するためのマクロ文です。

ON_BN_CLICKED()の第一引数はボタンコントロールのIDですね。

第二引数にはクラスのメンバー関数OnClickedButton1()のアドレスを指定しています。

このようにメッセージハンドラーを作成すると、BEGIN_MESSAGE_MAPマクロ内にメッセージ処理を行うマクロが定義されることにより、メッセージとメッセージハンドラーが結びつけられることがわかります（**図10-4**）。

▼**図10-4　メッセージハンドラーの仕組み**

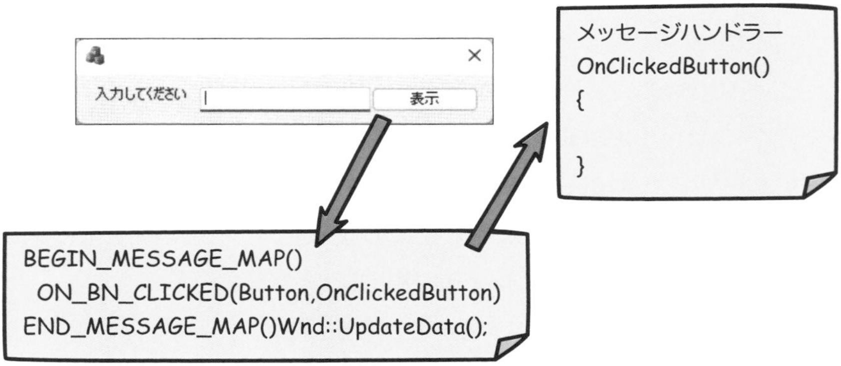

MFCではメッセージの処理を内部に隠蔽して、メッセージマップを通じてメッセージとメッセージハンドラーの橋渡しを行っています。メッセージマップを意識しなくてもプログラムをすることはできますが、このような仕組みで動いていることを覚えておいてください。

03 ダイアログデータバリデーション

Keyword ダイアログデータバリデーション

ダイアログデータバリデーションとは？

MFCには、コントロールに入力されている値の妥当性を自動的に判断してくれるダイアログデータバリデーション（DDV: Dialog Data Validation）という仕組みがあります。ダイアログデータバリデーションで判断することができる例として、エディットボックスコントロールの入力文字数や、数値の上限や下限などがあります。

この節ではダイアログデータバリデーションの使い方と、その仕組みについて学んでいきましょう。

ダイアログデータバリデーションを使ってみよう

入力できる数値の上限と下限を制限するエディットボックスコントロールを作成して、ダイアログデータバリデーションの動作を確かめてみましょう。MFCダイアログベースのプロジェクト「SampleDDV」を作成してください。**図10-5**を参考にダイアログ画面を作成しましょう。

ダイアログ画面にエディットボックスコントロールとボタンコントロールを1つずつ貼り付けてください。

▼図10-5　SampleDDVプロジェクトのダイアログ画面

ここでは作成されたエディットボックスコントロールのIDは「IDC_EDIT1」、ボタンコントロールのIDは「IDC_BUTTON1」であるとします。

「クラスウィザード」画面を開き、［クラス名］にCSampleDDVDlgクラスを選択します。［メンバー変数］タブの［メンバー変数］リストから[IDC_EDIT1]を選択し、［変数の追加］ボタンを押します（**図10-6**）。

▼図10-6　クラスウィザード画面

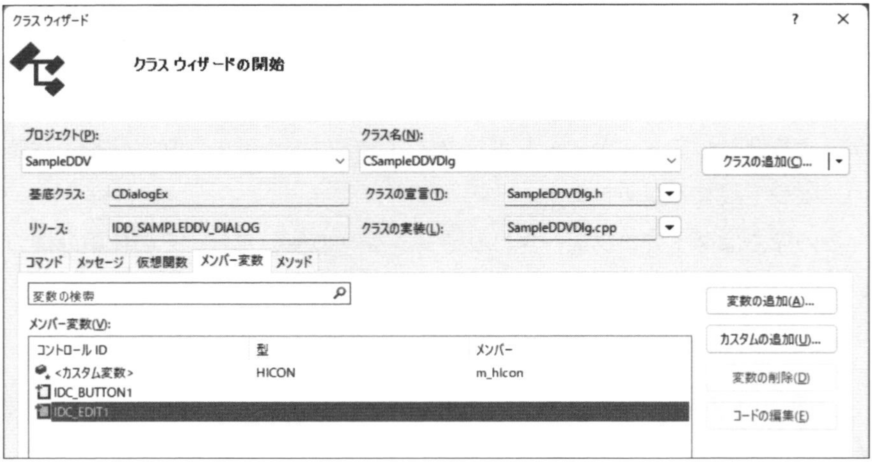

「コントロール変数の追加（全般設定）」画面で、**表10-1**に示すメンバー変数を追加してください（**図10-7**）。

▼表10-1　追加するメンバー変数

カテゴリ	名前	変数の種類
値	m_iValue	int

▼図10-7 「コントロール変数の追加(全般設定)」画面

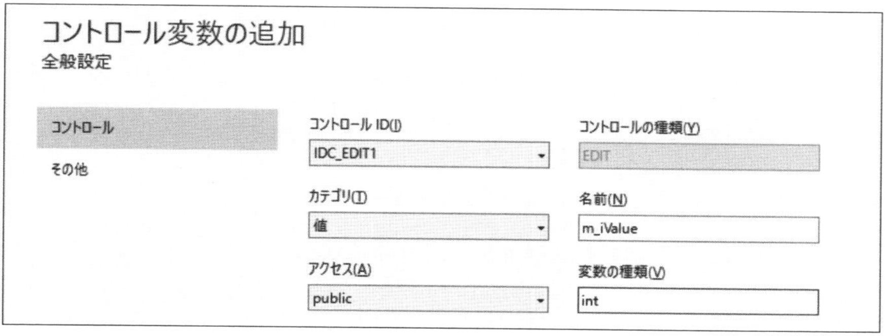

「次へ」ボタンを押し、「コントロール変数の追加(その他の設定)」画面で**表10-2**の通りに最小値、最大値を設定してください(**図10-8**)。**8章**で少し触れましたが[変数の種類]に応じて、エディットボックスコントロールの入力値を制限することができるようになります。

▼表10-2 コントロールに入力可能な値の範囲

最小値	最大値
100	1000

▼図10-8 「コントロール変数の追加(その他の設定)」画面

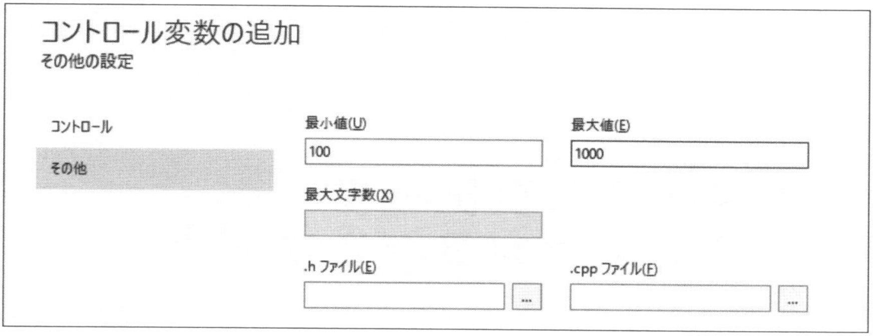

次にボタンクリックメッセージハンドラーを追加して、入力された値をメッセージボックスで表示するようにコードを追加します。

「クラスウィザード」画面を開き、[コマンド]タブを選択します。そして[オブジェクトID]の中から「IDC_BUTTON1」を選択し、[ハンドラーの追加]ボタンを押します。SampleDDVDlg.cppに作成されたOnClickedButton1関数を**リスト10-4**のように編集してください。

▼リスト10-4　ボタンクリックメッセージハンドラー

```
01: void CSampleDDVDlg::OnBnClickedButton1()
02: {
03:     if (CWnd::UpdateData(TRUE)) {
04:         CString message;
05:         message.Format(_T("入力された値は %d です。"), m_iValue);
06:         AfxMessageBox(message);
07:     }
08: }
```

3行目でUpDateData 関数の引数をTRUEに設定して呼び出すことにより、エディットボックスコントロールの値がメンバー変数m_iValueに代入されます。

UpDateData関数の戻り値にはダイアログデータバリデーションによる評価の結果が返り、TRUEであればデータが正しいことを示します。データが正しかった場合に4～6行目で入力された値をメッセージボックスで表示しています。

ダイアログデータバリデーションの仕組み

動作を確かめる前にダイアログデータバリデーションの仕組みを見ていきましょう。SampleDDVDlg.cppを開いてDoDataExchange関数を見てください(**リスト10-5**)。UpdateData関数とDoDataExchange関数の関係は、**10-01**を参考にしてください。

▼リスト10-5　DoDataExchange関数

```
01: void CSampleDDVDlg::DoDataExchange(CDataExchange* pDX)
02: {
03:     CDialogEx::DoDataExchange(pDX);
04:     DDX_Text(pDX, IDC_EDIT1, m_iValue);
05:     DDV_MinMaxInt(pDX, m_iValue, 100, 1000);
06: }
```

4行目は第1節で説明したダイアログデータエクスチェンジのコードです。

5行目のDDV_MinMaxInt()は、エディットボックスコントロールに設定された数値の範囲をチェックするためのダイアログデータバリデーションのマクロです。ダイアログデータバリデーションにはデータ型に応じてさまざまなマクロが用意されており、「メンバー変数の追加」画面を通じて適切なマクロが設定されます。

DDV_MinMaxInt()の第二引数にはメンバー変数m_iValue、第三引数には最小値に設定した100、第四引数には最大値で設定した1000が設定されています。

このようにUpDateData関数を呼び出すことにより、DoData Exchange関数を通じてダイアログデータバリデーションマクロで値の評価が行われます。

実行してみよう

それではこれまで作成したコードを動かしてみましょう。Visual Studioでプロジェクトをビルドして、エラーがないことを確認してから実行してください。

ダイアログ画面が起動したら、エディットボックスに値を入れてボタンを押してみましょう。実行結果を図10-9に示します。

リスト10-4では入力した値が制限値の範囲内でない場合のエラー処理を記述していませんが、DDVを利用すると**図10-9**のようなエラーメッセージが表示されるようになります。

▼図10-9　実行結果

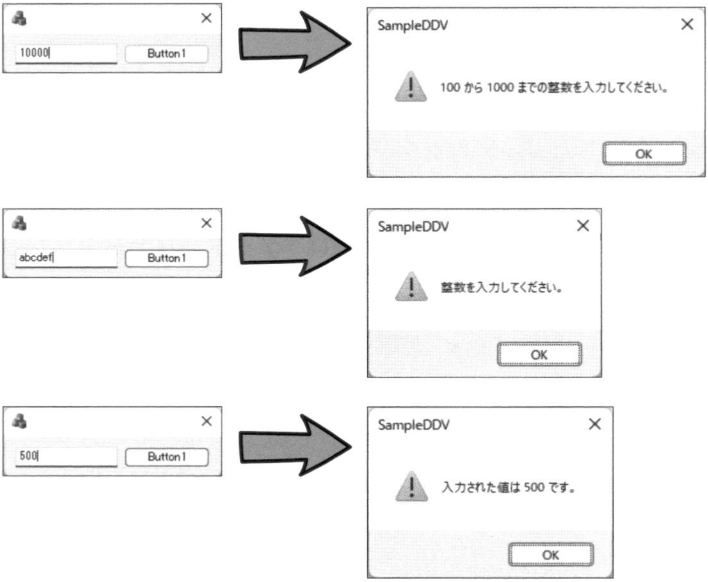

この章のまとめ

- ダイアログデータエクスチェンジ（DDX）はコントロールとメンバー変数のデータを交換する機能で、UpdateData関数により自動的に呼び出されます。
- メッセージとメッセージハンドラーの結び付けは、メッセージマップにより実現されています。
- ダイアログデータバリデーション（DDV）はコントロールに入力された値の妥当性を判断する機能で、UpdateData関数の戻り値により妥当性の判断結果を取得することができます。

《章末復習問題》

練習問題 10-1

ダイアログデータバリデーションを利用して、エディットボックスコントロールの入力する文字数を20までに制限してください。**10-03**のように入力した結果をメッセージボックスに表示して、動作を確かめてみましょう。

練習問題 10-2

以下のうち、ウィザードにより自動で追加されるもの（手動で作成する必要がないもの）をすべてあげてください。

① DoDataExchange()
② CDataExchange クラス
③ BEGIN_MESSAGE_MAP
④ UpdateData()

解答は P.571 ➡

11章

SDI/MDI アプリケーション

これまでは、MFCダイアログベースのプロジェクトを作成することを通してさまざまな学習を行ってきました。MFCアプリケーションウィザードではダイアログベースのアプリケーションの他にも、シングルドキュメントインターフェイス（SDI）やマルチドキュメントインターフェイス（MDI）のアプリケーションを作成することができます。この章ではSDIやMDIを用いたアプリケーションの作成方法を学んでいきましょう。

01 SDI/MDI アプリケーション

Keyword
- シングルドキュメントインターフェイス（SDI）
- マルチドキュメントインターフェイス（MDI）

SDI／MDIとは？

前章まではMFCのダイアログベースのアプリケーションを通して、様々なコントロールやクラスの使い方を学びました。

MFCではダイアログの他に、**シングルドキュメントインターフェイス（SDI: Single Document Interface）**や**マルチドキュメントインターフェイス（MDI: Multiple Document Interface）**のアプリケーションを作成することができます（図11-1）。

SDIはメモ帳のように親ウィンドウ内に1つだけの子ウィンドウを開くことができるアプリケーションです。一方MDIは親ウィンドウ内に複数の子ウィンドウを開くことができるアプリケーションです。

ここでは簡単なMDIのアプリケーションの作成を通じて、その仕組みを学んでいきましょう。

▼図11-1 SDI（左）とMDI（右）の違い

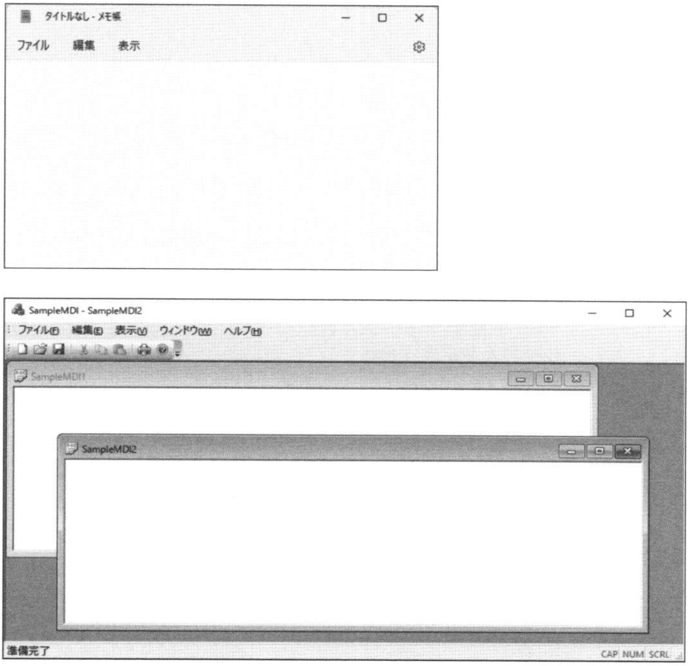

ドキュメント／ビューアーキテクチャ

SDIやMDIアプリケーションは**ドキュメント／ビューアーキテクチャ**という概念で構築されており、「アプリケーションをドキュメント（原稿）とビュー（表示）に分けて、それぞれの役割毎にプログラムを作りましょう」という考え方に基づいたフレームワークです。

「メモ帳」を例にすると、テキストファイルはドキュメント（原稿）、メモ帳自身はビュー（表示）の役割であると言えます。ドキュメントとビューの処理を分離することで、クラス毎の役割が明確になり、わかりやすくなるという利点があります。簡単なアプリケーションはダイアログで、より複雑なアプリケーションはSDIまたはMDIで作成した方が開発の効率がよくなります。

ドキュメント／ビューアーキテクチャは**表11-1**のようなクラスから成り立っています。

▼表11-1　ドキュメント／ビューアーキテクチャの主要クラス

クラス	説明
ドキュメントクラス（CDocument）	アプリケーションが扱うデータを読み書きするクラスです
ビュークラス（CView）	アプリケーションが扱うデータを表示・編集するための見た目（ビュー）を提供するクラスです
フレームウィンドウクラス（CFrameWnd）	ドキュメントに対して、1つ以上のビューの周囲に枠（フレーム）を表示するクラスです。役割例としては子ウィンドウの管理などがあります
ドキュメントテンプレートクラス（CDocTemplate）	ドキュメントの種別に応じたドキュメント・ビュー・フレームの管理を行います

SDIやMDIのMFCプロジェクトを作成すると、表11-1のクラスを扱いながらプログラムを作成していくことになります。主にCDocumentクラスとCViewクラスをよく扱うことになるかと思います。

CViewクラスはビューを扱うクラスになりますが、作成したいアプリケーションに応じてCViewクラスから派生したクラスの利用を選択することができます。これらのクラスについては、この後で説明します。

CDocTemplateクラスは抽象クラスと呼ばれる単独でインスタンスを生成することができないクラスです。CDocTemplateクラスからの派生したクラスを使用します。SDIの場合は**CSingleDocTemplate**クラス、MDIの場合は**CMultiDocTemplate**クラスを使用します。

それではこれから実際にアプリケーションを作りながら、ドキュメント／ビューアーキテクチャの使い方を学んでいきましょう。

02 MDIプロジェクトを作成する

Keyword ドキュメントクラス ビュークラス

アプリケーションウィザードでMDIプロジェクトを作成する

ウィンドウの中に複数の画像ファイルを表示するMDIアプリケーションを作成してみましょう。

新しいMFCアプリケーションプロジェクト「SampleMDI」を作成してください。この節ではMDIプロジェクトを作成するMFCアプリケーションウィザードの流れを見ていきます。

最初の「アプリケーションの種類」画面で[アプリケーションの種類]を[複数のドキュメント]に設定し、[タブ付きドキュメント]はチェックせず、プロジェクト形式を[MFC standard]、[visualスタイルと色]を[Windows Netive/Default]に設定して、[次へ]ボタンを押します(**図11-2**)。

ポイント

[プロジェクト形式]や[Visual スタイルと色]を変更すると、いろいろな形式の画面を作成することができます。例えば「Windows エクスプローラー」形式を設定すると、タブブラウザのような形式のアプリケーションを作成することができます。

▼図11-2　MFCアプリケーションウィザード①

次の「ドキュメントテンプレートプロパティ」画面（**図11-3**）では、ドキュメントクラスがサポートするファイルの拡張子を指定することができます。ここでは［次へ］ボタンを押します。

▼図11-3　MFCアプリケーションウィザード②

次の「ユーザーインターフェイス機能」画面（**図11-4**）では、MDIのメインウィンドウのスタイルとメニュー、および子ウィンドウのフレームの設定を行います。ここでは［コマンドバー（メニュー/ツール バー/リボン）］の項目に［メニューバーとツールバーを使用する］を選択して、［次へ］ボタンを押します。

▼図11-4　MFCアプリケーションウィザード③

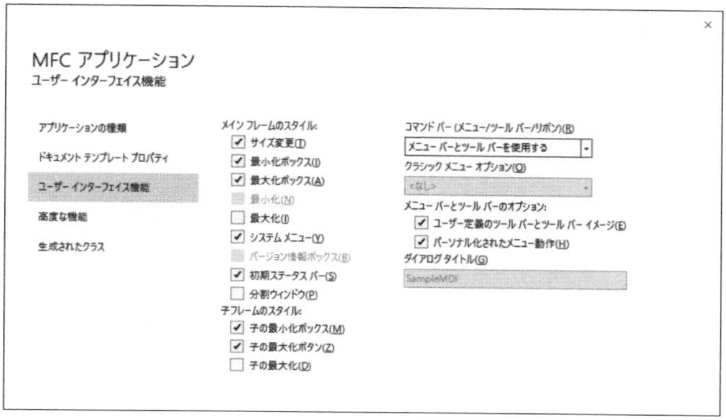

次の「高度な機能オプション」画面（**図11-5**）では、アプリケーションで利用するさまざまな機能を追加することができます。ここではそのまま［次へ］ボタンを押します。

▼図11-5　MFCアプリケーションウィザード④

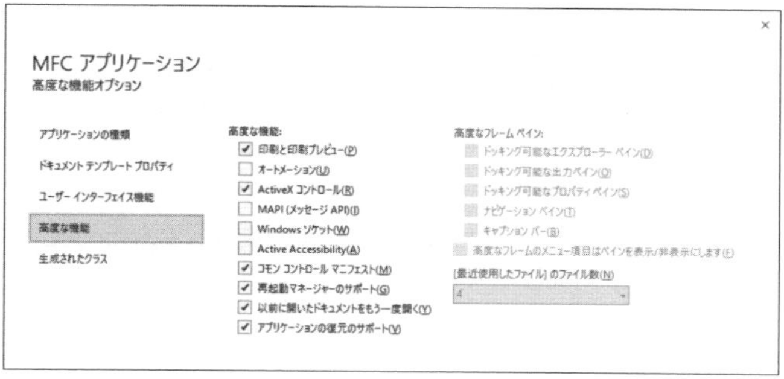

最後に「生成されたクラス」画面（**図11-6**）では、生成されるクラス名を変更することができます。また、作成したいアプリケーションに応じて、ビュークラスを**表11-2**のクラスの中から1つ選んで派生させることができます。

ここでは、画像をスクロールバー付きで表示するアプリケーションを作成したいと思います。［生成されたクラス］に［View］を選択し、［基本クラス］の中から［CScrollView］を指定して、［完了］ボタンを押します。

▼図11-6　MFCアプリケーションウィザード⑤

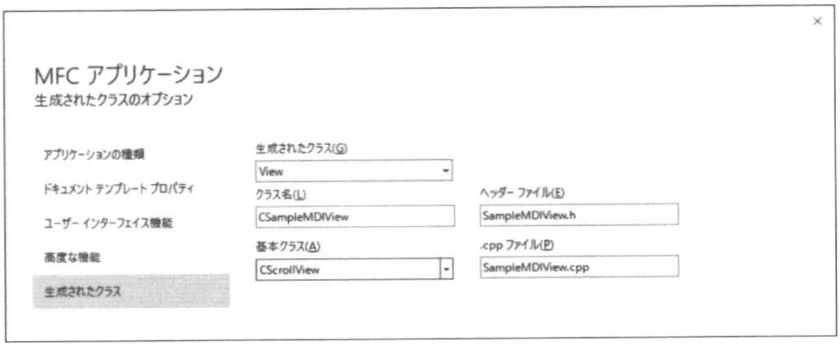

▼表11-2　ビュークラスの基本クラスの例

基本クラス	内容
CEditView	簡単なマルチラインテキストエディタを提供するビュー
CFormView	ダイアログボックスコントロールを持つ、スクロール可能なビュー
CHtmlView	ウェブブラウザの機能を提供するビュー
CScrollView	スクロール機能を自動的に提供するビュー

作成されたプロジェクト

これでMDIアプリケーションのプロジェクトの作成が完了しました。作成されたヘッダーファイルとソースファイル名は、主に**表11-3**のようになります。

▼表11-3 SampleMDIプロジェクトに作成されたファイル

作成されたファイル	内容
MainFrm.h／MainFrm.cpp	メインフレームウィンドウを形成するコードが記述されたファイル
ChildFrm.h／ChildFrm.cpp	MDIアプリケーションの子ウィンドウをサポートするコードが記述されたファイル
SampleMDI.h／SampleMDI.cpp	アプリケーションの核となるコードが記述されたファイル
SampleMDIDoc.h／SampleMDIDoc.cpp	ドキュメント/ビューアーキテクチャの「ドキュメント」のコードが記述されたファイル
SampleMDIView.h／SampleMDIDoc.cpp	ドキュメント/ビューアーキテクチャの「ビュー」のコードが記述されたファイル

作成したプロジェクトをビルドしてから実行してみましょう。実行例を**図11-7**に示します。

▼図11-7 プロジェクト作成直後の実行例

03 MDIで画像ファイル表示アプリケーションを作成する

Keyword ドキュメントクラス　ビュークラス

ドキュメントクラスのプログラミング

前節で作成したSampleMDIプロジェクトを使用して、画像ファイルを表示するアプリケーションを作成していきましょう。

最初に、ドキュメント／ビューアーキテクチャの「ドキュメント」クラスに画像ファイルを読み込ませるための処理を作成していきます。ドキュメントクラスはSampleMDIDoc.hの中にCSampleMDIDocクラスとして定義されています。

「クラスウィザード」画面を開いて、［クラス名］に「CSampleMDIDoc」を選択した後で、［メンバー変数］タブを選択して［カスタムの追加］ボタンを押します。

「メンバー変数の追加」画面が開きますので、**表11-4**に示すメンバー変数を追加してください。**図11-8**は、「メンバー変数の追加」画面でメンバー変数を追加した後の「クラスウィザード」画面です。

▼表11-4　追加するメンバー変数

変数の型	変数名	アクセス
CImage	m_cImage	パブリック

▼図11-8 「クラスウィザード」画面

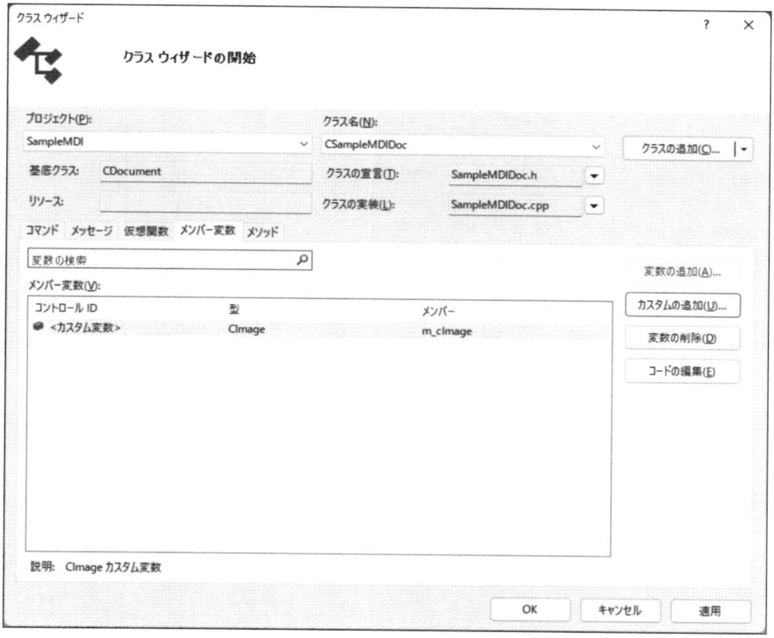

9章ではCImageクラスを使用して、画像ファイルを描画するSampleDrawPictureプロジェクトを作成しました。SampleDrawPictureプロジェクトではファイルを選択するためにファイルダイアログクラスを使用しましたが、MDIのドキュメントクラスはファイルダイアログを用意しなくても、ファイルを選択する機能が既に備わっています。MDIの機能を利用して、画像ファイルを選択するコードを追加していきましょう。

「クラスウィザード」画面を開いて、[クラス名]に「CSampleMDIDoc」を選択した後で[仮想関数]タブを選択し、更に[仮想関数]リストの中から[OnOpenDocument]を選択して[関数の追加]ボタンを押します(**図11-9**)。

▼図11-9 「クラスウィザード」画面

OnOpenDocument()は、**図11-10**に示しているような［ファイル］メニューの［開く］を指定したときに呼び出される関数です。

▼図11-10 「ファイル」メニューの「開く」

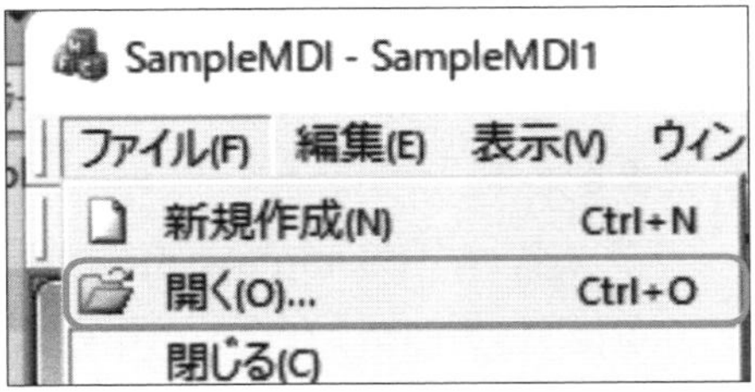

それでは、OnOpenDocument関数にCImageクラスを利用して、イメージを読み込ませるコードを追加していきましょう。

SampleMDIDoc.cppを開いて、OnOpenDocument関数に**リスト11-1**に示すコードを追加します。

▼リスト 11-1　OnOpenDocument 関数

```
01: BOOL CSampleMDIDoc::OnOpenDocument(LPCTSTR lpszPathName)
02: {
03:     if (!CDocument::OnOpenDocument(lpszPathName))
04:         return FALSE;
05:         // TODO:  ここに特定な作成コードを追加してください。
06:         m_cImage.Load(lpszPathName);
07:         return TRUE;
08: }
```

6行目が追加したコードです。1行目のOnOpenDocument関数の引数には、[ファイル] メニューの [開く] を選択したときに表示されるファイルダイアログによって選択されたファイル名が代入されています。

3行目で基底クラスCDocumentのOnOpenDocument関数を呼び出しています。引数に指定されたファイルが存在すると、戻り値にはTRUEが返ります。ファイルが存在しなければ戻り値をFALSEにして処理を終了します。

5行目で選択されたファイルをCImageクラスのLoad関数により開き、7行目で戻り値をTRUEにして処理を終了します。

ビュークラスのプログラミング

● イメージを描画する

ここまでで、ドキュメント／ビューアーキテクチャの「ドキュメント」クラスが画像イメージを読み込むところまで作成しました。次は「ビュー」クラスに画像ファイルを読み込ませるための処理を作成していきます。ビュークラスはSampleMDIView.hの中にCSampleMDIViewクラスとして定義されています。

CSampleMDIView.cppを開いてください。CSampleMDIViewクラスの中に**OnDraw()**という関数が作成されています。

ダイアログ画面で描画を行うときにはOnPaint関数の中に描画処理を記述しましたが、MDIの**OnDraw関数**はダイアログ画面のOnPaint( )とほぼ同じ機能になります。アプリケーションウィザードで作成された直後のOnDraw関数は、

```
void CSampleMDIView::OnDraw(CDC* /*pDC*/)
```

のように、引数のデバイスコンテキストの変数がコメント化されており、コメントをはずすことでデバイスコンテキストを利用できるようになります。

引数のCDCはデバイスコンテキストを扱うクラスで、ダイアログ画面のCPaintDCクラスはこのクラスから派生しています。このCDCクラスを利用することで、**9章**で説明した描画関数を利用することができるようになります。

ポイント

C言語は「/*」から「*/」までの間がコメントとして扱われます。

それでは**リスト11-2**のようにOnDraw関数にコードを追加してください。

▼リスト11-2　OnDraw関数

```
void CSampleMDIView::OnDraw(CDC* pDC)
{
    CSampleMDIDoc* pDoc = GetDocument();
    ASSERT_VALID(pDoc);
    if (!pDoc)
        return;
    // TODO: この場所にネイティブ データ用の描画コードを追加します
    pDoc->m_cImage.Draw(pDC->m_hDC,0,0);
}
```

8行目が追加したコードになります。

3行目のGetDocument()は、ドキュメントクラスの情報を取得するためのビュークラスのメンバー関数です。GetDocument()により、ビュークラスはドキュメントクラスの情報を利用することができます。

4行目のASSERT_VALIDは引数に渡された値が有効かどうかをテストするマクロで、デバッグ中に引数に渡された値が無効なものであればメッセージボックスにその情報が表示されます。5行目でドキュメントクラスのポインタを判断し、無効なものであれば6行目で処理を抜けます。

8行目でCImageクラスのDraw関数により、イメージを伸縮せずにデバイスコンテキストに描画しています（Draw関数については**9章**で説明していますので、参照してください）。

CDCクラスのメンバー変数m_hDCはデバイスコンテキストのハンドルを保持していますので、これをDraw関数の第一引数に設定します。

Draw関数の第二、第三引数で描画先デバイスコンテキストの左上隅のどの位置から描画を開始するかを指定します。左上隅のX方向に0、Y方向に0の位置から開始していますので、画面全体を使用して描画することになります。

● スクロールバーで、画像全体を表示できるようにする

ここまででドキュメントクラスで指定された画像ファイルを開いて、ビュークラスで描画を行うことができるようになりました。しかし画像ファイルの大きさが子ウィンドウより大きい場合には、**図11-11**のように画像全体を見ることができません。

画像全体を見られるようにするには、**9章**の画像ファイルの表示で行ったようなイメージの縮尺を行うことでも対応できますが、ここではCScrollViewクラスを利用して、スクロールバーによる表示に挑戦してみましょう。

▼図11-11　画像ファイルの大きさが子ウィンドウより大きい

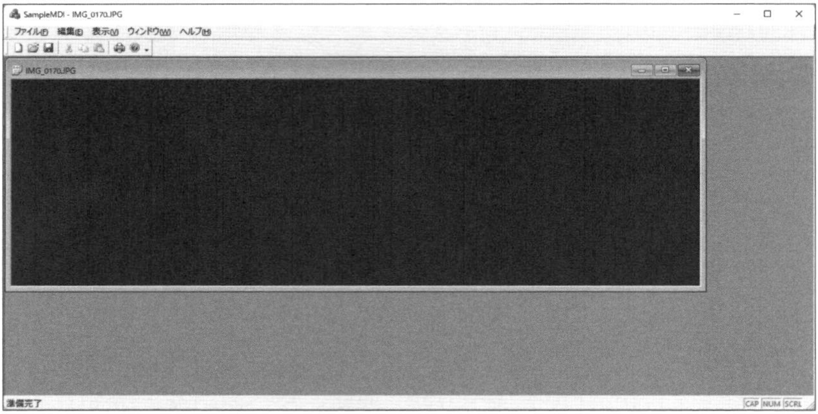

子ウィンドウが表示される前に、ビュークラスに画像ファイルのサイズを教えてあげることで、自動的にスクロールバーの表示が必要なのかを判断してくれるようになります。

子ウィンドウが表示される直前にビュークラスの**OnInitialUpdate関数**がフレームワークから呼び出されます。OnInitialUpdate関数はMFCアプリケーションウィザードにより**リスト11-3**のように作成されていますので、SampleMDIView.cppを開いてみてください。

▼リスト11-3　作成直後のOnInitialUpdate関数

```
void CSampleMDIView::OnInitialUpdate()
{
    CScrollView::OnInitialUpdate();
    CSize sizeTotal;
    // TODO: このビューのサイズの合計を計算します
    sizeTotal.cx = sizeTotal.cy = 100;
    SetScrollSizes(MM_TEXT, sizeTotal);
}
```

4〜7行目で、全体のスクロールサイズを設定しています。

4行目のCSizeは、領域の大きさ（高さと幅）を指定することができるクラスです。**CSize クラス**の構文を以下に示します。

構 文　11-1　CSize クラスのインスタンスを生成する

```
CSize インスタンス名(int 幅, int 高さ);
```

構 文　11-2　CSize クラスの幅を取得・設定する

```
インスタンス名.cx = int 幅;
```

構 文　11-3　CSize クラスの高さを取得・設定する

```
インスタンス名.cy = int 高さ;
```

7行目の**SetScrollSizes 関数**は、CScrollView クラスのメンバー関数です。構文を以下に示します。

構 文　11-4　スクロールの大きさを設定する

```
SetScrollSizes(int ビューに設定するマップモード,
               CSize スクロールビュー全体のサイズ)
```

第一引数のマップモードは、第二引数で指定しているサイズの単位を設定します。マップモードには、**表11-5**のようなものがあります。

▼表11-5　マップモード

マップモード	単位
MM_TEXT	1 ピクセル
MM_HIMETRIC	0.01 mm
MM_TWIPS	1/1440 インチ
MM_HIENGLISH	0.001 インチ
MM_LOMETRIC	0.1 mm
MM_LOENGLISH	0.01 インチ

SetScrollSizes()の第二引数はスクロールビューの大きさを設定します。これにより、スクロールして表示しなければならない領域がどのくらいなのかを把握させることができます。

リスト11-3の6行目で高さと幅が100ピクセルに設定されていますので、小さい画像でない限りスクロールバーは表示されません。

リスト11-3のOnInitialUpdate関数を、画像サイズに合わせてスクロールバーを表示させるように変更しましょう（**リスト11-4**）。

▼リスト11-4　変更後のOnInitialUpdate関数

```
01: void CSampleMDIView::OnInitialUpdate()
02: {
03:     CScrollView::OnInitialUpdate();
04:     CSampleMDIDoc* pDoc = GetDocument();
05:     SetScrollSizes(MM_TEXT,
                           CSize(pDoc->m_cImage.GetWidth(),
                                 pDoc->m_cImage.GetHeight()));
06: }
```

4～5行目が変更したコードです。

4行目はリスト11-2で解説したGetDocument関数を使用して、ドキュメントクラスの情報を取得しています。

5行目はSetScrollSizes関数の設定を行っています。第一引数でMM_TEXTによりピクセル単位を指定しています。

第二引数でCSizeクラスにより画像の大きさを指定しています。ドキュメントクラスのメンバー変数m_cImageにより、GetWidth関数とGetHeigt関数を使用して画像ファイルの縦と横の大きさを取得し、CSizeクラスのインスタンスを生成しています。CImageクラスの使い方は**9-06**で解説していますので、参考にしてください。

メインフレームウィンドウの編集

● アプリケーション起動時に子ウィンドウを開かないようにする

リスト11-2で追加したコードによりアプリケーション起動時に子ウィンドウが開くと、CImageクラスには画像ファイルが読み込まれていないため異常終了してしまいます。この現象を防ぐため、アプリケーション起動時に子ウィンドウを開かないようにコードを修正します。

アプリケーション起動時に子ウィンドウを開かないようにするには、SampleMDI.cppのInitInstance関数にコードを追加します（**リスト11-5**）。

▼リスト11-5　InitInstance関数

```
BOOL CSampleMDIApp::InitInstance()
{
   中略
     // DDE、file open など標準のシェル コマンドのコマンド ラインを解析します
     CCommandLineInfo cmdInfo;
     ParseCommandLine(cmdInfo);
     // DDE Execute open を使用可能にします
     EnableShellOpen();
     RegisterShellFileTypes(TRUE);
     cmdInfo.m_nShellCommand =
                          CCommandLineInfo::FileNothing;
     // コマンド ラインで指定されたディスパッチ コマンドです。アプリケーションが
     // /RegServer、/Register、/Unregserver または
    /Unregister で起動された場合、Falseを返します
```

次へ

```
12:     if (!ProcessShellCommand(cmdInfo))
13:         return FALSE;
14:     // メイン ウィンドウが初期化されたので、表示と更新を行います
15:     pMainFrame->ShowWindow(m_nCmdShow);
16:     pMainFrame->UpdateWindow();
17:     return TRUE;
18: }
```

9行目が追加したコード、それ以外はMFCアプリケーションウィザードで生成されたコードです。アプリケーション起動時に指定された引数を処理するため、11行目の**ProcessShellCommand**関数が呼び出されます。その関数が呼び出される直前に、**CCommandLineInfo**クラスのインスタンスであるcmdInfoのメンバー変数m_nShellCommandにCCommandLineInfo::FileNothingを指定すると、起動時にMDIの子ウィンドウが開かないようになります。

●「ファイル」メニューの「開く」で指定可能な拡張子を増やす

MFCアプリケーションウィザード「ドキュメントテンプレートプロパティ」画面（図11-4）で指定した拡張子は「.jpg」のみでした。SDIやMDIは1つのドキュメントの種類に対するビューの機能を提供することを目的としているために、ウィザード画面では一つの拡張子フィルタしか設定することができません。

ここまで作成したコードで実行すると、MDIの「ファイルを開く」ダイアログには**図11-12**のような拡張子フィルタがリスト表示されます。

▼図11-12　「ファイルを開く」ダイアログの拡張子フィルタ

拡張子フィルタに画像フォーマットを選択できるように修正を行います。ここでは「.jpg」と「.gif」を選択できるように対応します。

Visual Studioの［表示］メニューから［ソリューションエクスプローラー］を選択して、「ソリューションエクスプローラー」画面を開きます。

［SampleMDI］→［リソースファイル］→［SampleMDI.rc］をダブルクリックして「リソースビュー」画面を開きます。

「リソースビュー」画面から［SampleMDI］→［SampleMDI.rc］→［String Table］フォルダを開き、その中にある［String Table］をダブルクリックすると「**ストリングテーブル**」設定画面が開きます（**図11-13**）。ストリングテーブルは画面に表示される文字を格納しているテーブルです。画面の表示項目にはIDが設定されており、その値と文字（キャプション）を編集することができます。

ファイルダイアログの拡張子のフィルタ指定は、［IDR_SampleMDITYPE］に定義されています。

▼図11-13　リソースビューのストリングテーブル

MFCアプリケーションウィザード作成直後の「キャプション」には以下の

ような値が設定されています。

```
¥nSampleMDI¥nSampleMDI¥n¥n¥nSampleMDI.Document¥nSampleMDI.
Document
```

「キャプション」内をクリックして、以下のように変更してください。

```
¥nSampleMDI¥nSampleMDI¥n画像ファイル (*.jpg *.gif)¥n.jpg;.
gif¥nSampleMDI.Document¥nSampleMDI.Document
```

拡張子フィルタは「;(セミコロン)」により複数指定することができます。

● 不要なメニューを削除する

今回作成するアプリケーションは画像の表示のみですが、MDIのメニューには「新規作成」や「編集」などの不要なメニューやコマンドボタンが表示されています(**図11-14**)。

▼図11-14　MFCクラスウィザードで作成されたMDIの初期メニュー

不要なメニューやコマンドボタンを削除してみましょう。「リソースビュー」画面を開いて［SampleMDI］→［SampleMDI.rc］→［Menu］フォルダを開き、［IDR_MAINFRAME］をダブルクリックすると、**図11-15**のような「メニューエディター」画面が表示されます。

▼**図11-15　「メニューエディター」画面**

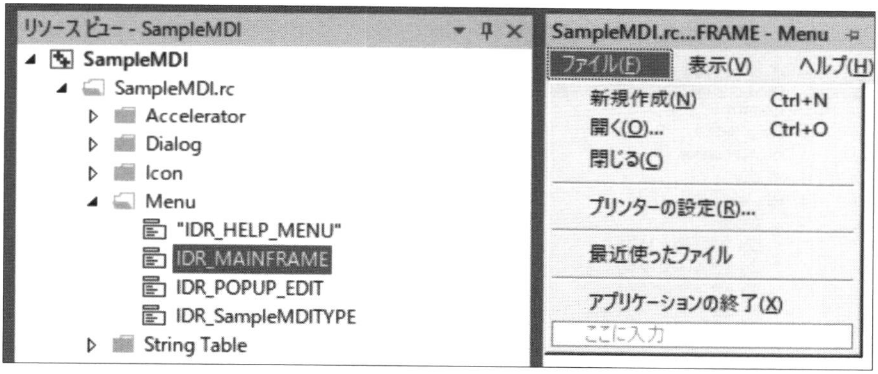

この中に表示されているメニューを削除するには、削除したいメニューを選択してから、右クリックメニューを開いて［削除］を選択します（**図11-16**）。

▼**図11-16　メニューの削除**

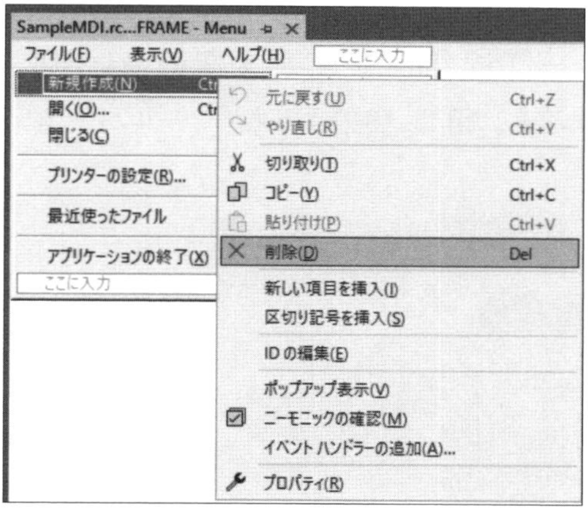

「IDR_MAIN_FRAME」はアプリケーション起動直後に表示されるメニューです。このメニューの「新規作成」を削除してください。

次に「メニューエディター」画面の［IDR_SampleMDIType］をダブルクリックしてください。これはファイルを1つ以上開いた後に表示されるメニューです（**図11-17**）。

▼図11-17　IDR_SampleMDITypeメニュー

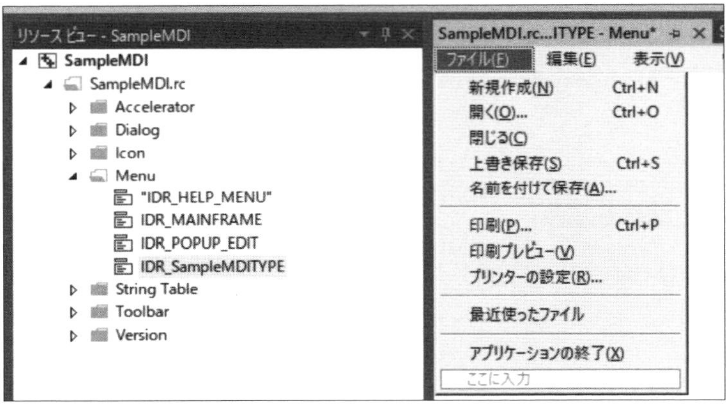

ここでは［ファイル］の中の［新規作成］、［上書き保存］、［名前を付けて保存］と、［編集］メニューを削除してください。

次にコマンドボタンを削除します。「リソースビュー」画面を開いて、［SampleMDI］→［SampleMDI.rc］→［Tool Bar］フォルダを開き、［IDR_MAINFRAME］をダブルクリックすると、**図11-18**のような「ツールバーエディター」画面が表示されます。

▼図11-18　「ツールバーエディター」画面

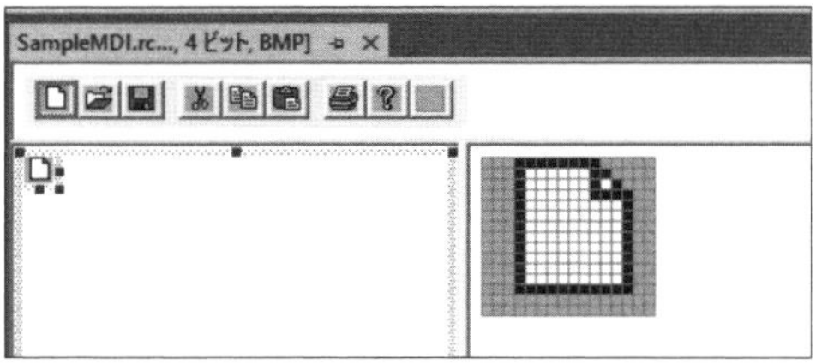

ツールバーの中にあるコマンドボタンを削除します。コマンドボタンを削除するには、ボタンを選択して範囲外にドラッグします(**図11-19**)。

▼**図11-19　コマンドボタンの削除**

図11-20に示すコマンドボタンを削除してください。

▼**図11-20　削除するコマンドボタン**

次に[Tool Bar]フォルダの[IDR_MAINFRAME_256]を開いてください。「IDR_MAINFRAME」は16色を使用しているツールバーですが、「IDR_MAINFRAME_256」は256色を使用しています。**図11-21**に示すコマンドボタンを削除してください。

▼**図11-21　削除するコマンドボタン**

実行してみよう

それではこれまでに作成したコードを動かしてみましょう。Visual Studioでプロジェクトをビルドして、エラーがないことを確認してから実行してください。

アプリケーション起動時は**図11-22**のような画面が表示されます。

▼図11-22　起動時の画面

起動時に子ウィンドウが開かないようになっていますね。

［ファイル］→［開く］メニューを選択すると、**図11-23**のような「ファイルを開く」ダイアログ画面が表示されます。

▼図11-23　ファイルを「開く」ダイアログ

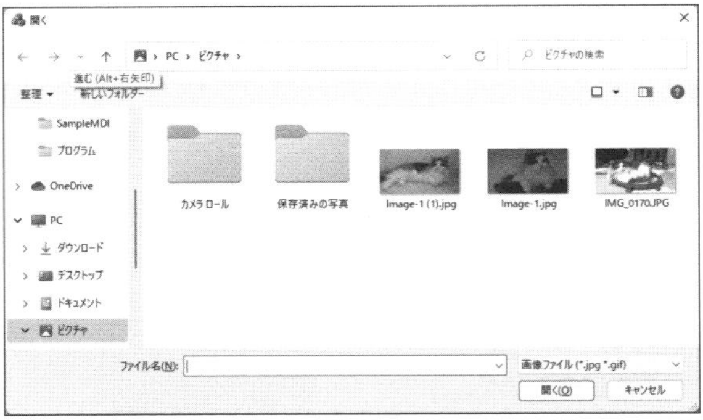

拡張子フィルタが「画像ファイル (*.jpg *.gif) で表示されていますね。

「ファイルを開く」ダイアログ画面で画像ファイルを選択し、［開く］ボタンを押してみてください。ファイルを開くと**図11-24**のように画像が表示されます。

▼図11-24 子ウィンドウを1つ開いた状態

ドキュメントとビュークラスのコードが動作しているのがわかります。また画面の大きさよりも画像イメージの方が大きいため、スクロールバーが表示されているのがわかります。

ファイルを開くたびに、**図11-25**のように親ウィンドウの中に子ウィンドウが追加されます。

▼図11-25 子ウィンドウを複数開いた状態

COLUMN

仮想関数

これまでMFCアプリケーションウィザードで作成されたダイアログ画面は、[OK]と[キャンセル]ボタンを削除した後で画面のデザインを行ってきました。しかし、ボタンを削除してもMFCダイアログクラスの Enter キーや Esc キーの既定の動作が有効になっているため、これらのキーを押すとダイアログ画面は閉じられてしまいます。Enter キーや Esc キーを押しても画面が閉じないようにする例としてメッセージマップを利用した方法を説明します。

「クラスウィザード」画面を開いてダイアログクラスを選択します。そして[仮想関数]タブをクリックし、[仮想関数]リスト内にある「OnCancel」を選択して[関数の追加]ボタンを押します。「OnOK」も同様に行います。[オーバーライドされた仮想関数]のリストに追加されたら、[OK]ボタンを押します。

仮想関数とは、基底クラスから継承されたメンバー関数の機能を変更することができる関数で、virtualキーワードにより宣言します。基底クラスのメンバー関数が持つ機能を派生クラス側が上書きして変更することを、オーバーライドと言います。

ダイアログクラスのソースコードを開いて、作成されたOnCancel()とOnOK()の中に記述されている以下のコードをコメントにします。

```
CDialogEx::OnCancel();
CDialogEx::OnOK();
```

これによりMFCのダイアログクラスの既定の動作を行わないようになり、[OK]ボタンや[Cancel]ボタンを押してもダイアログ画面が閉じられないようにすることができます。

この章のまとめ

- MFCではダイアログの他に、シングルドキュメントインターフェイス（SDI）やマルチドキュメントインターフェイス（MDI）のアプリケーションを作成することができます。
- SDIとMDIは、親ウィンドウの中に子ウィンドウを1つだけ作成できるか、複数作成できるかの違いがあります。
- SDIやMDIアプリケーションは「ドキュメント / ビューアーキテクチャ」という構造で構築されています。
- 「ドキュメント / ビューアーキテクチャ」の「ドキュメント」クラスは、アプリケーションが扱うドキュメントの読み書きを扱うためのクラスです。
- 「ドキュメント / ビューアーキテクチャ」の「ビュー」クラスは、ドキュメントの表示（ビュー）を行うためのクラスです。

《章末復習問題》

練習問題 11-1

MFCアプリケーションウィザード「生成されたクラス」画面でCEditViewを基本クラスにすると、簡単なメモ帳アプリケーションが作成できます。SDIで作成して動かしてみましょう。

練習問題 11-2

MFCアプリケーションウィザードでSDIプロジェクトを選択し、「生成されたクラス」画面でCHtmlViewを基本クラスにしてプロジェクトを作成して、実行するとどうなるかを試してみましょう。

解答は P.573 ➡

12章

スレッド

とても忙しいときに「誰か手伝ってくれたらなあ･･･」と思ったことはないでしょうか？スレッドは自分自身の分身として、作業を手伝ってくれます。

ここでは、スレッドの使い方について学んでいきましょう。

01 スレッドとは

Keyword　プロセス　スレッド　ワーカースレッド　ユーザーインターフェーススレッド

スレッドとは？

Windows OSは**プロセス**という単位でアプリケーションの実行を管理しています。これまでの章で作成してきたWindowsフォームのようなアプリケーションを実行すると、Windows OSのタスクバーにアイコンが1つずつ増えていきます。これはプロセスが増えていることを表しています。

Windows OSではプロセスの中に**スレッド**という分身をつくることができます（**図12-1**）。プロセス単体では同時に1つのことしか実行することができません。プロセスの内部で同時に複数の処理をしなければならない状況では、1つの処理が忙しくなるとその他の処理に手が回らなくなってしまいます。そういうときには、スレッドに一部の処理をお願いして負担を軽くすることができます。

▼図12-1　スレッドは自分自身の分身

スレッドはどのようなときに使うの？

図12-2は大きなファイルをコピーしているときに表示されるダイアログ画面です。読者の皆様はこのような画面をご覧になったことはあるかと思います。

▼図12-2　コピー中のダイアログ画面

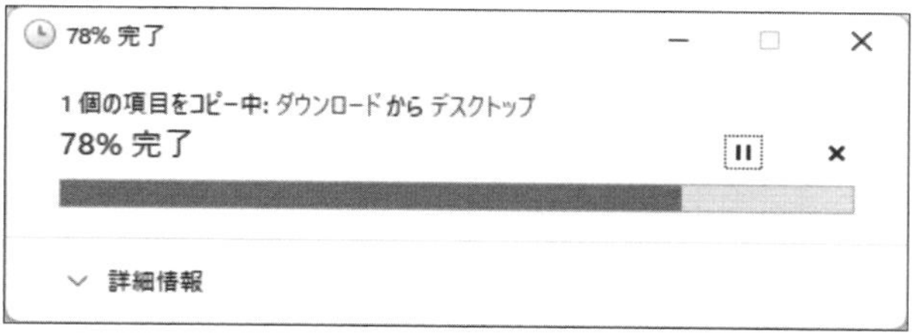

大きなファイルをコピーするような時間がかかる処理では、ファイルのコピー処理と同時にどこまで処理が進んでいるかを表示したり、処理の途中でキャンセルボタンによる停止が行えるようにするなど、画面の処理も行わなければなりません。ファイルのコピー処理が忙しくなってくると、画面の更新の遅れやキャンセルボタンが効かなくなるなどの現象が発生し、ユーザーにとって使い勝手の悪いアプリケーションになってしまうことがあります。このような場合にはファイルのコピー、または画面のどちらかの処理をスレッドにお願いして処理を分担します。

MFCで作成できるスレッドは、一時的な処理を実行させるための**ワーカースレッド**と、主に画面の処理を行うための**ユーザーインターフェーススレッド**の2つの種類があります。本書ではワーカースレッドの使い方について説明していきます。

02 スレッドを使ってみよう

Keyword ☑AfxBeginThread関数

スレッドを作成するには？

● AfxBeginThread 関数

それではスレッドを作成する方法を学んでいきましょう。

MFCでワーカースレッドを作成するには**AfxBeginThread関数**を使用します（**構文12-1**）。

構文 12-1 ワーカースレッドを作成する

```
CWinThread* AfxBeginThread(
            AFX_THREADPROC ワーカースレッドの制御関数 ,
            LPVOID ワーカースレッドの制御関数に渡す引数 ,
            int 優先度 = THREAD_PRIORITY_NORMAL,
            UINT スタックサイズ = 0,
            DWORD スレッドの制御追加フラグ = 0,
            LPSECURITY_ATTRIBUTES セキュリティ属性 = NULL);
```

ポイント

第三～第六引数に記載されている「= THREAD_PRIORITY_NORMAL」等の記載は、「省略可能な引数で、省略した場合の初期値に右辺の値が入る」ことを示しています。

「ワーカースレッドの制御関数」は**構文12-2**のように宣言されたスタティ

ック（静的）関数でなければなりません。

構文　12-2　ワーカースレッドの制御関数

```
UINT 関数名(LPVOID 引数);
```

「ワーカースレッドの制御関数に渡す引数」は構文12-2に定義されている関数の引数に使用されます。

「優先度」にはスレッドが動作する優先順位を指定します。設定できる値には**表12-1**のようなものがあります。

▼表12-1　スレッドの優先順位

設定値	内容
THREAD_PRIORITY_ABOVE_NORMAL	スレッド標準の相対優先順位値より1ポイント高い相対優先順位値を指定します
THREAD_PRIORITY_BELOW_NORMAL	スレッド標準の相対優先順位値より1ポイント低い相対優先順位値を指定します
THREAD_PRIORITY_HIGHEST	スレッド標準の相対優先順位値より2ポイント高い相対優先順位値を指定します
THREAD_PRIORITY_LOWEST	スレッド標準の相対優先順位値より2ポイント低い相対優先順位値を指定します
THREAD_PRIORITY_NORMAL	スレッド標準の相対優先順位値を指定します

「スタックサイズ」にはスレッドのスタックサイズを設定することができます。**スタック**とはスレッド内部で管理用に使用するメモリー領域のことです。デフォルトではプロセスのスタックサイズと同じ値が設定されます。

「スレッドの制御追加フラグ」には**表12-2**のようなスレッドの制御追加フラグを指定することができます。

▼表12-2　スレッドの制御追加フラグ

設定値	内容
CREATE_SUSPENDED	スレッド生成時には停止状態になります
0	スレッド生成時には起動状態になります

CREATE_SUSPENDEDを指定した場合は、この後で説明するCWinThreadクラスの**ResumeThread関数**が呼び出されると起動状態になります。

「セキュリティ属性」には、作成するスレッドのセキュリティ設定を行う場合に設定を行います。指定しなかった場合はプロセスと同じセキュリティ属性が設定されます。

戻り値にはCWinThreadクラスのポインタが返ります。CWinThreadクラスは次節で説明します。

● コントロールの有効・無効を設定する

スレッドとは関係ありませんが、これから作成するアプリケーションではボタンコントロールの「押せる」「押せない」を制御します。ボタンの「押せる」「押せない」を制御するには、コントロールの「有効」「無効」を制御することで実現することができます。

コントロールの「有効／無効」を制御するには**構文12-3**のように記述します。

構文　12-3　コントロールの有効・無効を制御する

```
コントロール変数名.EnableWindows(BOOL コントロールの状態);
```

「コントロールの状態」には、コントロールを有効にする場合はTRUE、無効にする場合はFALSEを設定します。

スレッドを使用しないとどうなるか？

ダイアログ画面がスレッドを使わないで大きなファイルを読み込むとどうなるかを実験してみましょう。

選択されたファイルを読み込み、読み込んでいる途中でも［停止］ボタンを押すことにより、途中で停止することができるようなアプリケーションを作成します。

● ダイアログ画面の作成

これから**図12-3**のようなダイアログ画面を作成していきます。

▼図12-3　選択したファイルを読み込む画面

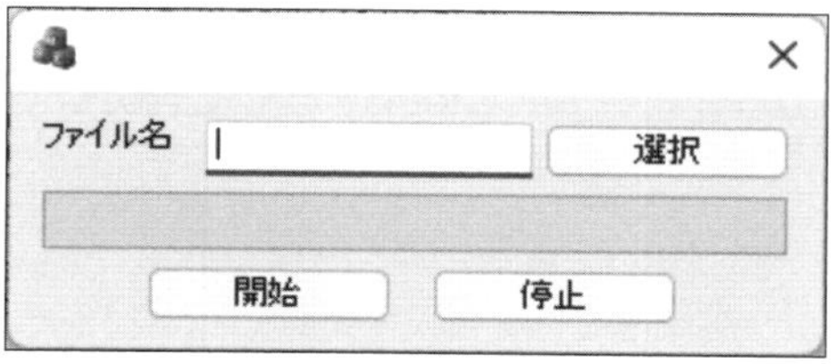

図12-3のダイアログ画面を表示するMFCダイアログベースのプロジェクト「SampleThread」を作成してください。

図12-3を参考にダイアログエディターでダイアログ画面を編集しましょう。

● スタティックテキストコントロールを追加する

スタティックテキストコントロールをダイアログ画面に1つ貼り付けます。Captionプロパティに「ファイル名」を設定してください。

● エディットボックスコントロールを追加する

ファイル名入力用のエディットボックスコントロールをダイアログ画面に1つ貼り付けます。作成したエディットボックスコントロールのIDはIDC_EDIT1として説明していきます。

● ボタンコントロールを追加する

ボタンコントロールをダイアログ画面に3つ貼り付けます。各々のボタンコントロールのプロパティを**表12-3**のように設定してください。

▼表12-3　ボタンコントロールのプロパティ

コントロールID	Captionプロパティ
IDC_BUTTON1	選択
IDC_BUTTON2	開始
IDC_BUTTON3	停止

● プログレスバーコントロールを追加する

プログレスバーコントロールをダイアログ画面に1つ貼り付けます。作成したプログレスバーコントロールのIDは、IDC_PROGRESS1として説明していきます。

● メンバー変数の作成

処理に必要なメンバー変数を作成します。「クラスウィザード」を使用して、**表12-4**に示すメンバー変数をCSampleThreadDlgクラスに追加しましょう。

▼表12-4　コントロール用のメンバー変数

コントロールID	カテゴリ	名前	変数の種類
IDC_EDIT1	値	m_csFileName	CString
IDC_BUTTON2	コントロール	m_cButtonStart	CButton
IDC_BUTTON3	コントロール	m_cButtonStop	CButton
IDC_PROGRESS1	コントロール	m_cProgress	CProgressCtrl

ファイル分割中に一時停止できるようにメンバー変数を追加します。「クラスウィザード」を使用して、**表12-5**に示すメンバー変数をCSampleThreadDlgクラスに追加しましょう。

▼表12-5　カスタムメンバー変数

変数の型	変数名	アクセス
bool	m_bStop	パブリック

●「ファイルを開く」ダイアログの作成

[選択]ボタンが押されたら「ファイルを開く」ダイアログを開くように、コードを追加していきましょう。[選択]ボタンクリックメッセージハンドラーを追加して、**リスト12-1**に示すコードを追加してください。

▼リスト12-1　選択ボタンクリックメッセージハンドラー

```
01: void CSampleThreadDlg::OnClickedButton1()
02: {
03:     CString csFilter = _T("すべてのファイル(*.*)|*.*|");
04:     CFileDialog fileDialog(TRUE,NULL,NULL,
                                  OFN_HIDEREADONLY,csFilter);
05:     if(fileDialog.DoModal()==IDOK) {
06:         m_csFileName=fileDialog.GetPathName();
07:         CWnd::UpdateData(FALSE);
08:     }
09: }
```

3行目でファイルの拡張子のフィルターとなる文字列を作成し、4行目でCFileDialogクラスのインスタンス生成時に設定しています(CFileクラスについては**7章**を参照してください)。

5行目で「ファイルを開く」ダイアログを開き、ファイル選択された場合に6〜7行目の処理を行います。6行目で、ファイルダイアログで選択されたファイル名をエディットボックスのコントロール変数に代入し、7行目でダイアログ画面を更新しています。

●[停止]ボタンを押されたときの処理

[停止]ボタンが押されたら処理を中断できるようにコードを追加します。[停止]ボタンクリックメッセージハンドラーを追加して、**リスト12-2**に示すコードを追加してください。

▼リスト 12-2　[停止] ボタンクリックメッセージハンドラー

```
01: void CSampleThreadDlg::OnClickedButton3()
02: {
03:     m_bStop = TRUE;
04: }
```

3行目でメンバー変数m_bStopをTRUEに設定しています。

● [開始] ボタンクリックメッセージハンドラーの作成

[開始] ボタンが押されたら選択されたファイルを読み込むように、コードを追加します。[開始] ボタンクリックメッセージハンドラーを追加して、**リスト 12-3**に示すコードを追加してください。

▼リスト 12-3　[開始] ボタンクリックメッセージハンドラー

```
void CSampleThreadDlg::OnClickedButton2()
{
    m_bStop=FALSE;
    CFile readFile;
    if(readFile.Open(m_csFileName,CFile::modeRead)) {
        int count = (int)(readFile.GetLength() / 1024) + 1;
        m_cProgress.SetRange32(0, count);
        m_cButtonStart.EnableWindow(FALSE);
        m_cButtonStop.EnableWindow(TRUE);
        for(int i=0; i < count; i++) {
            BYTE buffer[1024];
            readFile.Read(buffer,sizeof(buffer));
            m_cProgress.SetPos(i + 1);
            if(m_bStop) break;
        }
        readFile.Close();
    }
}
```

3行目でメンバー変数m_bStopをFALSEにしてから処理を始めます。

4、5行目はファイルダイアログで選択されたファイルを、CFileクラスにより読み取り専用で開きます。

6行目以降はファイルを読み込む処理に移りますが、大きなファイルを一度に全部読み込むとメモリーがあっという間に足りなくなりますので、1KByteずつ読み込んで処理を行っています。

6行目のCFileクラスのGetLength()はファイルサイズ（バイト単位）を取得する関数です。ファイルサイズを1024で割った数が全体の処理回数になりますが、1024Byte未満になったときの1回分を加算してcountに代入しています。

7行目でプログレスバーコントロールに全体の処理回数を設定して、進捗状況を表示するようにします。

8行目のEnableWindow関数により処理の開始前に[開始]ボタンを「無効」にし、9行目で[停止]ボタンを「有効」に設定しています。

12行目でファイルを1024バイトずつ読み取り、13行目でプログレスコントロールのSetPos関数により処理の状況を表示しています。

14行目で停止ボタンが押された場合に処理を抜けるようにしています。

● 動作を確認してみよう

それではこれまでに作成したコードを動かしてみましょう。Visual Studioでプロジェクトをビルドして、エラーがないことを確認してから実行してください。できるだけ大きなファイルを選んで[開始]ボタンを押してください。

ファイルの読み取り処理が始まると、プログレスバーコントロールに進捗状況が表示されます。しかし[停止]ボタンを押してもダイアログ画面はファイルの読み込み処理が忙しく、途中で止めることができません。

ポイント

CFile クラスの GetLength 関数の戻り値は ULONGLONG 型ですので、扱うことができるファイルの最大容量は 16777214TByte になります。
このアプリケーションでは 7 行目で int にキャストしている関係で、2TByte 以上のファイルを扱うことはできません。

スレッドを使ってみよう

前節のプログラムを、スレッドを使ったコードに修正してみましょう。プロセスは画面表示、スレッドはファイル読み込みを行うように処理を分担します。

● スレッドの制御関数の作成

以下に示すスレッド制御用の関数を作成します。

```
static UINT ThreadReadFile(LPVOID pParam);
```

「クラスウィザード」画面を開き、[クラス名]に「CSampleThreadDlg」を選択してから[メソッド]タブを選択し、[メソッドの追加]ボタンを押します。

「関数の追加」画面で[関数名]に「ThreadReadFile」、[戻り値の型]に「UINT」、[アクセス]に「public」を入力します。

[パラメーター]の[+]ボタンを押し、「LPVOID pParam」を入力します。

[その他オプション]の[静的]にチェックを入れます(図12-4)。

▼図12-4 「メンバー関数の追加ウィザード」画面

「メンバー関数の追加ウィザード」画面で[完了]ボタンを押すと、SampleThreadDlg.cppにThreadReadFile関数が作成されます。

●[開始]ボタンクリックメッセージハンドラーの変更

リスト12-3の[開始]ボタンクリックメッセージハンドラーの処理を、スレッドを使用するように変更しましょう(**リスト12-4**)。

▼リスト12-4 変更した[開始]ボタンクリックメッセージハンドラー

```
void CSampleThreadDlg::OnClickedButton2()
{
    m_bStop=FALSE;
    CFileStatus status;
    if(CFile::GetStatus(m_csFileName,status)) {
        m_cProgress.SetRange32(0,(int)(status.m_size/1024)+1);
        m_cButtonStart.EnableWindow(FALSE);
        m_cButtonStop.EnableWindow(TRUE);
        AfxBeginThread(ThreadReadFile,this);
    }
}
```

4～10行目が変更したコードになります。

4～5行目で、ファイルダイアログで選択されたファイルのステータスを取得しています（ファイルのステータスを取得する方法は7章で説明していますので、参照してください）。取得に成功すれば6行目以降の処理に移ります。

6行目で取得したファイルステータスからファイルサイズを使用して全体の処理回数を求め、プログレスバーコントロールの最大値に設定しています。

9行目でAfxBeginThread()によりスレッドを作成しています。

第一引数には先ほど作成したスレッド制御関数を指定しています。

第二引数にはthisポインタ（CSampleThreadDlgクラスのポインタ）を渡しています。

● スレッド制御関数のプログラム

スレッド制御関数のコードを作成します。SampleThreadDlg.cppを開いて、ThreadReadFile関数を**リスト12-5**のように編集しましょう。

▼リスト12-5　スレッド制御関数

```
UINT CSampleThreadDlg::ThreadReadFile(LPVOID pParam)
{
    CSampleThreadDlg* pDlg = (CSampleThreadDlg *)pParam;
    pDlg->m_bStop=FALSE;
    CFile readFile;
    if(readFile.Open(pDlg->m_csFileName,CFile::modeRead)) {
        for(int i = 0; i < (readFile.GetLength()/1024)+1; i++) {
            BYTE buffer[1024];
            readFile.Read(buffer,sizeof(buffer));
            pDlg-> m_cProgress.SetPos(i + 1);
            if(pDlg->m_bStop) break;
        }
        readFile.Close();
    }
    return 0;
}
```

リスト12-4ではThreadReadFile関数の引数にCSampleThreadDlgクラスのポインタを渡していました。3行目ではLPVOID型として渡された引数をCSampleThreadDlgクラスのポインタに変換しています。

8行目以降の処理はリスト12-3のファイル読み取り処理とほとんど違いはありません。

15行目で処理結果を返すと同時にスレッドは消滅します。

実行してみよう

それではこれまでに作成したコードを動かしてみましょう。

Visual Studioでプロジェクトをビルドして、エラーがないことを確認してから実行してください。できるだけ大きなファイルを選んで［開始］ボタンを押してください。

動作中に［停止］ボタンが押せるようになりましたか？このようにスレッドを使用することで、忙しい処理の最中でも画面の操作を行うことができるようになります。

03 スレッドの処理が終了したことを知るには

Keyword
- CWinThreadクラス
- WaitForSingleObject( )

スレッドの処理が終了したことを知るには？

プロセスがスレッドを作成して処理を任せた後に、スレッドの処理が終わったことを知りたい場合があります。

前節までに作成したアプリケーションは、スレッドを使用することで忙しい処理の途中でも画面の操作を行うことができるようになりましたが、処理が終了しても［開始］ボタンは押せず、［停止］ボタンしか押せない状態になっています（**図12-5**）。

スレッド制御関数にはCSampleThreadDlgクラスのポインタを渡していますので、処理が終了した後にスレッドが［停止］ボタンの状態を変更することができます。しかしプロセスがスレッドの処理終了を知ることができれば、プロセスがボタンの状態を変更することができますので、その方法でコードを修正してみましょう。

▼図12-5　ファイルの読み込み処理が終わった状態

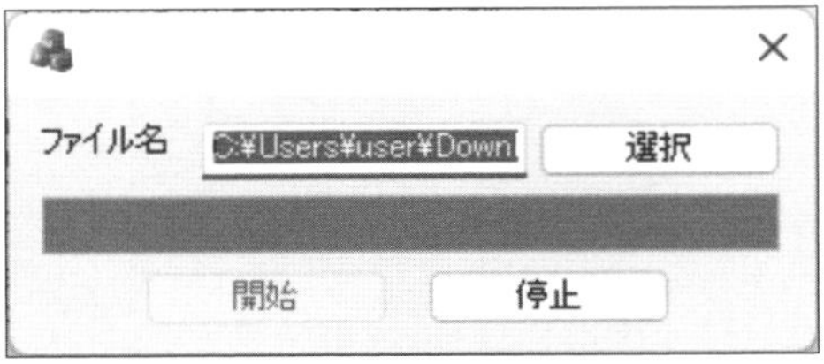

スレッドの処理が終了しているかを知るにはいくつかの方法がありますが、本書では以下の方法を説明します。

①スレッドの処理終了を待つ

②スレッドの処理終了を定期的に調べる

①の方法はプロセスがスレッドに何かの処理を依頼して、スレッドの処理が終わるまで待つ必要がある場合に使用します。②の方法はプロセスがスレッドの状況を常に見張る必要がある場合に使用します。

それではこの2つの違いを見てみることにしましょう。

スレッドの処理終了を待つ

● 待機関数

スレッドの処理終了を待つには、Windows APIの**WaitForSingleObject関数**などの**待機関数**を使用します（**構文12-4**）。

構文 12-4 オブジェクトの処理終了を待つ

```
DWORD 待ち状態から戻った原因 =
   WaitForSingleObject(HANDLE オブジェクトのハンドル,
                       DWORD タイムアウト時間);
```

「オブジェクトのハンドル」には、処理の終了を待つオブジェクトのハンドルを設定します。「タイムアウト時間」には、終了を待つタイムアウト時間をミリ秒単位で指定します。0を指定するとオブジェクトの状態を取得して制御を即座に返します。INFINITEを指定すると無制限に待ちます。

戻り値にはWaitForSingleObject()から戻ってきた原因を返します。表12-6にWaitForSingleObject()の戻り値とその原因を示します。

▼表12-6　WaitForSingleObject()の戻り値

戻り値	内容
WAIT_ABANDONED	既に処理が終了しています
WAIT_OBJECT_0	処理が終了しました
WAIT_TIMEOUT	タイムアウト時間が経過しました

ポイント

オブジェクトの処理が終了すると待機関数にシグナル状態（使用可能になった状態）が設定されます。

● CWinThreadクラス

WaitForSingleObject( )を使用する場合、スレッドのハンドルを指定しなければなりません。AfxBeginThread関数の戻り値にはCWinThreadクラスのポインタが返ってくることを前節で説明しました。CWinThreadはスレッドの管理や制御を行うことができるクラスです。

CWinThreadクラスにスレッドハンドルのメンバー変数があります（**構文12-5**）。

構　文　12-5　スレッドのハンドルを取得する

```
HANDLE スレッドのハンドル = インスタンス名.m_hThread;
```

● スレッドの処理が完了したら「開始」ボタンを押せるようにする

リスト12-4の9行目以降を**リスト12-6**のように変更します。

▼リスト12-6　スレッド処理完了の処理を追加

```
07: m_cButtonStart.EnableWindow(FALSE);
08: m_cButtonStop.EnableWindow(TRUE);
09: AfxBeginThread(ThreadReadFile,this);
10: m_cButtonStart.EnableWindow(TRUE);
11: m_cButtonStop.EnableWindow(FALSE);
```

7、8行目で開始ボタンを無効、停止ボタンを有効にしてスレッドを起動し、10、11行目で開始ボタンを有効、停止ボタンを無効にしています。ここまで変更したら動作を確認してみてください。スレッドが処理中なのに開始ボタンが押せることがわかるでしょう。

● WaitForSingleObject() を使用してみる

WaitForSingleObject()の使用例を**リスト12-7**に示します。これはリスト12-6の9行目以降の処理を変更したものです。

▼リスト12-7　WaitForSingleObject() の使用例

```
09: CWinThread* pThread = AfxBeginThread(ThreadReadFile,this);
10: WaitForSingleObject(pThread->m_hThread,INFINITE);
```

9行目でAfxBeginThread関数の戻り値のCWinThreadクラスのポインタを取得し、11行目のWaitForSingleObject関数にスレッドのハンドルを設定しています。

WaitForSingleObject()の第二引数はINFINITEを設定していますので無制限に待ち続けます。スレッドが終了すると同時にWaitForSingleObject関数から抜け出すことができます。

ところで画面側の処理でWaitForSingleObject()を使用すると、待ち続けている間は画面の表示が更新されなくなる現象が発生します。その状態でスレッド側がリスト12-5の12行目のような画面の処理を行うと、スレッドがその処理から抜けられなくなり、画面もスレッドも処理から抜けられなくなる現象が発生します。このような現象をデッドロックと言います。

WaitForSingleObject()の動作を確認するためにスレッドに画面処理を行わせないようにします。リスト12-5の以下のソースコードをコメント（先頭に//）にします。

```
10: //pDlg-> m_cProgress.SetPos(i + 1);
```

ここまで説明した通りにソースコードを修正して動かしてみましょう。Visual Studioでプロジェクトをビルドして、エラーがないことを確認してから実行してください。できるかぎりサイズの大きいファイルを選んで［開始］ボタンを押してください。

スレッドのプログレスバーの処理をコメントにしたので処理の進み具合はわかりませんが、スレッドの処理が完了すると同時に［開始］ボタンが押せるようになります。

スレッドの処理終了を定期的に調べる

スレッドの処理終了を定期的に調べるには、タイマーを使用してスレッドの状態を取得するなどの方法がありますが、本節ではその方法を学んでいきましょう。

● CWinThreadクラス

WaitForSingleObject()でスレッドの状態を取得できることがわかりましたので、これを使用すれば実現できそうです。しかし、AfxBeginThread()で作成したワーカースレッドは、処理終了時にスレッドのハンドルを自動的に削除しまうので、スレッドの状態を定期的に調べているときにスレッドのハンドルが削除されていると、WaitForSingleObject()を使用した際にアプリケーションが異常終了してしまいます。

ハンドルを自動的に削除されないようにするには、スレッドを停止状態で生成して**構文12-6**に示す設定を行います。

構文　12-6　CWinThreadオブジェクトの削除方法を設定する

```
インスタンス名.m_bAutoDelete = TRUE:削除する / FALSE:削除しない;
```

m_bAutoDelete変数をFALSEに設定すると、ワーカースレッドの処理が終了してもCWinThreadクラスのインスタンスは削除されず、処理終了後のスレッドの情報を取得することができます。その代わりCWinThreadクラスのインスタンスを破棄するコードを記述する必要があります。

スレッドを停止状態で生成した後にスレッドを再開させるには**構文12-7**を使用します。

構　文　**12-7　スレッドのサスペンドカウントを減分する**

```
DWORD サスペンドカウント = インスタンス名.ResumeThread();
```

スレッドは**サスペンドカウント**という値を持っており、この値が0になるとスレッドは動作状態になります。AfxBeginThread関数でCREATE_ SUSPENDEDを指定すると、サスペンドカウントは1に設定され、停止状態になります。ResumeThread関数でサスペンドカウントが1つ減り、スレッドが再開されます。

ResumeThread関数の戻り値は直前のサスペンドカウントが返ります

● CWinThreadクラスを使用してみる

スレッドの処理終了を定期的に調べるコードを作成してみましょう。

「クラスウィザード」を使用して、**表12-7**に示すメンバー変数をCSampleThreadDlgクラスに追加します。

▼表12-7　追加するカスタムメンバー変数

変数の型	変数名	アクセス
CWinThread*	m_pThread	パブリック

● ［開始］ボタンクリックイベントハンドラーの変更

リスト12-4の［開始］ボタンクリックメッセージハンドラーの処理を、**リスト12-8**のように変更します。

▼リスト12-8　[開始]ボタンクリックメッセージハンドラーの変更

```
01: void CSampleThreadDlg::OnClickedButton2()
02: {
03:     m_bStop=FALSE;
04:     CFileStatus status;
05:     if(CFile::GetStatus(m_csFileName,status)) {
06:         m_cProgress.SetRange32(0,(int)(status.m_size/1024)+1);
07:         m_cButtonStart.EnableWindow(FALSE);
08:         m_cButtonStop.EnableWindow(TRUE);
09:         m_pThread=AfxBeginThread(ThreadReadFile,this,
                                             0,0,CREATE_SUSPENDED);
10:         m_pThread->m_bAutoDelete=FALSE;
11:         m_pThread->ResumeThread();
12:         CWnd::SetTimer(1,100,NULL);
13:     }
14: }
```

9～12行目が変更および追加したコードです。9行目のAfxBeginThread関数の引数にCREATE_SUSPENDEDを指定して、停止状態でスレッドを生成します。

10行目で、停止状態で生成されたスレッドのメンバー変数m_bAutoDeleteをFALSEに設定し、スレッド終了時に自動的にハンドルを削除されないようにします。

11行目のResumeThread()によりスレッドを再開します。

13行目でプロセスが定期的にスレッドを確認するためにタイマーをセットしています（タイマーは**8-06**で説明していますので参照してください）。タイマーIDを1、タイムアウトを100ミリ秒に設定しています。

● WM_TIMERメッセージハンドラーの追加

タイマーがタイムアウトしたときの処理を作成します。「クラスウィザード」を使用して、CSampleThreadDlgクラスにWM_TIMERメッセージハンドラーを追加してください（WM_TIMERメッセージハンドラーの追加方法は**8-06**で説明していますので、参照してください）。

CSampleThreadDlgクラスに作成されたOnTimer関数に、リスト12-9のようにコードを追加しましょう。

▼リスト12-9 OnTimer関数

```
01: void CSampleThreadDlg::OnTimer(UINT_PTR nIDEvent)
02: {
03:     DWORD result = WaitForSingleObject(m_pThread->m_hThread,0);
04:     if(result == WAIT_ABANDONED||result == WAIT_OBJECT_0) {
05:         CWnd::KillTimer(1);
06:         m_cButtonStart.EnableWindow(TRUE);
07:         m_cButtonStop.EnableWindow(FALSE);
08:         delete m_pThread;
09:     }
10:     CDialogEx::OnTimer(nIDEvent);
11: }
```


3行目のWaitForSingleObject()に第二引数に0を設定して、スレッドの状態を取得したら即座に処理を抜けるようにしています。

4行目でWaitForSingleObject()の戻り値によりスレッドが終了状態であるかを判断し、スレッドの処理が完了していれば6行目以降の処理に移ります。

6行目でタイマーを停止し、7～8行目でボタンを初期状態に戻して、9行目でCSampleThreadDlgクラスのポインタを解放しています。

前節でリスト12-5の5行目のスレッドの画面処理をコメントにしていますので、コメントを解除しておいてください。

それではこれまでに作成したコードを動かしてみましょう。Visual Studioでプロジェクトをビルドして、エラーがないことを確認してから実行してください。できるだけ大きなファイルを選んで[開始]ボタンを押してください。

以下のように処理が改善されていることを確認してみましょう。

- **処理の進捗状況が表示される**
- **処理中に[停止]ボタンを押すことができる**
- **処理が完了すると同時に[開始]ボタンが押すことができる**

04 同期処理

Keyword　同期クラス　アクセス制御クラス

スレッドの同期処理

前節まではスレッドを1つ作成して使用する方法を学んできました。スレッドを複数作成する場合には、**リソースの競合**に気をつける必要があります。

リソースの競合とは、1つのリソース（資源）に対して複数のスレッドやプロセスがアクセスする行為を指します。**図12-6**ではファイルAをスレッドXとスレッドYが共有していますが、スレッドXがファイルに書き込んでいる最中にスレッドYがファイルを読み込んだとしたら、どのようなことが起きるでしょうか？

ファイルはスレッドXが書き込み中の状態であるため、スレッドYが正しくファイルを読めるかどうかは保証することができません。

▼図12-6　リソースの競合

リソースの競合に対する問題は、1つの資源を共有するプロセスやスレッドが同期して同時にアクセスしないように**排他制御**を行うことにより解決できます。

MFCには同期処理を行うための同期クラスが提供されていますので、本節では同期クラスの使用方法について学んでいきましょう。

MFCの同期クラス

MFCには**表12-8**のような同期クラスがあります。どの同期クラスを使用するのかは、その目的に応じて選択します。

▼表12-8　MFCの同期クラス

クラス名	内容
CSemaphore	同時にリソースにアクセスできるスレッドの数を限定する機能を提供する同期クラス
CMutex	複数のプロセスまたはスレッドのうちの1つだけがリソースに排他アクセスできる機能を提供する同期クラス
CCriticalSection	複数のスレッドの1つだけがリソースに排他アクセスできる機能を提供する同期クラス
CEvent	イベントが発生したことを、あるスレッドが別のスレッドに通知できる機能を提供する同期クラス

CSemaphore、CMutex、CCriticalSectionクラスは、複数のプロセスまたはスレッドが1つの共有リソースに対してアクセスを行う場合の排他制御を行うことを目的としており、プロセスまたはスレッドはこれらの同期クラスを通して間接的に同期を取ります。

CEventクラスはスレッド間でイベントを通知し合い、直接同期を取ります。

同期クラスは**アクセス制御クラス**の**CSingleLock**または**CMultiLock**を経由して使用します。共有するリソースが1つの場合はCSingleLock、1つ以上の場合はCMultiLockクラスを使用します。アクセス制御クラスを経由して同期クラスを使用すると、同期クラスの違いをほとんど意識することなく使用することができます。

同期クラスやアクセス制御クラスの使用方法について、学んでいきましょう。

CSemaphoreクラス

CSemaphoreクラスは**セマフォ**と呼ばれる排他領域を作成して、共有するリソースに同時にアクセスできるプロセスやスレッド数を限定する機能を提供します（**図12-7**）。共有するリソースにアクセスするプロセスやスレッドは、セマフォに対してアクセス権を要求し、アクセス可能であればセマフォはシグナル状態を返します。

▼図12-7　セマフォ

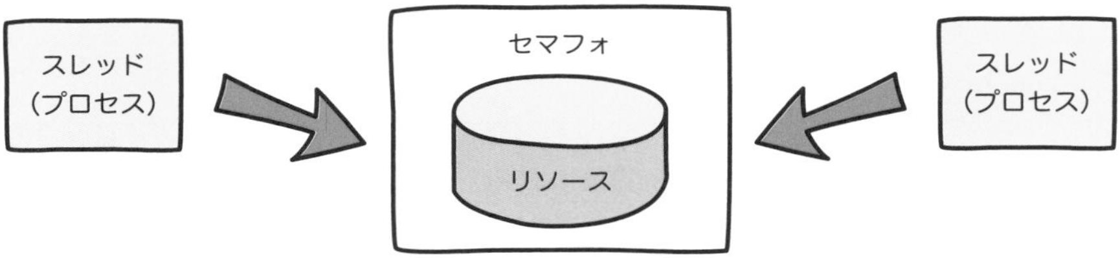

CSemaphoreクラスを使用するには、必要に応じて**構文12-8**を使用してインスタンスの生成を行います。

構　文　12-8　CSemaphoreクラスのインスタンスを生成する

```
CSemaphore インスタンス名(
            Long セマフォの初期値カウント = 1,
            Long セマフォの最大使用カウント = 1
            LPCTSTR セマフォの名前 = NULL;
            LPSECURITY_ATTRIBUTES セマフォのセキュリティ属性 = NULL);
```

「セマフォの初期値カウント」には、セマフォのカウンタの初期値を0以上の値で設定します。カウンタの値が0になると排他状態、値が1以上の場合はアクセス可能な状態になります。

「セマフォの最大使用カウント」には、セマフォのカウンタの最大値を1以上の値で設定します。

「セマフォの名前」には、プロセス間でリソースを共有する場合にセマフォの名前を設定します。

「セマフォのセキュリティ属性」には、セマフォのハンドルを子プロセスに継承する場合に子プロセスのアクセス権限を制限するために用います。

● CSingleLock クラス

CSingleLock クラスは、同期クラスを抽象化してアクセスするための機能を提供しています。

CSingleLock クラスのインスタンスを生成するには、**構文12-9**のように記述します。

構文 12-9 CSingleLock クラスのインスタンスを生成する

```
CSingleLock インスタンス名(CSyncObject* 同期オブジェクトのポインタ,
                            BOOL 生成時にロック状態にするか = FALSE);
```

「同期オブジェクトのポインタ」には、使用する同期クラスのインスタンスのポインタを指定します。表12-8に示しているすべての同期クラスはCSyncObject クラスから派生したクラスです。そのためCSingleLock クラスはすべての同期クラスを扱うことができます。

「生成時にロック状態にするか」には、CSingleLock クラスのインスタンスを生成したプロセスまたはスレッドがアクセス権を最初に取得したい場合にTRUE を設定します。

リソースへのアクセス権を取得するには、**Lock関数**を使用します(**構文12-10**)。

構文 12-10 アクセス権を取得する

```
BOOL 処理結果 = インスタンス名.Lock(DWORD タイムアウト時間 = INFINITE);
```

12 スレッド

「タイムアウト時間」には、シグナル状態になるまで待つ時間（単位：ミリ秒）を設定します。省略した場合はシグナル状態になるまで待ち続けます。戻り値には処理成功した場合はTRUE、それ以外はFALSEを返します。

リソースへのアクセス権を解放するには**UnLock関数**を使用します（**構文12-11**）。

構　文　**12-11　アクセス権を解放する**

```
BOOL 処理結果 = インスタンス名.UnLock();
```

戻り値には処理成功した場合はTRUE、それ以外はFALSEを返します。

● サンプルプログラムの作成

複数のスレッドからVisual Studioの［出力］ウィンドウに文字列を書き込むプログラムを作成してみましょう。

● ダイアログ画面の作成

MFCダイアログベースのプロジェクト「SampleSemaphore」を作成し、**図12-8**のようなダイアログ画面を作成しましょう。

▼図12-8　CSemaphoreクラスのテスト画面

ボタンコントロールを1つダイアログ画面に貼り付け、Captionプロパティに「テスト」を設定します。

● スレッド制御関数の作成

「クラスウィザード」画面を開き、［クラス名］に「CSampleSemaphoreDlg」

を選択してから、[メソッド]タブを選択し、[メソッドの追加]ボタンを押します。

「関数の追加」画面で[関数名]に「ThreadFunction」、[戻り値の型]に「UINT」、[アクセス]に「public」を入力します。

[パラメーター]の[+]ボタンを押して「LPVOID pParam」を入力します。[その他のオプション]の[静的]にチェックを入れます(**図12-9**)。

▼図12-9 「メソッドの追加」画面

「関数の追加」画面で[OK]ボタンを押すと、CSampleSemaphoreDlg.cppにThreadFunction関数が作成されます。

作成したThreadFunction関数を**リスト12-10**のように修正してください。

▼リスト12-10 ThreadFunction 関数

```
UINT CSampleSemaphoreDlg::ThreadFunction(LPVOID pParam)
{
    TRACE("入室しました¥r¥n");
    Sleep(1000);
    TRACE("退出します¥r¥n");
    return 0;
}
```

スレッドは処理を開始すると、3行目で[出力]ウィンドウに「入室しました」を出力し、4行目で1秒スリープした後で、5行目で[出力]ウィンドウに「退出します」を出力して終了します。

● [テスト] ボタンクリックメッセージハンドラーの追加

[テスト]ボタンクリックメッセージハンドラーを追加し、**リスト12-11**のようにコードを追加します（[テスト]ボタンのIDはIDC_BUTTON1として説明します）。

▼リスト12-11　[テスト] ボタンクリックメッセージハンドラー

```
01: void CSampleSemaphoreDlg::OnClickedButton1()
02: {
03:     for(int i = 0;i < 5;i++) {
04:         AfxBeginThread(ThreadFunction,this);
05:     }
06: }
```

3行目のfor文により5個のスレッドが生成されます。

● CSemaphore クラスを使用しない場合の動作を確認する

ここまでの動作を確認してみましょう。Visual Studioでプロジェクトをビルドして、エラーがないことを確認してから実行してください。[テスト]ボタンを押すと[出力]ウィンドウには以下のように出力されます

```
入室しました
入室しました
入室しました
入室しました
入室しました
退出します
退出します
退出します
退出します
退出します
```

スレッドが作成されると一斉に「入室しました」と出力し、1秒後に一斉に「退出します」を出力していることがわかります。

● CSemaphoreクラスを使ってみよう

リスト12-10のコードを変更して、[出力]ウィンドウに出力するスレッドの数を2つまでに制限してみましょう(**リスト12-12**)。

▼リスト12-12　CSemaphoreクラスの使用例

```
01: UINT CSampleSemaphoreDlg::ThreadFunction(LPVOID pParam)
02: {
03:     CSemaphore semaphore(2,2,_T("testSemaphore"));
04:     CSingleLock lock(&semaphore);
05:     lock.Lock();
06:     TRACE("入室しました¥r¥n");
07:     Sleep(1000);
08:     TRACE("退出します¥r¥n");
09:     lock.Unlock();
10:     return 0;
11: }
```

3行目でCSemaphoreクラスのインスタンスを生成しています。セマフォのカウンタとその上限を2に設定し、4行目以降の処理を行うスレッドの数を制限しています。スレッドはセマフォ「testSemaphore」を共有してお互いに同期を取り合います。

4行目でCSemaphoreクラスのインスタンスを指定して、CSingleLockクラスのインスタンスを生成しています。

5行目でCSingleLockクラスのLock()を実行することにより、セマフォのカウンタが1つ減ります。セマフォのカウンタが0になると、Lock関数実行時にセマフォのカウンタが1以上になるまで待機し続けます。

9行目でCSingleLockクラスのUnLock()を実行することにより、セマフォのカウンタが1つ増えます。

● CSemaphoreクラスを使用した場合の動作を確認する

リスト12-11のコードの動作を確認してみましょう。Visual Studioでプロジェクトをビルドして、エラーがないことを確認してから実行してください。［テスト］ボタンを押すと［出力］ウィンドウには以下のように出力されます。

```
入室しました
入室しました
退出します
入室しました
退出します
入室しました
退出します
入室しました
退出します
退出します
```

または環境によっては次のように出力される場合もあります。

```
入室しました
入室しました
退出します
退出します
入室しました
入室しました
退出します
退出します
入室しました
退出します
```

上記から２つのスレッドだけが「入室」でき、スレッドが「退出」すると同時に、待機状態になっていたスレッドが「入室」していることがおわかりでしょうか。

CMutexクラス

CMutexクラスはミューテックスと呼ばれる排他領域を作成して、共有するリソースにアクセスできるプロセスやスレッドの数を1つに限定する機能を提供します（**図12-10**）。

▼図12-10　ミューテックス

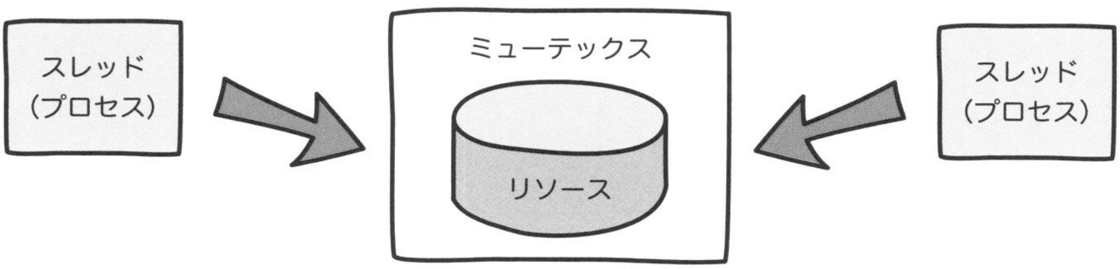

ミューテックスはセマフォに似ていますが、セマフォと異なる点はリソースにアクセスできるプロセスまたはスレッドの数は1つまでです。

CMutexクラスを使用するには、必要に応じて**構文12-12**を使用してインスタンスの生成を行います。

構　文　**12-12　CMutexクラスのインスタンスを生成する**

```
CMutex インスタンス名(
    BOOL 生成時にロック状態にするか = FALSE,
    LPCTSTR ミューテックスの名前 = NULL,
    LPSECURITY_ATTRIBUTES ミューテックスのセキュリティ属性 = NULL);
```

「生成時にロック状態にするか」には、ミューテックスを作成したプロセスまたはスレッドが、起動時にリソースのアクセス権を取得したい場合にTRUEを設定します。

「ミューテックスの名前」には、プロセス間でリソースを共有する場合にミューテックスの名前を設定します。

「セマフォのセキュリティ属性」には、ミューテックスのハンドルを子プロセスに継承する場合に子プロセスのアクセス権限を制限するために用います。

● CMutexクラスを使ってみよう

ある1つのファイルに複数のスレッドが書き込むプログラムを作成して、リソースが競合している状況を見てみましょう。

MFCダイアログベースのプロジェクト「SampleMutex」を作成し、SampleSemaphoreプロジェクトと同様にダイアログ画面を作成しましょう。

［テスト］ボタンクリックイベントハンドラーのコードを**リスト12-13**に示します。

▼リスト12-13　［テスト］ボタンクリックメッセージハンドラー

```
void SampleMutex::OnClickedButton1()
{
    for(int i = 0;i < 2;i++) {
        AfxBeginThread(ThreadFunction,this);
    }
}
```

前節の図12-9を参考に、ThreadFunction関数を作成しましょう。ThreadFunction関数のコードを**リスト12-14**に示します。

▼リスト12-14　ThreadFunction関数

```
01: UINT SampleMutex::ThreadFunction(LPVOID pParam)
02: {
03:     TRACE("ファイルオープン¥r¥n");
04:     CFile cFileWrite;
05:     cFileWrite.Open(_T("C:¥¥test.txt"),
                          CFile::modeCreate|CFile::modeWrite);
06:     Sleep(1000);
07:     cFileWrite.Close();
08:     TRACE("ファイルクローズ¥r¥n");
09:     return 0;
10: }
```

5行目でCFileクラスを使用して、ファイル"C:¥test.txt"を新規作成／書き込みモードで開いています（ファイル名は読者の皆様の環境に合わせて変更してください）。

6行目で1秒スリープしていますが、何かのデータをファイルへ書き込む処理を行っていると考えてください。

7行目でファイルをクローズして処理を終了します。

● CMutexクラスを使用しない場合の動作を確認する

ここまでの動作を確認してみましょう。Visual Studioでプロジェクトをビルドして、エラーがないことを確認してから実行してください。

［テスト］ボタンを押すと、実行中に**図12-11**のようなエラー画面が表示されます。

▼図12-11　エラー画面

このエラーは1つのスレッドが書き込み中のファイルを、他のスレッドが書き込もうとしているために発生しています。

このエラーをCMutexを使用して回避してみましょう

● CMutex クラスを使ってみる

リスト12-14のソースコードを、**リスト12-15**のように修正してください。

▼リスト12-15　修正後の ThreadFunction 関数

```
UINT CSampleMutexDlg::ThreadFunction(LPVOID pParam)
{
    CMutex mutex(FALSE, _T("TestMutex"));
    CSingleLock lock(&mutex);
    lock.Lock();
    TRACE("ファイルオープン¥r¥n");
    CFile cFileWrite;
    cFileWrite.Open(_T("C:¥¥test.txt"),
                        CFile::modeCreate|CFile::modeWrite);
    Sleep(1000);
    cFileWrite.Close();
    TRACE("ファイルクローズ¥r¥n");
    lock.Unlock();
    return 0;
}
```

3行目でCMutexクラスのインスタンスを生成しています。スレッドは「TestMutex」のミューテックスを共有します。

4～5行目はCSingleLockクラスを使用して、排他制御を行っています。SampleSemaphoreプロジェクトのコード（リストコード）とほとんど変わりないことがわかりますね？

ファイルへの書き込みが完了したら、12行目でCSingleLockクラスのUnLock関数によりリソースを解放しています。

修正したコードを実行してみてください。今度はエラーが発生せずに［出力］ウィンドウには以下のように出力されています。

```
ファイルオープン
ファイルクローズ
ファイルオープン
ファイルクローズ
```

上記の内容から1つのスレッドがファイル処理を完了してから、他のスレッドがファイル処理を行っていることがわかります。

CCriticalSectionクラス

CCriticalSectionクラスは、**クリティカルセクション**と呼ばれる排他領域を作成して、共有するリソースにアクセスできるスレッドの数を1つに限定する機能を提供します（**図12-12**）。

クリティカルセクションはミューテックスに似ていますが、プロセスで共有されていない場合にはミューテックスよりもクリティカルセクションで同期を行う方が速度は速くなります。

▼図12-12　クリティカルセクション

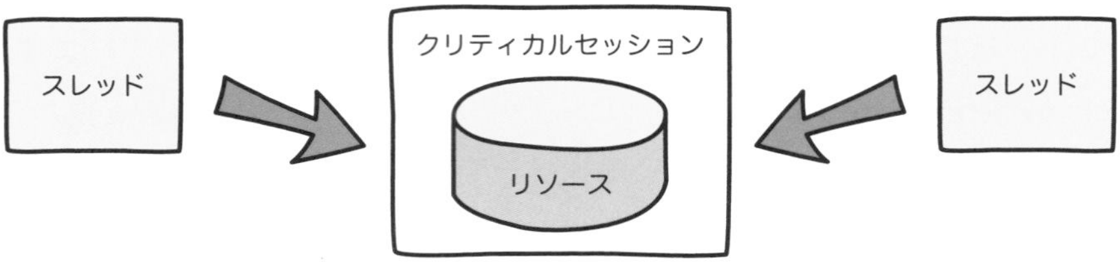

CCriticalSectionクラスのインスタンス生成時に引数の設定は不要です。それではCMutexクラスの説明で作成したリスト12-14のプログラムを、CCriticalSectionクラスに置き換えて作成してみましょう。

MFCダイアログベースのプロジェクト「SampleCriticalSection」を作成し、前節のSampleMutexプロジェクトと同様にダイアログ画面を作成してください。またリスト12-13と同様にボタンクリックメッセージハンドラーを作成してください。

CSampleCriticalSectionDlg.cppに、**表12-9**に示すメンバー変数を追加しましょう。

▼表12-9　追加するカスタムメンバー変数

変数の型	変数名	アクセス
CCriticalSection	m_cCriticalSection	パブリック

スレッド制御関数ThreadFunction()を作成し、**リスト12-16**に示すコードを追加しましょう。

▼リスト 12-16 ThreadFunction 関数

```
01: UINT CSampleCriticalSectionDlg::ThreadFunction(LPVOID pParam)
02: {
03:     CSampleCriticalSectionDlg* pDlg
            = (CSampleCriticalSectionDlg*)pParam;
04:     CSingleLock lock(&pDlg->m_cCriticalSection);
05:     lock.Lock();
06:     TRACE("ファイルオープン¥r¥n");
07:     CFile cFileWrite;
08:     cFileWrite.Open(_T("C:¥¥test.txt"),
                        CFile::modeCreate|CFile::modeWrite);
09:     Sleep(1000);
10:     cFileWrite.Close();
11:     TRACE("ファイルクローズ¥r¥n");
12:     lock.Unlock();
13:     return 0;
14: }
```

3行目で引数pParamをCCSampleCriticalSectionDlgクラスのポインタにキャストしたpDlgを作成しています。

4行目でCCriticalSectionクラスを指定してCSingleLockクラスのインスタンスを生成しています。

5行目以降の処理はCMutexクラスを使用した場合とほとんど変わりがありませんね。

ここまでに作成したコードを実行してみましょう。Visual Studioでプロジェクトをビルドして、エラーがないことを確認してから実行してください。[テスト]ボタンを押すと、[出力]ウィンドウには以下のように出力されています。

```
ファイルオープン
ファイルクローズ
ファイルオープン
ファイルクローズ
```

CEventクラス

CEventクラスは複数のスレッド間でイベントを通知し、お互いに同期を取る機能を提供するクラスです（**図12-13**）。

▼図12-13 イベント

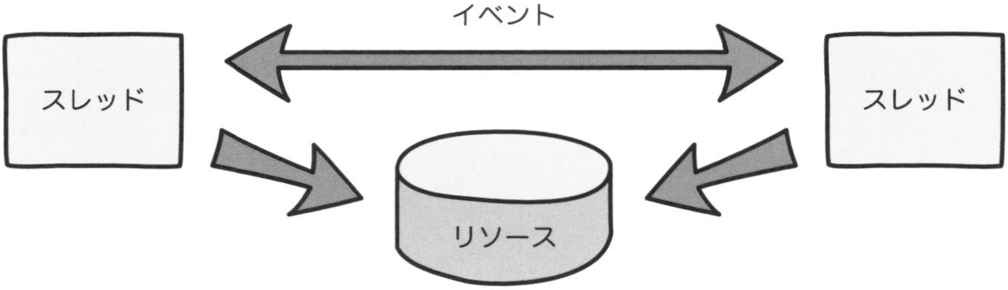

CEventクラスは他の同期クラスのように排他領域を使用せずに、直接他のスレッドに通知を行う点が大きく異なります。

CEventクラスを利用するには、イベントを発生させるスレッドとイベントを待つイベントの処理を作成する必要があります。イベントの発生を待つには、CSingleLockなどのアクセス制御クラスや待機関数を使用します。イベントを発生させるには、CEventクラスの**SetEvent関数**を使用します（**構文12-13**）。

構 文 12-13 イベントを発生させる

```
BOOL 処理結果 = インスタンス名.SetEvent();
```

戻り値には処理が成功したらTRUE、それ以外はFALSEを返します。

共有されているファイルをあるスレッドが書き込んだ後でCEventクラスを通じて別のスレッドにイベントを通知し、イベントを受け取ったスレッドがファイルを読み込むプログラムを作成してみましょう。

MFCダイアログベースのプロジェクト「SampleEvent」を作成し、SampleCriticalSectionプロジェクトと同様にダイアログ画面を作成してください。

CSampleEventDlg.cppに**表12-10**に示すメンバー変数を追加しましょう。

▼**表12-10　追加するカスタムメンバー変数**

変数の型	変数名	アクセス
CEvent	m_cEvent	パブリック

今回はスレッドを2つ作成して、各々別のスレッド制御関数を実行します。クラスウィザードで以下の2つのスレッド制御関数を作成してください。

```
Static public FileWrite(LPVOID pParam);
Static public FileRead(LPVOID pParam);
```

［テスト］ボタンクリックメッセージハンドラーを追加して、**リスト12-17**のようにコードを追加してください。

▼**リスト12-17　［テスト］ボタンクリックメッセージハンドラー**

```
01: void CSampleEventDlg::OnClickedButton1()
02: {
03:     AfxBeginThread(FileWrite,this);
04:     AfxBeginThread(FileRead,this);
05: }
```

3行目でファイルを書き込むスレッド、4行目でファイルを読み込むスレッドを作成しています。

最初にファイルを読み込むスレッドの処理を見ていきましょう。このスレッドはファイルを書き込むスレッドの処理が終わるまで待ち、ファイルの書き込みが終了したことをイベントにより通知されます（**リスト12-18**）。

▼リスト 12-18　FileRead 関数

```
01: UINT CSampleEventDlg::FileRead(LPVOID pParam)
02: {
03:     CSampleEventDlg* pDlg = (CSampleEventDlg*)pParam;
04:     CSingleLock lock(&pDlg->m_cEvent);
05:     lock.Lock();
06:     TRACE("ファイルを読み込みます¥r¥n");
07:     CFile cFileRead;
08:     cFileRead.Open(_T("C:¥¥test.txt"),CFile::modeRead);
09:     TCHAR buffer[64];
10:     SecureZeroMemory(buffer, sizeof(buffer));
11:     cFileRead.Read(buffer,sizeof(buffer));
12:     TRACE("%ls¥n", buffer);
13:     cFileRead.Close();
14:     TRACE("ファイルを読み込みました¥r¥n");
15:     return 0;
16: }
```

4行目ではCEventクラスを指定して、CSingleLockクラスのインスタンスを生成しています。5行目のLock関数でCEventクラスのイベントが発生するのを待ちます。

CEventクラスのイベントが発生すると6行目以降の処理に進みます。11行目でファイルの内容を読み込み、12行目でその内容をTRACE()で出力しています。

次にファイルを書き込むスレッドの処理（FileWrite関数）は、ファイルに書き込む処理が完了したらファイルを読み込むスレッドにイベントを通知する処理を行います。**リスト12-19**のようにコードを追加してください。

▼リスト 12-19　FileWrite 関数

```
UINT CSampleEventDlg::FileWrite(LPVOID pParam)
{
    CSampleEventDlg* pDlg = (CSampleEventDlg*)pParam;
    TRACE("ファイルに書き込みます¥r¥n");
    CFile cFileWrite;
```

次へ

```
06:     cFileWrite.Open(_T("C:¥¥test.txt"),
                    CFile::modeCreate|CFile::modeWrite);
07:     TCHAR buffer[64];
08:     _tcscpy_s(buffer,_T("Visual C++"));
09:     cFileWrite.Write(buffer,wcsnlen(buffer,64)*sizeof(TCHAR));
10:     cFileWrite.Close();
11:     TRACE("ファイルに書き込みました¥r¥n");
12:     pDlg->m_cEvent.SetEvent();
13:     return 0;
14: }
```

7行目で用意したTCHAR型の配列bufferに、8行目の_tcscpy_s()により文字列「Visual C++」を代入して、9行目のWrite関数によりその内容をファイルに書き込んでいます。

ファイルの書き込みが完了したら、12行目のCEventクラスのSetEvent関数によりファイルを読み込むスレッドにイベントを通知しています。

ここまでに作成したコードを実行してみましょう。Visual Studioでプロジェクトをビルドして、エラーがないことを確認してから実行してください。

［テスト］ボタンを押すと、［出力］ウィンドウには以下のように出力されています。

```
ファイルに書き込みます
ファイルに書き込みました
ファイルを読み込みます
Visual C++
ファイルを読み込みました
```

2つのスレッドはほぼ同時に生成されていますが、ファイルを読み込むスレッドはファイルを書き込むスレッドからのイベントを待ってから、ファイルを読み込み始めていることがおわかりになるかと思います。

COLUMN

スレッドセーフ

12-04 で解説した同期クラスを使用すると、複数のプロセスやスレッドから共有されたリソースを競合することなくアクセスすることができるようになります。

汎用に利用されるプログラムやライブラリには、複数のプロセスやスレッドから同時に呼び出された場合に問題が発生しないことを考慮して作成されているものがあり、このことを「スレッドセーフである」と言います。

プログラムやライブラリの説明文の中で特に断りが無い場合はスレッドセーフであることを保証していない可能性が高いので、スレッドを使用するときには十分に気をつけなければなりません。また自作ライブラリを公開する場合にスレッドセーフであることを保証したいのであれば、そのことを明記すると良いかもしれませんね。

この章のまとめ

- プロセスのスレッドを作成して、仕事を分担させることができます。
- MFC のスレッドには、ワーカースレッドとユーザーインターフェーススレッドの 2 種類があります。AfxBeginThread 関数はワーカースレッドを生成することができます。
- スレッドの処理が終了したのかは、WaitForSingleObject 関数により調べることができます。
- スレッドを使用するときにリソースを共有する場合は、同期クラスを使用してリソースの所有者が同時で 1 つに割り当てられるように制御します。
- 同期クラスには CSemaphore、CMutex、CCriticalSection、CEvent クラスがあり、目的に応じて使い分けます。
- アクセス制御クラスは同期クラスを抽象化することで、クラスの違いをほとんど意識することなく使用することができます。

《章末復習問題》

練習問題 12-1

ダイアログ画面のボタンを押すとスレッドが作成され、スレッドは開始時に1秒間スリープして、プロセスはスレッドが終了するまで待機するプログラムを、WaitForSingleObject関数を利用して作成してください。

練習問題 12-2

問題12-1のプログラムを、CEventクラスを利用して作成してください。

練習問題 12-3

複数のプロセスが1つの共有されたメモリー領域に対して、同時に2つまでアクセス可能なように排他制御を行うには、以下の内どのクラスを使うのが適当でしょうか？

① CSemaphoreクラス
② CMutexクラス
③ CCriticalSectionクラス
④ CEventクラス

解答はP.575 ➡

13章

ソケット

ソケットはプロセス間通信に使用される機能で、今日のインターネットを支える技術です。
本章ではMFCでのソケットの使い方について学んでいきましょう。

01 ソケットとは

Keyword　☑ソケット　☑IPアドレス　☑ポート番号

ソケットとは？

ソケットとは、プロセスやコンピュータとの間でネットワーク通信を行うためのライブラリです。Webや電子メールなどに代表されるインターネットの技術にはソケットが利用されており、ソケットを学ぶことで基礎となるネットワーク通信の仕組みを学ぶことができます。本章ではソケットについて学んでいきましょう。

ソケットの重要な概念としてIPアドレスとポート番号があります。

IPアドレスは、同一ネットワーク上にあるPC毎にユニークになるように割り当てられている番号です。今日でよく利用されているIPアドレスは**IPv4**という形式で、0～255までの数字を4つ組み合わせて「192.168.0.1」のように表現します。

ポート番号は、利用するサービス毎に与えられる番号で、**サービスポート**番号とも言います。ポート番号は0～65535までの数字で表現されます。

ポート番号0～1024は利用するサービスが予約されており、この番号のことを**ウェルノウンポート**と言います。ウェルノウンポートの代表的な例には表13-1のようなものがあります。

ポート番号1025～65535は自由に使用することができます。

▼表13-1 代表的なウェルノウンポートとサービス

ポート番号	提供されるサービス
21	ファイル転送（FTP）
25	メール送信（SMTP）
80	Web（HTTP）
110	メール受信（POP3）

ソケットはどのように使うの？

メール送信を例にして、ソケットがどのように利用されているのかを説明していきます（**図13-1**）。

OutlookやThunderbirdなどの電子メールクライアントを使用するときには、最初にSMTPサーバーアドレスとPOP3サーバーアドレスの設定を行います。

電子メールクライアントがメールを送信すると、設定されたSMTPサーバーアドレスのポート番号25に対してソケットでの接続を試みます。

一方SMTPサーバーは、自分自身のソケットの25番のポートに誰かが接続してきていないかを常に待ち受けています。接続を要求してきたクライアントが現れたら、クライアントのIPアドレス情報を取得してソケットに接続することを許可します。

SMTPサーバーが接続を許可すると、接続されたことが電子メールクライアントに通知されます。そこから電子メールクライアントはメールの送信を開始し、サーバーはメールを受信します。

電子メールクライアントとSMTPサーバーは、通信が完了したらソケットを切断します。

▼図13-1　メール送信時のソケット通信イメージ

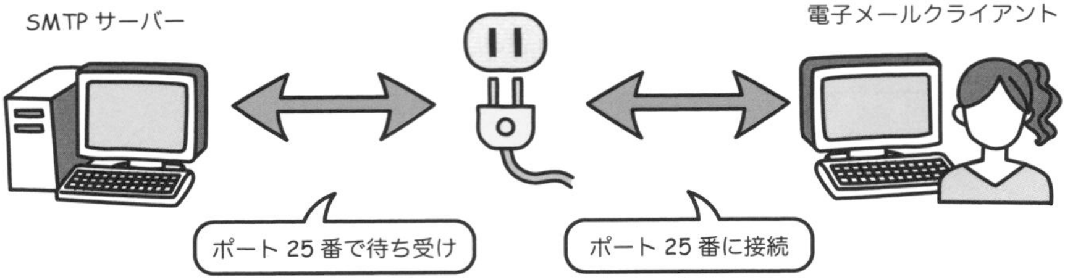

ソケットのプログラミングは、電子メールの例でも挙げたように決まった順序で行われます。

クライアント側のソケット（クライアントソケット）プログラミングの順序は、

① ソケットを作成する
② 接続するサーバーのIPアドレスとポート番号に接続要求を行う
③ 接続が許可されたらサーバーとデータの送受信を行う
④ 送受信が終わったらソケットを切断する

の流れで作成していきます。

一方、サーバー側のソケット（サーバーソケット）プログラミングの順序は、

① ソケットを作成する
② サービスを提供するポート番号で待ち受ける
③ クライアントから接続要求がきたら接続許可を行う
④ クライアントとデータの送受信を行う
⑤ 送受信が終わったらソケットを切断する

の流れで作成していきます。

同期型と非同期型のソケット

ソケットの種類には、送信や受信などの関数を実行してからその処理が完了するまで関数が戻ってこない**同期型通信**のソケットと、関数を実行するとすぐに関数が戻り処理が完了したことは後から通知される**非同期型通信**のソケットの2つがあります(**図13-2**)。

本章ではこれらの使い方についても学んでいきます。

▼図13-2 同期型と非同期型

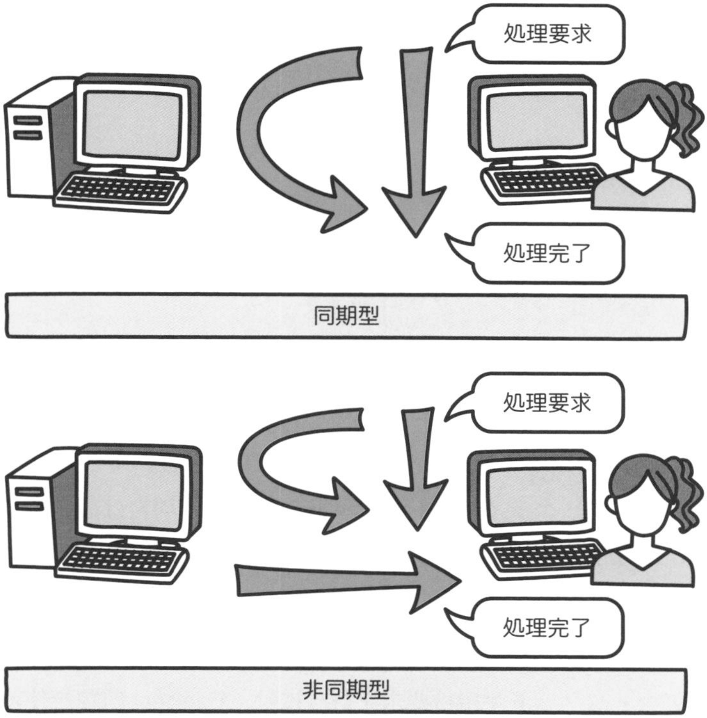

02 同期型ソケットのプログラミング

Keyword
- ☑ CSocketクラス
- ☑ IPアドレスコントロール

同期型ソケットを作成する

MFCで同期型ソケットを扱うには、CSocketクラスを使用します。この節では、CSocketクラスの構文について学んでいきましょう。

● ソケットを作成するには？

ソケットを作成するには、Create関数を使用します（**構文13-1**）。

構　文　13-1　ソケットを作成する

```
BOOL 結果 = インスタンス名.Create(UINT ポート番号 = 0);
```

「ポート番号」にはサーバーソケットを作成する場合、待ち受けるポート番号を設定します。クライアントソケットを作成する場合は設定しません。

戻り値にはソケットの作成に成功するとTRUEが返ります。

● クライアントソケットが接続要求を行うには？

クライアントソケットが接続要求を行うには、Connect関数を使用します（**構文13-2**）。

構文 13-2 接続要求を行う

```
BOOL 結果 = インスタンス名.Connect(LPCTSTR IPアドレス,
                                  UINT ポート番号);
```

「IPアドレス」には接続先サーバーのIPアドレスを設定します。

「ポート番号」には接続先サーバーのポート番号を設定します。

戻り値には関数の実行に成功するとTRUEが返ります。

● サーバーソケットが、クライアントソケットの接続要求を待ち受けるには？

サーバーソケットがクライアントソケットの接続要求を待ち受けるには、Listen関数を使用します（**構文13-3**）。

構文 13-3 接続要求を待ち受ける

```
BOOL 結果 = インスタンス名.Listen();
```

戻り値には関数の実行に成功するとTRUEが返ります。

● サーバーソケットが、クライアントソケットからの接続要求を許可するには？

サーバーソケットがクライアントソケットからの接続要求を許可するには、Accept関数を使用します（**構文13-4**）。

構文 13-4 接続を許可する

```
BOOL 結果 = インスタンス名.Accept(CSocket& 新しい接続用のソケット);
```

「新しい接続用のソケット」にはクライアントと通信を行うための新しいCSocketクラスの参照が返ります。

戻り値には接続に成功するとTRUEが返ります。

● データを送信するには？

データを送信するにはSend関数を使用します（**構文13-5**）。

構　文　13-5　データを送信する

```
int 送信したデータ長 = インスタンス名.Send(void * 送信データの
バッファ,int 送信データ長);
```

「送信データのバッファ」には送信するデータを格納しているバッファへのポインタを設定します。

「送信データ長」には「送信データのバッファ」で設定したポインタからの送信するバイト数を設定します。

戻り値には実際に送信されたデータ長（バイト単位）が返ります。

● データを受信するには？

データを受信するにはReceive関数を使用します（**構文13-6**）。

構　文　13-6　データを受信する

```
int 受信したデータ長 = インスタンス名.Receive(
  void * 受信データのバッファ,int 受信バッファ長);
```

「受信データのバッファ」には受信するデータを格納するバッファへのポインタを設定します。

「受信バッファ長」には「受信データのバッファ」の大きさ（バイト単位）を設定します。

戻り値には実際に受信したデータ長（バイト単位）が返ります。

● ソケットを切断するには？

ソケットを切断するには、Close関数を使用します（**構文13-7**）。

構　文　13-7　データを受信する

```
void インスタンス名.Close();
```

ソケットを使ってみよう

簡単なチャットアプリケーションを作成して、ソケットの使い方を学んでいきましょう。

● ダイアログ画面の作成

これから**図13-3**に示すダイアログ画面を作成していきます。

▼図13-3　チャット画面

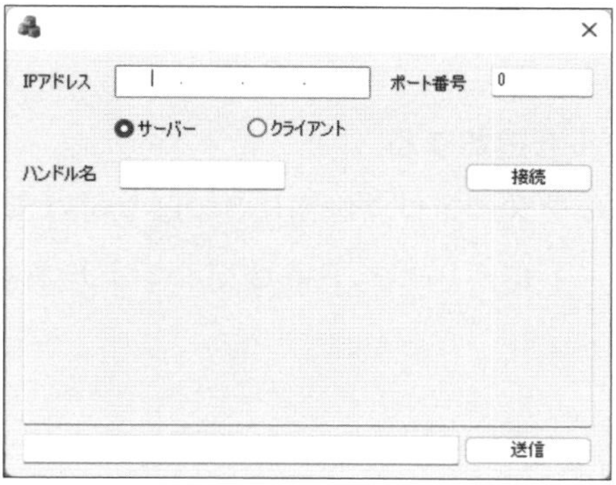

図13-3のダイアログ画面を表示するMFCダイアログベースのプロジェクト「SampleSocketSync」を作成します。

ソケットを利用したアプリケーションを作成する場合、**4章**で説明したMFCアプリケーションウィザードの「高度な機能」画面で、「Windowsソケット」をチェックしてください（**図13-4**）。

▼図13-4　MFCアプリケーションウィザード画面の設定

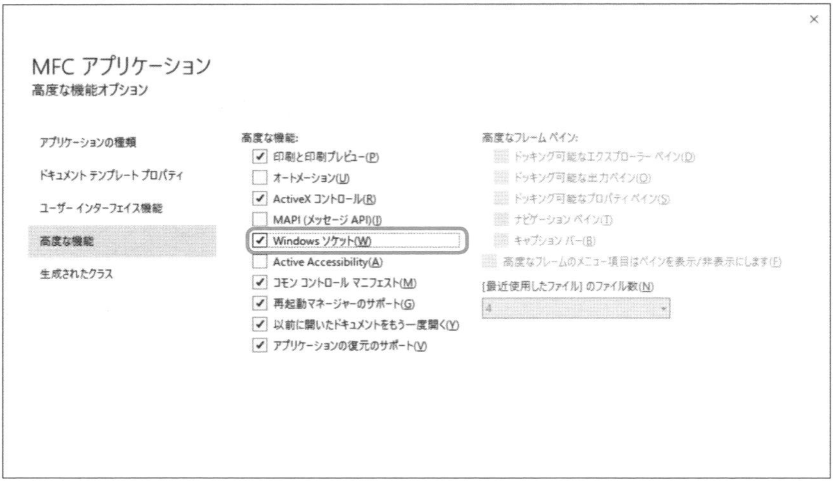

プロジェクトの作成が完了したら、図13-3を参考にダイアログエディターでダイアログ画面を編集しましょう。

● スタティックテキストコントロールを追加する

スタティックテキストコントロールをダイアログ画面に3つ貼り付けます。各々のCaptionプロパティに「IPアドレス」「ポート番号」「ハンドル名」を設定してください。

● IP アドレスコントロールを追加する

IPアドレスコントロールをダイアログ画面に1つ貼り付けます。

IPアドレスコントロールのIDはIDC_IPADDRESS1として説明します。

● エディットボックスコントロールを追加する

エディットボックスコントロールをダイアログ画面に4つ貼り付けます。

エディットボックスコントロールのIDは**表13-2**を参考にしてください。

▼表13-2 エディットボックスコントロールのID

ID	用途
IDC_EDIT1	ポート番号入力用
IDC_EDIT2	ハンドル名入力用
IDC_EDIT3	メッセージ表示用
IDC_EDIT4	メッセージ入力用

ポート番号入力用のエディットボックスを数値のみの入力に制限するため、コントロールのNumberプロパティを「True」に設定してください。

メッセージ表示用のエディットボックスコントロールのプロパティを**表13-3**のように設定します。

▼表13-3 メッセージ表示用エディットボックスコントロールのプロパティ

プロパティ	値
複数行	True
読み取り専用	True

複数行（**MultiLine**）は、エディットボックス内のテキスト表示を複数行にするためのプロパティです。

読み取り専用（**ReadOnly**）は、エディットボックスを表示専用（入力不可）にするためのプロパティです。

● ラジオボタンコントロールを追加する

ラジオボタンコントロールをダイアログ画面に2つ貼り付けます。

ラジオボタンコントロールのIDとプロパティを**表13-4**のように設定してください。

▼表13-4 ラジオボタンコントロールのプロパティ

ID	キャプションプロパティ	グループプロパティ
IDC_RADIO1	サーバー	True
IDC_RADIO2	クライアント	False

● ボタンコントロールを追加する

ボタンコントロールをダイアログ画面に2つ貼り付けます。

ボタンコントロールのIDとプロパティを**表13-5**のように設定してください。

▼表13-5 ボタンコントロールのプロパティ

ID	キャプションプロパティ
IDC_BUTTON1	接続
IDC_BUTTON2	送信

● タブオーダーを設定する

タブオーダーを**図13-5**のように設定してください。

▼図13-5 チャット画面のタブオーダー設定

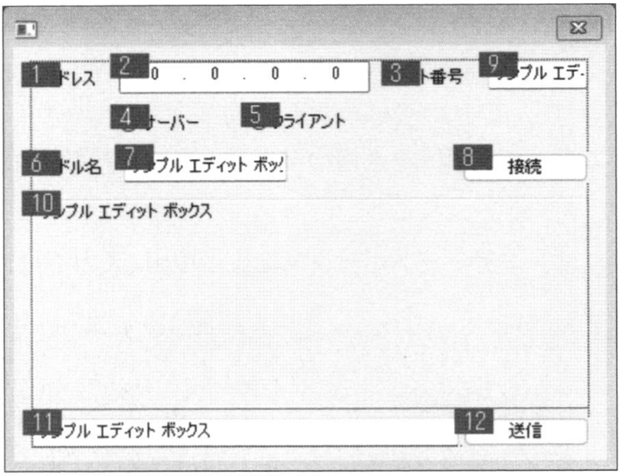

● メンバー変数の作成

「クラスウィザード」を使用して、**表13-6**、**表13-7**に示すメンバー変数をCSampleSocketSyncDlgクラスに追加しましょう。

▼表13-6　コントロールのメンバー変数

コントロールID	カテゴリ	名前	変数の種類
IDC_IPADDRESS1	コントロール	m_cIpAddress	CIPAddressCtrl
IDC_EDIT1	値	m_iPort	int
IDC_EDIT2	値	m_csName	CString
IDC_EDIT3	値	m_csBoard	CString
IDC_EDIT4	値	m_csMessage	CString
IDC_RADIO1	値	m_iSock	int

▼表13-7　カスタムメンバー変数

変数の型	変数名	アクセス
CSocket	m_cSocket	パブリック

● クライアントソケットの作成

最初にクライアントソケットを作成してサーバーと接続し、クライアントからサーバーにメッセージを送信する処理を作成しましょう。［接続］ボタンクリックメッセージハンドラーを作成して、**リスト13-1**のようにコードを追加してください。

▼リスト13-1　クライアントソケットの処理

```
void CSampleSocketSyncDlg::OnClickedButton1()
{
    CWnd::UpdateData(TRUE);
    if (m_iSock == 1) {
        BYTE f0,f1,f2,f3;
        m_cIpAddress.GetAddress(f0,f1,f2,f3);
        CString csIpAddress;
        csIpAddress.Format(_T("%d.%d.%d.%d"),f0,f1,f2,f3);
        m_cSocket.Create();
        m_cSocket.Connect(csIpAddress,m_iPort);
    }
    else {
    }
}
```

3行目でUpdateData関数によりコントロールに入力された値をメンバー変数に代入しています。

5～11行目はラジオボタンに「クライアント」が選択されている場合の処理になります。

6行目でIPアドレスコントロールに入力されている値を取得し、8行目でIPアドレスの文字列を生成しています。

9行目のCSocketクラスのCreate関数によりソケットを生成しています。引数は設定していませんので、クライアントソケットが生成されます。

10行目ではCSocketクラスのConnect関数により、入力されたIPアドレスのサーバーに対して、入力されたポート番号に接続要求を行っています。

12行目のelse文以降はサーバーソケットの処理になります。サーバーソケットの作成手順についてはこの後で説明します。

●［送信］ボタンクリックメッセージハンドラーの作成

［送信］ボタンを押したら接続先にメッセージを送信する処理を作成しましょう。［送信］ボタンクリックメッセージハンドラーを作成し、**リスト13-2**のようにコードを追加してください。

▼リスト13-2　［送信］ボタンクリックメッセージハンドラー

```
01: void CSampleSocketAsyncDlg::OnBnClickedButton2()
02: {
03:     CWnd::UpdateData(TRUE);
04:     m_cSocket.Send(m_csMessage,
        m_csMessage.GetLength() * sizeof(TCHAR));
05: }
```

3行目のUpdateData()によりエディットボックスに入力された文字を取得し、4行目のSend関数でメッセージを送信しています。

● サーバーソケットの処理

次にサーバーソケットの処理を作成しましょう。**リスト13-1**の12行目のelse文以下の処理を**リスト13-3**のように追加してください。

▼**リスト13-3 サーバーソケットの処理**

```
13: CSocket listener;
14: listener.Create(m_iPort);
15: listener.Listen();
16: listener.Accept(m_cSocket);
17: Recv();
```

14行目のCSocketクラスのCreate関数により、入力されたポート番号に対するクライアントの接続要求を待ち受けるサーバーソケットを作成しています。

15行目のCSocketクラスのListen関数により、クライアントの接続要求を待ち受けています。クライアントからの接続要求が来ると4行目以降の処理に移ります。

16行目のCSocketクラスのAccept関数により、クライアントの接続要求を受け入れています。引数で渡しているm_cSocketがデータの送受信を行うためのソケットになります。

17行目のRecv関数の内容は次で作成します。この関数内でクライアントからのメッセージを受信させます。

● ソケットからのデータを受信する

ソケットのデータを受信して、エディットボックスに表示する処理を作成しましょう。

「クラスウィザード」画面を開いて、クラス名に「CSampleSocketSyncDlg」を選択します。[メソッド] タブを選択して [メソッドの追加] ボタンを押し、メンバー関数を追加しましょう。

CSampleSocketSyncDlgクラスに作成するメンバー関数を**表13-8**に示します。

▼表13-8 SampleSocketAsyncDlgクラスに追加するメンバー関数

関数名	戻り値の値	アクセス	パラメータ
Recv	CString	public	（指定なし）

作成したRecv関数に、**リスト13-4**のようにコードを追加してください。

▼リスト13-4 ソケットデータ受信関数

```
01: CString CSampleSocketSyncDlg::Recv(void)
02: {
03:     TCHAR buffer[1024];
04:     SecureZeroMemory(buffer,sizeof(buffer));
05:     m_cSocket.Receive(buffer,1024);
06:     m_csBoard += buffer;
07:     m_csBoard += _T("¥n");
08:     CWnd::UpdateData(FALSE);
09:     return buffer;
10: }
```

3行目で受信データを格納するためのバッファを確保し、4行目でバッファを初期化するためにバッファ内をすべて0に設定しています。

5行目でCSocketクラスのReceive関数によりソケットのデータを受信しています。

6～7行目で受信したデータをメッセージ表示用エディットボックスのメンバー変数に代入し、8行目のUpdateData関数でコントロールに反映しています。

受信したデータはサーバー側の処理で利用するため、9行目で戻り値に設定しています。

COLUMN

Receive 関数の戻り値

CSocket クラスの Receive 関数の戻り値には受信したデータのバイト数が返りますが、受信したバイト数が用意した受信バッファのバイト数と等しい場合はまだ受信データが残っています。その場合、再度 Receive 関数を呼び出してデータを取得します。本書のサンプルアプリケーションは 1024 バイト以上の文字を送信した場合には正しく動作しません。

動かしてみよう

それではこれまでに作成したコードを動かしてみましょう。Visual Studioでプロジェクトをビルドして、エラーがないことを確認してください。

チャットの場合、通信中はPCが2台存在することになりますが、PCが1台でもソケットの動作を確認することはできますので、その方法を説明していきます。

Visual StudioでSampleSocketSyncプロジェクトをデバッグ実行してください。1つのダイアログ画面が起動したら、Visual Studioのソリューションエクスプローラーを開いてSampleSocketSyncプロジェクトを右クリックし、「デバッグ」→「新しいインスタンスを開始」を選択します（**図13-6**）。

▼図13-6 「新しいインスタンスを開始」

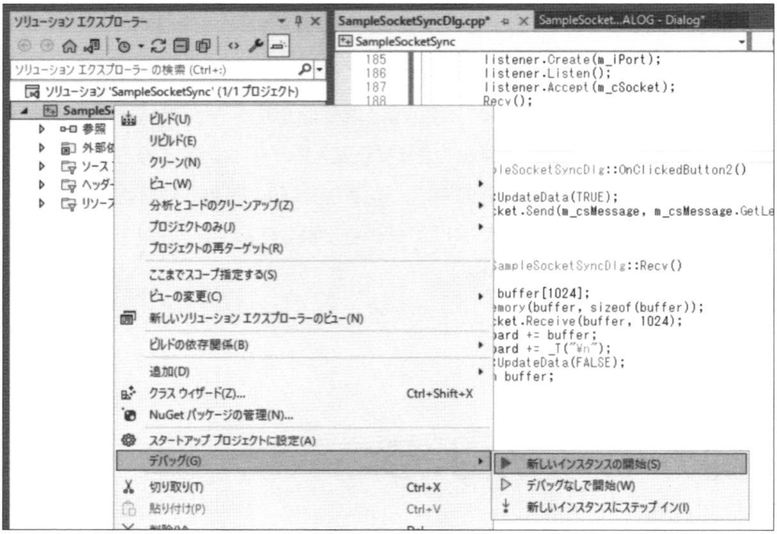

ここまでの操作で2つのダイアログ画面が起動した状態になったでしょうか？ 片方のダイアログ画面のラジオボタンを「サーバー」に設定し、[ポート番号] には待ち受けるポート番号を入力して、[接続] ボタンを押します。

図13-7はサーバーのダイアログ画面を示していますが、ここでは [ポート番号] に「10000」を設定しています。

▼図13-7　サーバーの起動

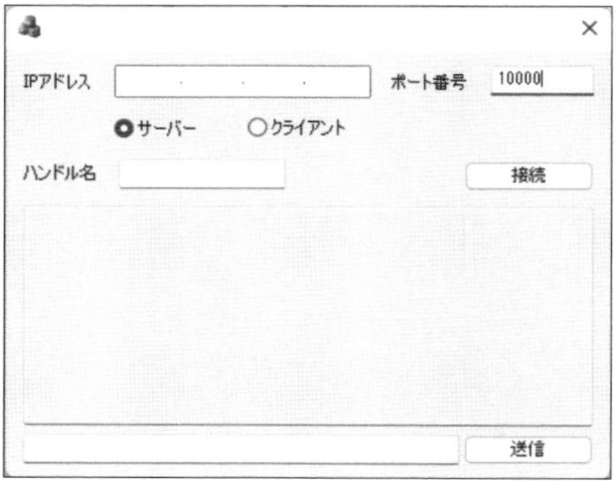

次にもう一方のダイアログ画面のラジオボタンを「クライアント」に設定します。

［IPアドレス］には「127.0.0.1」を指定してください。IPアドレス127.0.0.1は自分自身のPCのIPアドレスとして定義されています。［ポート番号］にサーバーが待ち受けているポート番号を入力して［接続］ボタンを押します（**図13-8**）。

▼**図13-8　クライアントの起動**

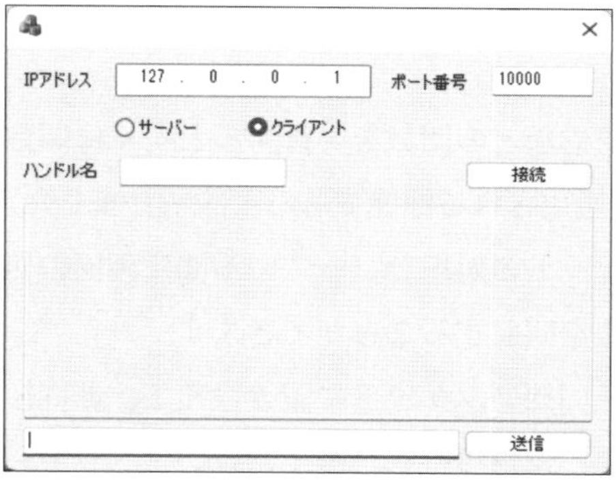

図13-9のように、クライアント側の画面下のエディットボックスに適当に文字を入力して［送信］ボタンを押すと、サーバー側に送信した文字が表示されます。

▼**図13-9　送信後のダイアログ画面**

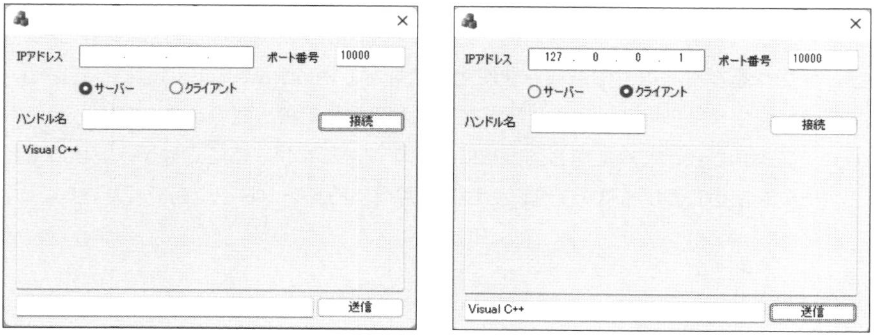

片方向ですが、同期ソケットを使用してデータの送受信を行うことができました。1つのソケットで送信または受信を専用に扱うような場面で同期ソケットの使用は適しています。

しかし実際に動作させてみた読者の皆様はお解かりかと思いますが、このチャットアプリケーションはサーバーがクライアントの接続を待ち受けている間、画面を操作することができません。この現象は**12章**でスレッドを使用しない例で説明した現象と同様の理由によるものです。この現象はスレッドを使用することでも回避することができますが、本章ではスレッドを使用しない方法を紹介します。

前節で非同期型ソケットは送信や受信などの関数を実行するとすぐに関数が戻り、処理が完了したことは後から通知される機能であると説明しました。

非同期型ソケットを使用するとソケットの処理を行っている間に画面の処理を行えるようになるため、この現象を回避することができます。

次節では同期型ソケットの処理を非同期型ソケットに置き換えて、非同期型ソケットの使い方を学んでいきます。また接続した後でお互いにメッセージを交換できるように、チャットアプリケーションを完成させましょう。

COLUMN

ファイアウォール

［接続］ボタンを押すと同時に、「Windows セキュリティの重要な警告」画面が表示される場合があります。電子メールやWeb ブラウザなど一般的なアプリが使用するポート以外のポートを使用した場合、Windows OS に備わっているファイアウォール機能によって不正なアクセスとして検出されます。

この画面が表示された場合は慎重に対応すべきですが、ここではテスト目的でポートを使用していますので［アクセスを許可する］をクリックしてください。

03 非同期型ソケットのプログラミング

Keyword ☑ CAsyncSocketクラス

非同期型ソケットを作成する

MFCで非同期型ソケットを扱うには、**CAsyncSocketクラス**を使用します。この節ではCAsyncSocketクラスについて学んでいきましょう。

前節で説明したCSocketクラスは、CAsyncSocketクラスを基底クラスとした派生クラスです。ですのでCAsyncSocketクラスの構文はCSocketクラスとほとんど違いがありません。しかしCAsyncSocketクラスの使用方法はCSocketクラスの使用方法とは異なりますので、その違いを学んでいきましょう。

図13-10はCAsyncSocketクラスの使用方法を示しています。CAsyncSocketクラスを使用するには、CAsyncSocketクラスから派生したクラスを作成する必要があります。

CAsyncSocketクラスから派生したクラスには、ソケットの処理を実行する関数と処理が完了したことを通知する関数を作成し、非同期ソケットを使用する側が作成した関数を利用します。

非同期ソケットを使用する側はCAsyncSocketクラスから派生したクラスが提供するソケット処理用の関数を実行し、通知関数によりソケットの処理が完了したことを知ることができます。

▼図13-10　CAsyncSocketクラスの使用方法

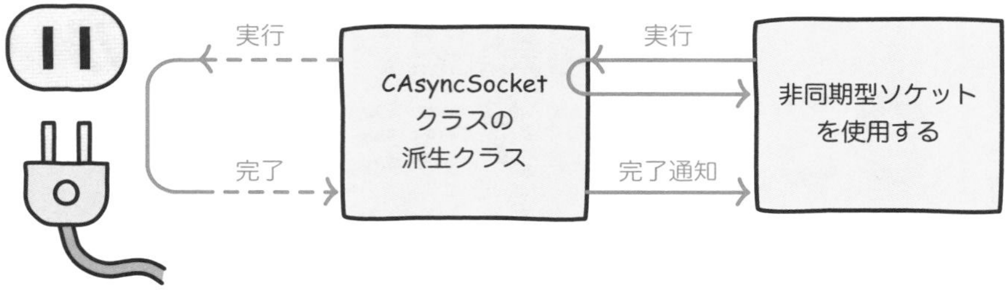

CAsyncSocketクラスから派生したクラスを作成する

前節で作成したチャットアプリケーションを非同期型のソケットに置き換えてみましょう。

MFCダイアログベースのプロジェクト「SampleSocketAsync」プロジェクトを作成し、前節のダイアログ画面のタブオーダーの設定の手順までを行ってください。また表13-6に示しているメンバー変数の追加も行ってください。

次にCAsyncSocketクラスから派生したクラスを作成していきましょう。

「クラスウィザード」画面を開き、［クラスの追加］ボタンの▼を押し、［MFCクラス］を選択して「MFCクラス追加」画面を開きます。

「MFCクラス追加」画面で、クラス名「MyAsyncSocket」、基底クラス「CAsyncSocket」を選択して、［OK］ボタンを押します（**図13-11**）。

▼**図13-11 「MFCクラス追加」画面**

SampleSocketAsyncDlgクラスに非同期型ソケットの処理関数を提供できるようにするには、CAsyncSocketクラスのメンバー関数をオーバーライドすることで実現できます（オーバーライドについては**10章**のコラムを参照してください）。

「クラスウィザード」画面でクラス名に「MyAsyncSocket」を選択します。

［仮想関数］タブを選択して、左側［仮想関数］リスト内にある「OnAccept」を選択し、［関数の追加］ボタンを押します。同様に「OnConnect」「OnReceive」も追加を行いましょう。**図13-12**のように［オーバーライドされた仮想関数］にリストが追加されたら、［OK］ボタンを押します。

▼図13-12　MFCクラスウィザード画面

次にSampleSocketAsyncDlgクラスにMyAsyncSocketクラスからソケットの処理が完了したことを通知してもらうためのメンバー関数を作成します。

「クラスウィザード」画面を開いて、クラス名に「SampleSocketAsyncDlg」を選択します。[メソッド]タブを選択して[メソッドの追加]ボタンを押し、メンバー関数を追加しましょう。

SampleSocketAsyncDlgクラスに作成するメンバー関数を**表13-9**に示します。

▼表13-9　SampleSocketAsyncDlgクラスに追加するメンバー関数

関数名	戻り値の型	アクセス	パラメーター
OnAccept	void	public	int nErrorCode
OnConnect	void	public	int nErrorCode
OnReceive	void	public	int nErrorCode

OnAccept() は、サーバーソケットのListen関数実行後にクライアントソケットからの接続要求がきた場合に呼び出される関数です。OnAccept関数が呼び出されたら、Accept関数を実行することができるようになります。

OnConnect() は、クライアントソケットのConnect関数実行後にサーバーからの接続許可がきた場合に呼び出される関数です。

OnReceive() は、ソケットがデータを受信した場合に呼び出される関数です。OnReceive関数が呼び出されたらReceive関数を実行してデータを受信します。

次にSampleSocketAsyncDlgクラスに追加したメンバー関数を、MyAsyncSocketクラスがアクセスできるようにMyAsyncSocketクラスにメンバー変数を追加しましょう。

「クラスウィザード」画面を開いて、クラス名に「MyAsyncSocket」を選択します。［メンバー変数］タブを選択して［カスタムの追加］ボタンを押し、**表13-10**に示すメンバー変数を追加してください。

▼表13-10 カスタムメンバー変数

変数の型	変数名	アクセス
CDialog*	m_pDialog	パブリック

非同期型ソケットを使ってみよう

前節でプログラミングの準備ができましたので、非同期ソケットの処理をプログラミングしていきましょう。

● MyAsyncSocket クラスのプログラミング

MyAsyncSocket.cppにSampleSocketAsyncDlg.hのインクルードを追加します。**リスト13-5**の4行目に追加したコードを示します。

▼リスト 13-5　ヘッダーファイルのインクルード

```
#include "pch.h"
#include "SampleSocketAsync.h"
#include  “MyAsyncSocket.h”
#include "SampleSocketAsyncDlg.h"
```

MyAsyncSocketクラスのオーバーライドした関数にコードを追加します。最初にOnAccept関数に**リスト13-6**のようにコードを追加してください。

▼リスト 13-6　OnAccept 関数

```
01: void MyAsyncSocket::OnAccept(int nErrorCode)
02: {
03:     ((CSampleSocketAsyncDlg*)m_pDialog)->OnAccept(nErrorCode);
04:     CAsyncSocket::OnAccept(nErrorCode);
05: }
```

3行目が追加したコードです。メンバー変数m_pDialogをCSampleSocketAsyncDlgクラスのポインタにキャストして、CSampleSocketAsyncDlgクラスのOnAccept関数を呼び出しています。

OnConnect関数とOnReceive関数にも同様にコードを追加します（**リスト13-7、13-8**）。

▼リスト 13-7　OnConnect 関数

```
void MyAsyncSocket::OnConnect(int nErrorCode)
{
    ((CSampleSocketAsyncDlg*)m_pDialog)->OnConnect(nErrorCode);
    CAsyncSocket::OnConnect(nErrorCode);
}
```

▼リスト 13-8　OnReceive 関数

```
void MyAsyncSocket::OnReceive(int nErrorCode)
{
```

次へ

```
    ((CSampleSocketAsyncDlg*)m_pDialog)->OnReceive(nErrorCode);
    CAsyncSocket::OnReceive(nErrorCode);
}
```

● SampleSocketAsyncDlgクラスのプログラミング

SampleSocketAsyncDlg.hにMyAsyncSocket.hのインクルードを追加します。**リスト13-9**の2行目に追加したコードを示します。

▼リスト13-9　ヘッダーファイルのインクルード

```
01: #pragma once
02: #include "MyAsyncSocket.h"
```

次に、SampleSocketAsyncDlgクラスにデータ型がMyAsyncSocketクラスのメンバー変数を追加します。

「クラスウィザード」画面を開いて、クラス名に「CSampleSocketAsyncDlg」を選択します。[メンバー変数] タブを選択して [カスタムの追加] ボタンを押し、**表13-11**に示すメンバー変数を追加してください。

▼表13-11　カスタムメンバー変数

変数の型	変数名	アクセス
MyAsyncSocket	m_cLitenerSock	パブリック
MyAsyncSocket	m_cAsyncSock	パブリック

表13-11のうち、m_cLitenerSockはサーバーの待ち受け用ソケットを作成するための変数です。

次に [接続] ボタンクリックメッセージハンドラーを追加して、サーバーとクライアントソケットの処理を行うコードを作成します。**リスト13-10**に追加するコードを示します。

▼リスト13-10 ［接続］ボタンクリックメッセージハンドラー

```
01: void CSampleSocketAsyncDlg::OnBnClickedButton1()
02: {
03:     CWnd::UpdateData(TRUE);
04:     m_cLitenerSock.m_pDialog = this;
05:     m_cAsyncSock.m_pDialog = this;
06:     if (m_iSock == 1) {
07:         BYTE f0,f1,f2,f3;
08:         m_cIpAddress.GetAddress(f0,f1,f2,f3);
09:         CString csIpAddress;
10:         csIpAddress.Format(_T("%d.%d.%d.%d"),f0,f1,f2,f3);
11:         m_cAsyncSock.Create();
12:         m_cAsyncSock.Connect(csIpAddress,m_iPort);
13:     }
14:     else{
15:         m_cLitenerSock.Create(m_iPort);
16:         m_cLitenerSock.Listen();
17:     }
18: }
```

リスト13-1、13-3と見比べて同期型ソケットのコードとの違いを確かめてみてください。

4～5行目でMyAsyncSockクラスにSampleSocketAsyncDlgクラスのポインタを渡すことで、MyAsyncSockクラスがSampleSocketAsyncDlgクラスのメンバー関数を呼び出せるようになります。

7～12行目はクライアント側のソケット処理です。リスト13-1と違い、Connect関数の処理までで終わっていることが確認できるでしょう。

15～16行目はサーバー側のソケットの処理です。リスト13-3と違い、Listen関数の処理までで終わっていることが確認できるでしょう。

● ソケット接続通知処理を作成する

OnConnect関数にソケットが接続された後の処理を作成しましょう（**リスト13-11**）。

▼リスト 13-11 OnConnect 関数

```
01: void CSampleSocketAsyncDlg::OnConnect(int nErrorCode)
02: {
03:     CString message = m_csName + _T(" login!");
04:     m_cAsyncSock.Send(message,message.GetLength()
                              *sizeof(TCHAR));
05:     Print(message);
06: }
```

3～4行目でハンドル名をサーバーソケットに送信しています。

5行目でメッセージを表示するPrint関数を呼び出しています。次にこのPrint関数を作成しましょう。

● Print 関数の作成

指定した文字列をエディットボックスに表示するPrint関数を作成します。「クラスウィザード」画面を開いて、クラス名に「SampleSocketAsyncDlg」を選択します。

［メソッド］タブを選択して［メソッドの追加］ボタンを押し、**表13-12**に示すメンバー関数を追加してください。

▼表 13-12 SampleSocketAsyncDlg クラスに追加するメンバー関数

関数名	戻り値の型	アクセス	パラメーター
Print	void	public	LPCTSTR lpMessage

作成したPrint関数に**リスト13-12**のようにコードを追加しましょう。

▼リスト 13-12 Print 関数

```
void CSampleSocketAsyncDlg::Print(LPCTSTR lpMessage)
{
    m_csBoard += lpMessage;
    m_csBoard += _T("¥r¥n");
    CWnd::UpdateData(FALSE);
}
```

3～4行目でエディットボックスの末尾に引数で指定された文字列を追加して、5行目のUpdateData関数によりエディットボックスの表示を更新しています。

● ソケット接続要求通知処理を作成する

OnAccept関数にクライアントからの接続要求時の処理を作成しましょう（**リスト13-13**）。

▼リスト13-13　OnAccept関数

```
01: void CSampleSocketAsyncDlg::OnAccept(int nErrorCode)
02: {
03:     m_cLitenerSock.Accept(m_cAsyncSock);
04: }
```

3行目ではAccept関数によりクライアントからの接続を許可しています。

引数で渡しているm_cAsyncSockがデータの送受信を行うためのソケットになります。

● ソケット受信通知処理

サーバーソケットとクライアントソケットの接続処理まで作成できました。次にソケットがデータを受信した場合に、MyAsyncSocketクラスから通知されるOnReceive関数のコードを作成しましょう（**リスト13-14**）。

▼リスト13-14　OnReceive関数

```
void CSampleSocketAsyncDlg::OnReceive(int nErrorCode)
{
    TCHAR buffer[1024];
    SecureZeroMemory(buffer,sizeof(buffer));
    m_cAsyncSock.Receive(buffer,1024);
    Print(buffer);
}
```

3、4行目でバッファ用意し、5行目のRecv関数でデータを受信しています。6行目のPrint関数で受信したデータを表示しています。

●［送信］ボタンクリックメッセージハンドラーの作成

［送信］ボタンを押したら接続先にメッセージを送信する処理を作成しましょう。［送信］ボタンクリックメッセージハンドラーを作成し、**リスト13-15**のようにコードを追加してください。

▼リスト 13-15　［送信］ボタンクリックメッセージハンドラー

```
01: void CSampleSocketAsyncDlg::OnBnClickedButton2()
02: {
03:     CWnd::UpdateData(TRUE);
04:     CString message = m_csName + _T(" > ") + m_csMessage;
05:     m_cAsyncSock.Send(message,message.GetLength()*sizeof(TCHAR));
06:     m_csMessage = "";
07:     Print(message);
08:     CWnd::UpdateData(FALSE);
09: }
```


3行目のUpdateData関数によりエディットボックスに入力された文字を取得し、4行目で取得した文字の先頭にハンドル名を追加して、5行目のSend関数でメッセージを送信しています。

メッセージを送信したら、6行目でエディットボックスに入力されていた文字をクリアし、7行目のPrint関数で送信したメッセージを表示して、8行目のUpdateData関数でエディットボックスを更新しています。

動かしてみよう

それでは、作成したチャットアプリケーションを動かしてみましょう。動作の確認方法は前節と同様の方法で行ってください。

最初にサーバー側を起動します。図13-13の例ではポート番号を「10000」、ラジオボタンを「サーバー」、ハンドル名に「太郎」を入力して、[接続] ボタンを押しています。

サーバーを起動した後に、クライアント側を起動します。**図13-13**の例ではIPアドレスを「127.0.0.1」、ポート番号を「10000」、ラジオボタンを「クライアント」、ハンドル名に「花子」を入力しています。

▼図13-13　チャットアプリケーションの起動

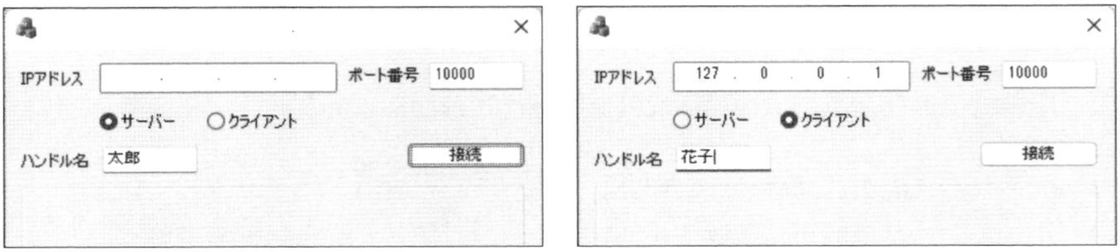

クライアント側の [接続] ボタンを押すと、メッセージ表示用エディットボックスにクライアントのログインメッセージが表示されます。

メッセージを入力して [送信] ボタンを押してみましょう。**図13-14**のようにお互いの送信メッセージがエディットボックスに表示されます。

▼図13-14　メッセージ送信後のチャットアプリケーション

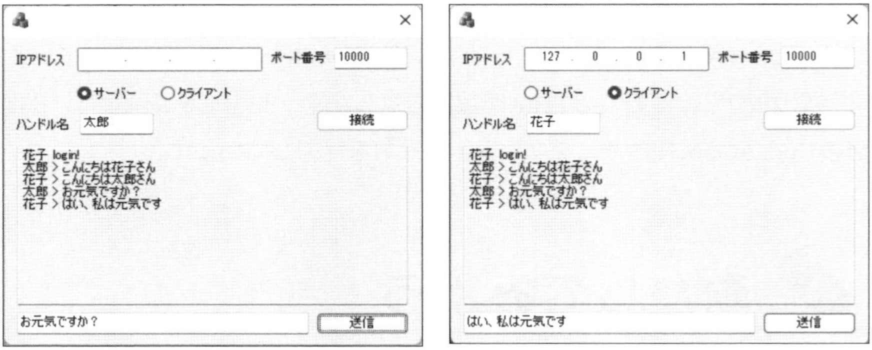

この章のまとめ

- Web や電子メールなどのインターネットの技術は、ソケットを利用して通信が行われています。
- ソケットの重要な概念として、IP アドレスとポート番号があります。
- ソケット通信の種類は同期型と非同期型があり、同期型は CSocket クラス、非同期型は CAsyncSocket クラスを使用します。
- サーバー側のソケットは、クライアントからの接続要求を待つソケットを作成し、接続ポートを指定して待機します。
- クライアント側のソケットは、接続先サーバーの IP アドレスとソケットのポート番号を指定し、接続します。
- サーバー側のソケットは、クライアントからの接続要求を受け取ったら、クライアントとの接続を許可することで、サーバーとクライアントとの間で送受信を行えるようになります。

《章末復習問題》

練習問題 13-1

ソケットクラスでソケットを切断するのにはClose関数を使用しますが、チャットアプリケーションに［切断］ボタンを追加して、［切断］ボタンが押されたらClose関数を呼ぶようにしてみましょう。

練習問題 13-2

以下の番号に入る言葉を埋めてください。

サーバーソケットは、（①）関数でソケットを作成し、（②）関数でクライアントからの接続を待ち受けます。

クライアントソケットは、（③）関数でソケットを作成し、（④）関数でサーバーに接続します。

サーバーソケットは、クライアントからの接続要求を受け取ったら、（⑤）関数でクライアントとの接続を行います。

サーバーとクライアントとの接続が確立したら、データの送信は（⑥）関数、受信は（⑦）関数を使用して、情報を交換します。

通信が終了したら、（⑧）関数でソケットを切断します。

解答は P.577 ➡

14章

Windows API

Windows OS上で動作するアプリケーションを作成するには、Windows OSが提供する機能を利用してプログラミングを行います。
Windows OSが提供するアプリケーションを作成するための機能（インターフェイス）のことをWindows APIと言います。
この章ではWindows APIのプログラミングの方法を学んでいきましょう。

01 iniファイルの読み書き

Keyword　☑ iniファイル

iniファイルとは？

読者の皆さんは使用されているPCのファイルの中に、拡張子「.ini」のファイルを見たことはありますか？ これは**iniファイル**と呼ばれる、古くからあるアプリケーションの設定を保存するためのテキスト形式のファイルです。このファイルを読み出す**Windows API**は、Visual C++に限らず他のプログラミング言語でも利用されることが多いAPIの1つです。

iniファイルのフォーマット例を**リスト14-1**に示します。

▼リスト14-1　iniファイルのフォーマット

```
01: [VisualStudio]
02: Language=VisualC++
```

1行目の[]で囲まれている部分を**セクション**といいます。セクションは複数作成することができます。

2行目のイコール(=)の左辺を**キー**といいます。キーはセクションの中に複数作成することができます。

リスト14-1の例では「VisualStudioセクションのLanguageキーの値はVisualC++である」という意味になります。このようにセクションとキーを指定することで、設定値の読み書きを行う構造になっています。

ポイント

iniファイルはMFCのWinAppクラスにより扱うこともできますが、本節ではWindows APIを使用してアクセスしていきます。

iniファイルを読み込むには？

iniファイルのキー値を読み込むAPIの種類には、文字列として読み込むAPIと、数値として読み込むAPIがあります。

● iniファイルのキー値を文字列として読み込む

iniファイルのセクション内のキーの値を文字列として読み込むには、**GetPrivateProfileString関数**を使用します（**構文14-1**）。

構文 14-1 iniファイルから文字列を読み込む

```
DWORD GetPrivateProfileString(
      LPCTSTR セクション名, LPCTSTR キー名,
      LPCTSTR 既定の文字列, LPTSTR 情報が格納されるバッファ,
      DWORD 情報バッファのサイズ, LPCTSTR iniファイル名);
```

読み込みたい「iniファイル名」と「セクション名」「キー名」を設定します。取得した文字列の格納先に「情報が格納されるバッファ」と「情報バッファのサイズ」を指定します。「既定の文字列」には、iniファイルがない、セクションやキーが見つからない、などの理由で読み込めなかった場合に設定される文字列を指定します。

戻り値には「情報が格納されるバッファ」に格納された文字数が返ります。

● ini ファイルのキー値を数値として読み込む

iniファイルを数値として読み込むには、GetPrivateProfileInt関数を使用します（**構文14-2**）。

構　文　14-2　iniファイルから数値を読み込む

```
UINT GetPrivateProfileInt(
     LPCTSTR セクション名 , LPCTSTR キー名 ,
     INT 既定の数値 , LPCTSTR ini ファイルの名前 );
```

読み込みたい「iniファイル名」と「セクション名」「キー名」を設定します。「既定の数値」には取得できなかった場合に設定される数値を指定します。

戻り値には取得した数値が返ります。

iniファイルに書き込むには？

iniファイルに書き込むには、WritePrivateProfileString関数を使用します（**構文14-3**）。書き込みには文字と数値の違いはなく、文字列として書き込みます。

構　文　14-3　iniファイルの書き込み

```
BOOL WritePrivateProfileString(
     LPCTSTR lpAppName,    // セクション名
     LPCTSTR lpKeyName,    // キー名
     LPCTSTR lpString,     // 書き込む文字列
     LPCTSTR lpFileName);  // ini ファイル名
```

WritePrivateProfileString()で指定した「iniファイル名」は存在していなければなりませんが、「セクション名」や「キー名」はiniファイルの中に記述されていなければ新しく作成します。

戻り値はiniファイルへの書き込みに成功するとTRUEが返ります。

iniファイルを読み書きしてみよう

iniファイルの読み書きを行うサンプルプログラムを作ってみましょう。

図14-1のダイアログ画面を表示する、MFCダイアログベースのプロジェクト「SampleIniFile」を作成します。

▼図14-1　iniファイルサンプルアプリケーション

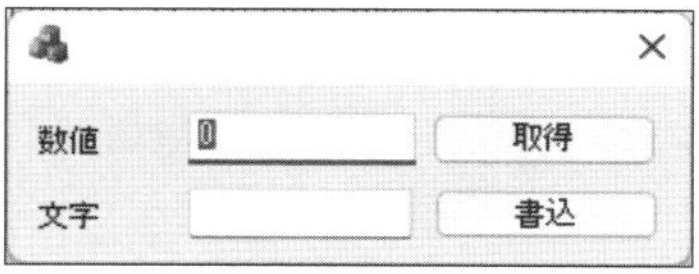

● ダイアログ画面の編集

プロジェクトの作成が完了したら、図14-1を参考にダイアログエディターでダイアログ画面を編集しましょう。

・スタティックテキストコントロールを追加する

スタティックテキストコントロールをダイアログ画面に2つ貼り付けます。各々のCaptionプロパティに「数値」「文字」を設定してください。

・エディットボックスコントロールを追加する

エディットボックスコントロールをダイアログ画面に2つ貼り付けます。

エディットボックスコントロールのIDは、数値入力用はIDC_EDIT1、文字入力用はIDC_EDIT2として説明します。

・ボタンコントロールを追加する

ボタンコントロールをダイアログ画面に2つ貼り付けます。

ボタンコントロールのIDとプロパティを**表14-1**のように設定してください。

▼表14-1 ボタンコントロールのプロパティ

ID	キャプションプロパティ
IDC_BUTTON1	取得
IDC_BUTTON2	書込

● メンバー変数の作成

「クラスウィザード」を使用して、**表14-2**に示すメンバー変数をCSampleIniFileDlgクラスに追加しましょう。

▼表14-2 SampleIniFileダイアログのコントロールとプロパティ

コントロールID	カテゴリ	名前	変数の種類
IDC_EDIT1	値	m_iSuji	int
IDC_EDIT2	値	m_csMoji	CString

● iniファイルの作成

メモ帳などのテキストエディターを使用して、**リスト14-2**のようにiniファイルを作成しましょう。作成したiniファイルはファイル名「SampleIniFile.ini」で保存してください。

▼リスト14-2 SampleIniFile.iniファイルの内容

```
[SujiSection]
sujiKey=100
[MojiSection]
mojiKey=ABCDEFG
```

● [取得] ボタンクリックメッセージハンドラーの作成

[取得] ボタンクリックメッセージハンドラーを作成し、**リスト14-3**のようにコードを追加してください。

▼リスト14-3 [取得]ボタンクリックメッセージハンドラー

```
01: void CSampleIniFileDlg::OnClickedButton1()
02: {
03:     m_iSuji=::GetPrivateProfileInt(_T("SujiSection"),
                                       _T("sujiKey"),
                                       999,
                                       _T("e:¥¥SampleIniFile.ini"));
04:     TCHAR buffer[16];
05:     ::GetPrivateProfileString(_T("MojiSection"),
                                  _T("mojiKey"),
                                  _T("hoge"),
                                  buffer,
                                  sizeof(buffer),
                                  _T("e:¥¥SampleIniFile.ini"));
06:     m_csMoji = buffer;
07:     CWnd::UpdateData(FALSE);
08: }
```

3行目と5行目でiniファイルの読み込みを行っています。iniファイルの場所はご自身のPCの環境にあわせて修正してください。

●[書込]ボタンクリックメッセージハンドラーの作成

[書込]ボタンクリックメッセージハンドラーを作成し、**リスト14-4**のようにコードを追加してください。

▼リスト14-4 [書込]ボタンクリックメッセージハンドラー

```
void CSampleIniFileDlg::OnClickedButton2()
{
    CWnd::UpdateData(TRUE);
    CString csBuffer;
    csBuffer.Format(_T("%d"),m_iSuji);
    ::WritePrivateProfileString(_T("SujiSection"),
                                _T("sujiKey"),
                                csBuffer,
                                _T("e:¥¥SampleIniFile.ini"));
```

次へ

```
07:     ::WritePrivateProfileString(_T("MojiSection"),
                                    _T("mojiKey"),
                                    m_csMoji ,
                                    _T("e:¥¥SampleIniFile.ini"));
08: }
```

5行目のCstringクラスのFormat関数により数値を文字に変換してから、6行目でiniファイルに書き込みを行っています。

動かしてみよう

それではこれまでに作成したコードを動かしてみましょう。Visual Studioでプロジェクトをビルドして、エラーがないことを確認してから実行してください。

ダイアログ画面が起動したら［取得］ボタンを押してみましょう（**図14-2**）。

▼**図14-2　設定値の取得**

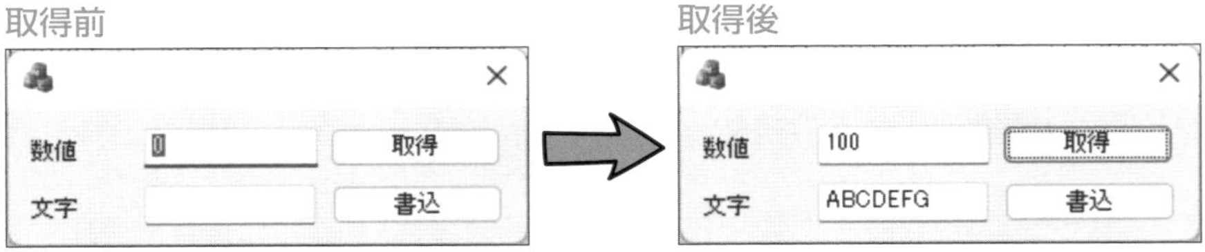

SampleIniFile.iniファイルに設定した値が取得され、画面上に表示されていることがわかります。

次に「数値」と「文字」を書き換えて、［書込］ボタンを押してみましょう（**図14-3**）。

▼図14-3　設定値の更新

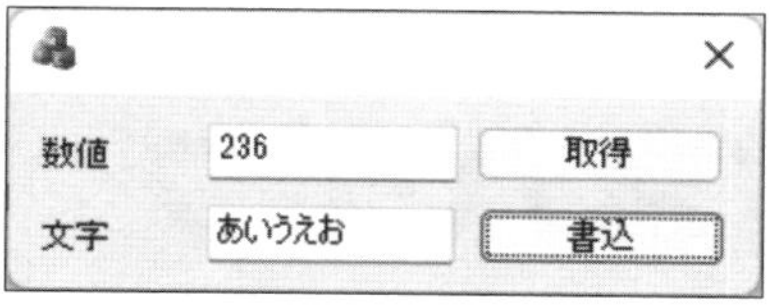

［書込］ボタンを押した後で、SampleIniFile.iniファイルを開いてください。図14-3の例で更新されたiniファイルを、**図14-4**に示します。

▼図14-4　更新後のSampleIniFile.iniファイル

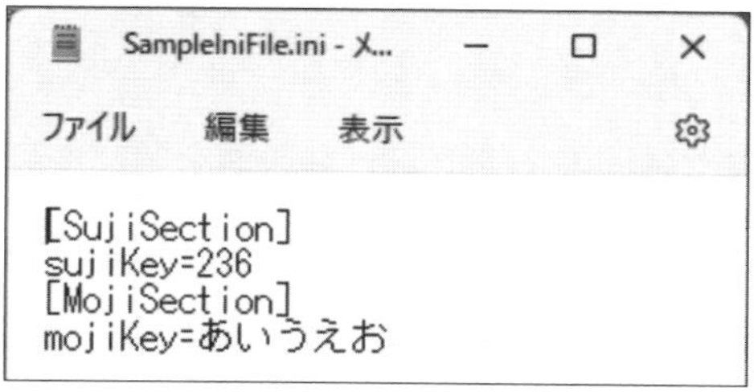

COLUMN

GetLastError 関数

プログラムの実行中にエラーが発生した場合、その原因を調べてプログラムの修正を行わなければなりません。

Windows OS では、GetLastError 関数により直近に発生したエラー理由を取得することができます。GetLastError 関数に引数はなく、戻り値には DWORD 型の数値が返ります。

戻り値の意味は、Visual Studio の［ツール］メニューの［エラー検索］ツールにより確認することができます。

02 名前付きパイプ

Keyword　☑名前付きパイプ

パイプとは？

13章ではソケットを使用してプロセス間のネットワーク通信を学びました。Windows OSではプロセス間で通信を行う手段として、ソケットの他にもパイプを利用することができます。

パイプには「名前なしパイプ」と「名前付きパイプ」の２種類があります。この２つの違いを**表14-3**に示します。

▼表14-3　名前なしパイプと名前付きパイプの違い

	名前なしパイプ	名前付きパイプ
通信相手	同一PC上のプロセスに限定	他のPC上のプロセスとも行える
データの通信方向	片方向	双方向

プロセス間通信は、大量にデータを送る場合はソケットよりもパイプのほうが高速です。アンマネージコードでパイプを使用する場合、MFCではクラスが提供されていませんのでWindows APIを使用して記述する必要があります。

本節では名前付きパイプの使用方法について学んでいきましょう。

名前付きパイプを使用する

名前付きパイプを使用するには、ソケットと同様にサーバー側のパイプ(サーバーパイプ)と、クライアント側のパイプ(クライアントパイプ)を作成して、接続を行います。

サーバーパイプは以下の流れでプログラミングしていきます。

① 名前付きパイプを作成し、パイプハンドルを取得する
② クライアントの接続を待つ
③ クライアントが接続されたら、パイプハンドルを利用してデータの送受信を行う
④ 送受信が終了したらパイプを切断する

クライアントパイプは以下の流れでプログラミングしていきます。

① サーバーパイプに接続する
② サーバーパイプに接続したら、パイプハンドルを取得してデータの送受信を行う
③ 送受信が終了したらパイプを切断する

これらの手順で使用するWindows APIの説明を行います。

● 名前付きパイプを作成する

名前付きパイプを作成するには、**CreateNamedPipe 関数**を使用します(**構文14-4**)。

構 文 14-4 名前付きパイプの作成

```
HANDLE CreateNamedPipe(
        LPCTSTR パイプ名,
        DWORD パイプを開くモード, DWORD パイプ固有のモード,
        DWORD インスタンスの最大数, DWORD 出力バッファのサイズ,
        DWORD 入力バッファのサイズ, DWORD タイムアウトの間隔,
        LPSECURITY_ATTRIBUTES セキュリティ記述子);
```

「パイプ名」には作成するパイプ名を設定します。パイプ名のフォーマットは「¥¥.¥pipe¥パイプ名」の形式でなければなりません。

「パイプを開くモード」には**表14-4**のような設定を行うことができます。

▼表14-4 パイプを開くモード

モード	内容
PIPE_ACCESS_DUPLEX	サーバーとクライアントの両方がパイプの読み書きを行えます
PIPE_ACCESS_INBOUND	パイプ内のデータの流れをクライアントからサーバーへの方向に限定します
PIPE_ACCESS_OUTBOUND	パイプ内のデータの流れをサーバーからクライアントへの方向に限定します

「パイプ固有のモード」は**表14-5**のような設定を行うことができます。

▼表14-5 パイプ固有のモード

モード	内容
PIPE_TYPE_BYTE	バイトストリーム(バイナリ)のデータをパイプに書き込みます
PIPE_TYPE_MESSAGE	メッセージストリーム(テキスト)のデータをパイプに書き込みます
PIPE_READMODE_BYTE	パイプのデータを、バイトストリームのデータとして読み取ります
PIPE_READMODE_MESSAGE	パイプのデータをメッセージストリームのデータとして読み取ります

「パイプ固有のモード」に0を設定すると、PIPE_TYPE_BYTE とPIPE_READMODE_BYTEが有効になります。

「インスタンスの最大数」には、同一パイプ名で作成することができるハンドルの数を指定します。1つのパイプハンドルに対して接続できるプロセスは1つですが、CreateNamedPipe関数を複数回呼び出すことにより、同一パイプ名の複数のパイプハンドルを生成し、「インスタンスの最大数」で指定した数のプロセスを上限として接続することができます。

「出力バッファのサイズ」「入力バッファのサイズ」にはバッファ容量を設定することができますが、参考として使用されるだけで実際に割り当てられる容量は異なりますので、通常は0を設定することで問題ありません。

「タイムアウトの間隔」にはWaitNamedPipe関数で適用されるタイムアウト時間（ミリ秒）を設定します。WaitNamedPipe関数は後で説明します。

「セキュリティ記述子」には、パイプ通信のセキュリティモードを設定することができます。設定しない場合はNULLを指定します。

CreateNamedPipe関数の実行が成功するとパイプのハンドルを返します。失敗した場合はINVALID_HANDLE_VALUEを返します。

● クライアントの接続を待つ

クライアントの接続を待つには、**ConnectNamedPipe関数**を使用します（**構文14-5**）。

構文 14-5 クライアントの接続を待つ

```
BOOL ConnectNamedPipe(
     HANDLE パイプのハンドル, LPOVERLAPPED オーバーラップ構造体);
```

「パイプのハンドル」にはCreateNamedPipe関数で取得したハンドルを設定します。

「オーバーラップ構造体」は非同期で通信を行う場合に設定します。ConnectNamedPipe関数を実行後、クライアントに接続されるとTRUEが返ります。

● サーバーパイプに接続する

クライアントがサーバーパイプに接続するには、**WaitNamedPipe関数**を使用します（**構文14-6**）。

構　文　14-6　サーバーのパイプに接続する

```
BOOL WaitNamedPipe(LPCTSTR パイプ名, DWORD タイムアウト時間);
```

「パイプ名」には接続するパイプ名を設定します。

「タイムアウト時間」にはサーバーパイプに接続するまでの待ち時間（ミリ秒）を設定します。ここには**表14-6**のような値を設定することもできます。

▼表14-6　タイムアウト時間の設定値

設定値	内容
NMPWAIT_USE_DEFAULT_WAIT	CreateNamedPipe()で設定した待ち時間を適用する
NMPWAIT_WAIT_FOREVER	接続するまで待ち続ける

WaitNamedPipe関数が成功するとTRUEが返ります。

● クライアントのパイプハンドルを取得する

クライアントのパイプハンドルを取得するには、**CreateFile関数**を使用します（**構文14-7**）。

構　文　14-7　パイプハンドルの取得

```
HANDLE CreateFile(
       LPCTSTR パイプ名, DWORD アクセスモード,
       DWORD 共有モード, LPSECURITY_ATTRIBUTES セキュリティ記述子,
       DWORD 作成方法, DWORD ファイル属性,
       HANDLE テンプレートファイルのハンドル);
```

「パイプ名」には接続するパイプ名を設定します。

「アクセスモード」にはCreateNamedPipe関数で説明した「パイプを開くモード」に合わせて、GENERIC_READ（読み取りアクセス）やGENERIC_WRITE（書き込みアクセス）を設定します。

「共有モード」はパイプ通信の場合は0を設定します。

「セキュリティ記述子」には、パイプ通信のセキュリティモードを設定することができます。設定しない場合はNULLを指定します。

「作成方法」にはパイプ通信の場合はOPEN_EXISTING（既存のファイルを開く）を設定します。

「ファイル属性」にはパイプ通信の場合はFILE_ATTRIBUTE_NORMAL（属性を設定しない）を設定します。

CreateFile関数の処理が成功するとパイプのハンドルが返ります。

ポイント

CreateFile 関数はファイルを作成するための Windows API ですが、パイプ通信を行う用途にも使用します。

● データを送信する

パイプ通信でデータを送信するには、**WriteFile関数**を使用します（**構文14-8**）。

構文 14-8 データの送信

```
BOOL WriteFile(
        HANDLE パイプのハンドル ,
        LPCVOID データバッファ ,
        DWORD 書き込み対象のバイト数 ,
        LPDWORD 書き込んだバイト数 ,
        LPOVERLAPPED オーバーラップ構造体 );
```

「パイプのハンドル」には取得したパイプハンドルを設定します。

「データバッファ」には送信データの格納先のポインタを設定します。

「書き込み対象のバイト数」には「データバッファ」のサイズを設定します。

「書き込んだバイト数」にはWriteFile関数が成功した場合に実際に書き込まれたバイト数が返ります。

「オーバーラップ構造体」は非同期通信を行う場合に設定します。

WriteFile関数が成功するとTRUEが返ります。

● データを受信する

パイプ通信でデータを受信するには、**ReadFile関数**を使用します（**構文14-9**）。

構　文　**14-9　データの受信**

```
BOOL ReadFile(
       HANDLE パイプのハンドル ,
       LPVOID データバッファ ,
       DWORD 読み取り対象のバイト数 ,
       LPDWORD 読み取ったバイト数 ,
       LPOVERLAPPED オーバーラップ構造体 );
```

引数はWriteFile関数とほとんど変わりませんね。「データバッファ」には読み取ったデータが格納される点に違いがあります。

ReadFile関数が成功するとTRUEが返ります。

● パイプを切断する

データの送受信が終了した後でパイプを切断するには、**CloseHandle関数**を使用します（**構文14-10**）。

構　文　**14-10　パイプを切断する**

```
BOOL CloseHandle(HANDLE パイプのハンドル );
```

CloseHandle関数は取得したハンドルを閉じるための関数ですが、この関数を利用することによりパイプを切断することができます。

CloseHandle ()が成功するとTRUEが返ります。

名前付きパイプを使ってみよう

それでは名前付きパイプを使ってみましょう。

「サーバーパイプはクライアントの接続を待ち、クライアントからの送信データを受信し、クライアントパイプはサーバーに接続してデータを送信する」ようなアプリケーションを作成します。

● ダイアログ画面の作成

これから**図14-5**に示すダイアログ画面を作成していきます。

▼**図14-5　パイプ通信用ダイアログ画面**

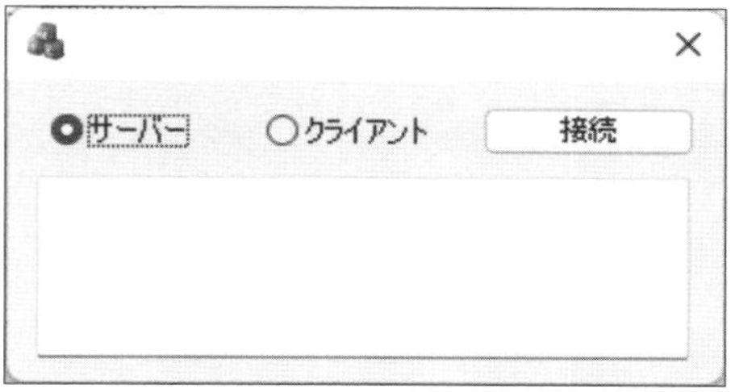

図14-5のダイアログ画面を表示する、MFCダイアログベースのプロジェクト「SamplePipe」を作成してください。プロジェクトの作成が完了したら、図14-5を参考にダイアログエディターでダイアログ画面を編集しましょう。

● ラジオボタンコントロールを追加する

ラジオボタンコントロールをダイアログ画面に2つ貼り付けます。ラジオボタンコントロールのプロパティを**表14-7**のように設定します。

▼表14-7　ラジオボタンコントロールのプロパティ

ID	キャプションプロパティ	グループプロパティ
IDC_RADIO1	サーバー	True
IDC_RADIO2	クライアント	False

● ボタンコントロールを追加する

ボタンコントロールをダイアログ画面に1つ貼り付けます。キャプションプロパティに「接続」を設定してください。作成したエディットボックスコントロールのIDはIDC_BUTTON1として説明していきます。

● エディットボックスコントロールを追加する

エディットボックスコントロールをダイアログ画面に1つ貼り付けます。作成したエディットボックスコントロールのIDはIDC_EDIT1として説明していきます。

● タブオーダーを設定する

タブオーダーを**図14-6**のように設定してください。

▼図14-6　タブオーダー設定

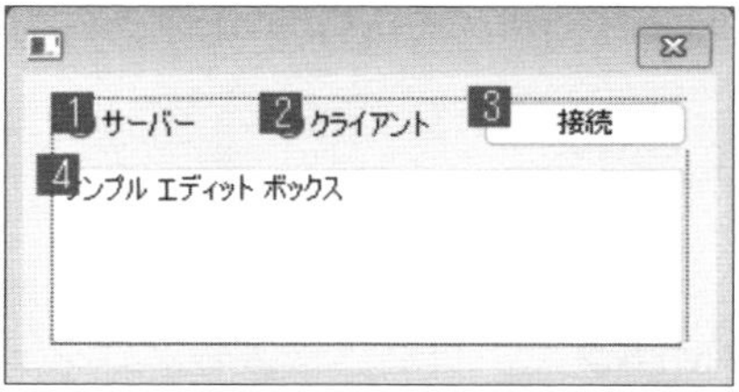

● メンバー変数の作成

「クラスウィザード」を使用して、**表14-8**に示すメンバー変数をCSamplePipeDlgクラスに追加しましょう。

▼表14-8 メンバー変数の追加

コントロールID	カテゴリ	メンバー変数名	変数の種類
IDC_RADIO1	値	m_iMode	int
IDC_EDIT1	値	m_csMessage	CString

● サーバーパイプの作成

最初にサーバーパイプを作成してクライアントの接続を待ち、クライアントとの接続後にデータを受信する処理を作成しましょう。[接続] ボタンクリックメッセージハンドラーを作成して、**リスト14-5**のようにコードを追加してください。

▼リスト14-5 [接続] ボタンクリックメッセージハンドラー関数

```
void CSamplePipeDlg::OnClickedButton1()
{
    HANDLE hPipe = NULL;
    CString pipeName = _T("¥¥¥¥.¥¥pipe¥¥SamplePipe");
    TCHAR message[255];
    SecureZeroMemory(message,sizeof(message));
    DWORD dwLength;
    CWnd::UpdateData(TRUE);
    if(m_iMode == 0) {
        hPipe=::CreateNamedPipe(
                 pipeName,PIPE_ACCESS_INBOUND,0,1,0,0,0,NULL);
        if(hPipe != INVALID_HANDLE_VALUE) {
            if(ConnectNamedPipe(hPipe,NULL)){
                ReadFile(hPipe,message,sizeof(message),
                            &dwLength,NULL);
                m_csMessage = message;
            }
        }
    }
    else {
    }
    CWnd::UpdateData(FALSE);
    CloseHandle(hPipe);
}
```

3～8行目まではサーバーとクライアントの共通の処理になります。

4行目でパイプ名を「¥¥.¥pipe¥SamplePipe」に設定しています。

5行目でデータ送受信用のバッファを確保し、6行目でその領域をすべて0で埋めています。

8行目のCWndクラスのUpdateData関数によりラジオボタンの状態を取得した後、9行目でサーバーとクライアントの処理を分岐します。

10～16行目までがサーバーパイプの処理になります。18行目のelse文内のコードは後で説明します。

11行目のCreateNamedPipe関数によりサーバーパイプを作成しています。「パイプを開くモード」にPIPE_ACCESS_INBOUNDを設定し、サーバーパイプを受信専用にしています。CreateNamedPipe()の結果、有効なパイプハンドルを取得したら、12行目のConnectNamedPipe関数によりクライアントの接続を待ちます。

クライアントが接続すると13行目に処理が移り、ReadFile関数でデータの受信を行います。受信したデータはメンバー変数m_csMessageに格納されます。

20、21行目は再びサーバーとクライアントの共通の処理になります。

20行目のUpdateData()により、メンバー変数m_csMessageに格納されたデータがエディットボックスに表示されます。

パイプの送受信が終了したら、24行目のCloseHandle関数でパイプハンドルを閉じます。

● クライアントパイプの作成

それではクライアントパイプの処理を作成していきましょう。リスト14-5の18行目のelse文の下に、**リスト14-6**のコードを追加します。

▼リスト14-6　クライアントパイプの処理

```
19:         if(WaitNamedPipe(pipeName,10000)) {
20:             hPipe=CreateFile(pipeName,GENERIC_WRITE,
                                 0,NULL,OPEN_EXISTING,
                                 FILE_ATTRIBUTE_NORMAL,NULL);
21:             if(hPipe != INVALID_HANDLE_VALUE) {
22:                 _tcscpy_s(message,_T("connect"));
23:                 WriteFile(hPipe,message,
                              _tcsnlen(message,255)*sizeof(TCHAR),
                              &dwLength,NULL);
24:             }
25:         }
```


19行目のWaitNamedPipe関数によりサーバーパイプへの接続を行います。この例では待ち時間は10秒とし、その時間までにサーバーに接続できなければ待ち状態から抜けます。

サーバーパイプへの接続が成功したら、20行目のCreateFile関数によりパイプハンドルを取得します。サーバーパイプは受信専用ですので、「アクセスモード」をGENERIC_WRITE（書き込みアクセス）に設定しています。

パイプハンドルの取得に成功したら22行目以降の処理に移ります。

22行目の_tcscpy_s()により、バッファに「connect」という文字をコピーしています。

23行目のWriteFile関数によりデータを送信しています。_tcsnlen()は文字列の長さを取得するための関数で、第一引数には文字列バッファへのポインタ、第二引数には文字列バッファのサイズを設定します。

動かしてみよう

それではこれまでに作成したコードを動かしてみましょう。Visual Studioでプロジェクトをビルドして、エラーがないことを確認してください。

動作の確認にはサーバー用とクライアント用のダイアログ画面が必要になります。**13章**の「動かしてみよう」で説明した方法を参照して、ダイアログ画面を2つ起動してください。

片方のダイアログ画面のラジオボタンを「サーバー」に設定して[接続]ボタンを押します。もう片方のダイアログ画面のラジオボタンを「クライアント」に設定して[接続]ボタンを押します。

クライアント側の[接続]ボタンが押されると、サーバー側のエディットボックスには「connect」という文字が表示されます（**図14-7**）。

▼図14-7　パイプ通信アプリケーションの動作結果

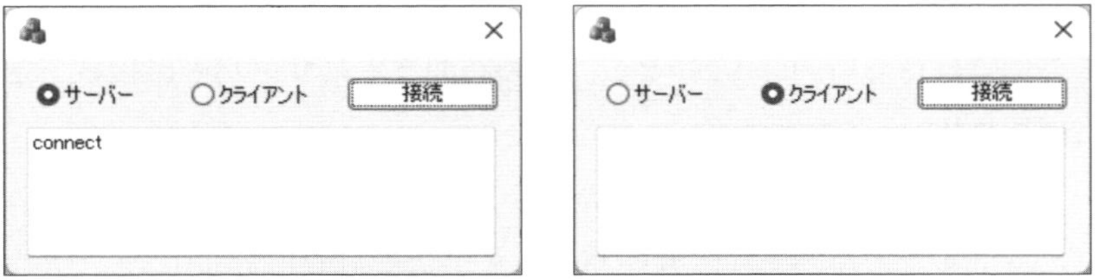

03 共有メモリ

Keyword
- 共有メモリ
- ファイルマッピングオブジェクト

共有メモリとは？

プロセス間通信の方法として、これまでに**13章**や**14-02**で学んできました。プロセス間でデータを交換する方法には、お互いに共有することができるメモリ領域を作成し、受け渡しを行う方法もあります（**図14-8**）。

本節では**共有メモリ**を作成して、プロセス間でデータを交換する方法を学んでいきましょう。

▼図14-8　プロセスのデータを共有メモリで交換する

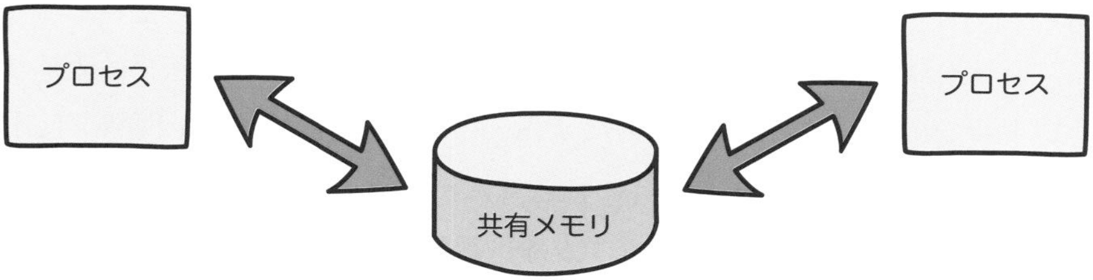

ポイント

MFCには共有メモリを扱うCSharedFileクラスが用意されていますが、ここではWindows APIで実現する方法について説明します。

共有メモリを使用するには？

共有メモリを使用するには、メモリを共有するプロセスのうち1つのプロセスが共有メモリを作成してから、複数のプロセスが作成された共有メモリにアクセスをします。

共有メモリを作成するには以下の手順で行います。

① ファイルマッピングオブジェクトを作成する
② ファイルマッピングオブジェクトをメモリに割り当てる（マップする）
③ 作成された共有メモリのハンドルを取得する
④ 必要であれば、共有メモリのハンドルから共有メモリのポインタを取得する
⑤ 共有メモリを読み書きする
⑥ 共有メモリを使い終わったら、共有メモリを解放する

共有メモリはファイルの一種として扱います。そのため共有メモリを作成する時には、**ファイルマッピングオブジェクト**を作成してからオブジェクトをメモリにマップします。

共有メモリ作成後に、共有メモリにアクセスするプロセスは共有メモリのハンドルを取得して、前節で説明したReadFile関数やWriteFile関数を使用して読み書きを行います。

ハンドルから共有メモリのポインタを取得して、直接メモリに読み書きを行うこともできます。これらの手順で使用するWindows APIの説明を行います。

ポイント

共有メモリはファイルの一種として扱うため、メモリマップドファイルと言います。

● ファイルマッピングオブジェクトを作成する

ファイルマッピングオブジェクトを作成するには、CreateFileMapping関数を使用します(構文14-11)。

構文 14-11 ファイルマッピングオブジェクトの作成

```
HANDLE CreateFileMapping(
          HANDLE ファイルのハンドル,
          LPSECURITY_ATTRIBUTES セキュリティ記述子,
          DWORD 保護属性,
          DWORD 共有メモリサイズの上位DWORD,
          DWORD 共有メモリサイズの下位DWORD,
          LPCTSTR 共有メモリ名);
```

「ファイルのハンドル」にはファイルのハンドルを設定しますが、共有メモリを作成する場合は-1を設定します。

「セキュリティ記述子」にはファイルマッピングオブジェクトのセキュリティモードを設定することができます。設定しない場合はNULLを指定します。

「保護属性」にはファイルのアクセス権限を設定しますが、共有メモリを作成する場合はPAGE_READWRITE(読み書き権限)を指定します。

「サイズの上位DWORD」と「サイズの下位DWORD」には共有するメモリのサイズを設定します。例えば共有するメモリのサイズが2048バイトであれば、「サイズの上位DWORD」には0、「サイズの下位DWORD」には2048を設定します。

「共有メモリ名」には共有メモリの名称を設定します。

CreateFileMapping関数の処理が成功するとファイルマッピングオブジェクトのハンドルが返り、失敗するとNULLが返ります。

● ファイルマッピングオブジェクトをメモリにマップする

作成したファイルマッピングオブジェクトをメモリにマップするには、MapViewOfFile関数を使用します(構文14-12)。

構 文 14-12 ファイルマッピングオブジェクトをメモリにマップする

```
LPVOID MapViewOfFile(
        HANDLE ファイルマッピングオブジェクトのハンドル,
        DWORD アクセスモード,
        DWORD オフセットの上位 DWORD,
        DWORD オフセットの下位 DWORD,
        SIZE_T マップ対象のバイト数);
```

「ファイルマッピングオブジェクトのハンドル」にはCreateFileMapping関数で取得したハンドルを設定します。

「アクセスモード」にはファイルのアクセス権を設定しますが、共有メモリの場合は「FILE_MAP_WRITE」(読み書きアクセス)を設定します。

「オフセットの上位DWORD」「オフセットの下位DWORD」「マップ対象のバイト数」には共有メモリの位置と大きさを設定しますが、すべて0を設定することによりCreateFileMapping関数で設定した値が適用されます。

MapViewOfFile関数の処理が成功するとマップされたメモリの先頭アドレスが返り、失敗するとNULLが返ります。

● 作成された共有メモリのハンドルを取得する

共有メモリにアクセスするためのハンドルを取得するには、**OpenFileMapping関数**を使用します(**構文14-13**)。

構 文 14-13 ファイルマッピングオブジェクトのハンドルを取得する

```
HANDLE OpenFileMapping(
        DWORD アクセスモード,
        BOOL 継承フラグ,
        LPCTSTR オブジェクト名);
```

「アクセスモード」はファイルのアクセス権を設定します。アクセスする形態に応じてFILE_MAP_WRITE(読み書きアクセス)、またはFILE_MAP_READ(読み取り専用アクセス)を設定します。

「継承フラグ」は、OpenFileMapping関数で取得したハンドルを新しく生成したプロセスに継承させるかを設定します。

「オブジェクト名」はCreateFileMapping関数で設定した「オブジェクト名」と同じ名前にします。

OpenFileMapping関数の処理が成功すると共有メモリのファイルマッピングオブジェクトのハンドルが返り、失敗するとNULLが返ります。

● 共有メモリのハンドルから、共有メモリのポインタを取得する

共有メモリのハンドルから共有メモリのポインタを取得するには、**MapViewOfFileEx関数**を使用します（**構文14-14**）。

構文 14-14 共有メモリをポインタとして使用する

```
LPVOID MapViewOfFileEx(
       HANDLE ファイルマッピングオブジェクトのハンドル，
       DWORD アクセスモード，
       DWORD 下位 32 ビットのファイルオフセット，
       DWORD 上位 32 ビットのファイルオフセット，
       DWORD マップするバイト数，
       LPVOID ビューのマッピングを開始する推奨アドレス );
```

引数はMapViewOfFile関数とほとんど同じです。

「ビューのマッピングを開始する推奨アドレス」には指定したアドレスに対して共有メモリへのアドレスを設定することができますが、NULLを設定するとアドレスは自動的に割り当てられます。

MapViewOfFileEx関数の実行に成功すると共有メモリへのポインタが返り、失敗するとNULLが返ります。

● 共有メモリを解放する

共有メモリを解放するには、**UnmapViewOfFile関数**を使用します（**構文14-15**）。

構　文　14-15　共有メモリを解放する

```
BOOL UnmapViewOfFile(LPCVOID 開始アドレス);
```

「開始アドレス」にはMapViewOfFile関数やMapViewOfFileEx関数で取得したポインタを設定します。

UnmapViewOfFile関数の実行が成功するとTRUEが返ります。

CreateFileMapping関数やOpenFileMapping関数で取得したハンドルは、前節で説明したCloseHandle関数で解放します。

共有メモリを使ってみよう

複数のプロセスが共有メモリをアクセスするアプリケーションを作成してみましょう。

● ダイアログ画面の作成

これから**図14-9**に示すダイアログ画面を作成していきます。

▼図14-9　パイプ通信用ダイアログ画面

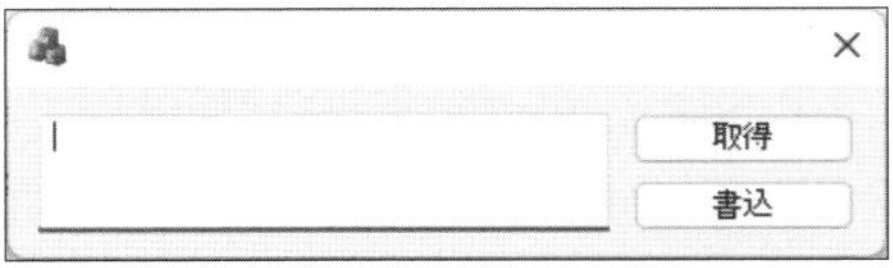

図14-9のダイアログ画面を表示する、MFCダイアログベースのプロジェクト「SampleMemoryMappedFile」を作成してください。プロジェクトの作成が完了したら、図14-9を参考にダイアログエディターでダイアログ画面を編集しましょう。

● エディットボックスコントロールを追加する

エディットボックスコントロールを、ダイアログ画面に1つ貼り付けます。貼り付けたエディットボックスコントロールの複数行プロパティをTrueに設定してください。

● ボタンコントロールを追加する

ボタンコントロールをダイアログ画面に2つ貼り付けます。作成したボタンコントロールのプロパティを**表14-9**のように設定してください。

▼表14-9　ボタンコントロールのプロパティ

ID	キャプションプロパティ
IDC_ BUTTON1	取得
IDC_ BUTTON2	書込

● メンバー変数の作成

「クラスウィザード」を使用して、**表14-10、14-11**に示すメンバー変数をCSampleMemoryMappedFileDlgクラスに追加しましょう。

▼表14-10　メンバー変数の追加

コントロールID	カテゴリ	名前	変数の種類
IDC_EDIT1	値	m_csMessage	CString

▼表14-11　カスタムメンバー変数の追加

変数の型	変数名	アクセス
HANDLE	m_hMap	パブリック
LPVOID	m_pMap	パブリック

● 共有メモリを作成する

「SampleMemoryMappedFile」という名前の共有メモリを開き、共有メモリが存在しなければ新規に作成するようにコードを追加します。

CSampleMemoryMappedFileDlgクラスのOnInitDialog関数に、**リスト14-7**に示すコードを追加してください。

▼リスト 14-7　共有メモリの作成

```
01: BOOL CSampleMemoryMappedFileDlg::OnInitDialog()
02: {
03:     CDialogEx::OnInitDialog();
        中略
04:     // TODO: 初期化をここに追加します。
05:     CString name = _T("SampleMemoryMappedFile");
06:     m_hMap = OpenFileMapping(FILE_MAP_WRITE,FALSE,name);
07:     if(m_hMap == NULL) {
08:         m_hMap = CreateFileMapping((HANDLE)-1,
                        NULL,PAGE_READWRITE,0,2048,name);
09:         if(m_hMap != NULL) {
10:             m_pMap = MapViewOfFile(m_hMap,FILE_MAP_WRITE,0,0,0);
11:             if(m_pMap!=NULL) SecureZeroMemory(m_pMap,2048);
12:         }
13:     }
14:     else {
15:         m_pMap = MapViewOfFileEx(m_hMap,FILE_MAP_WRITE,0,0,0,NULL);
16:     }
17:     return TRUE;
18: }
```

5行目で共有メモリ名を設定しています。

6行目のOpenFileMapping関数の戻り値により、指定した共有メモリが存在するかを判断しています。

共有メモリが存在していなければ9～12行目の処理を行います。

8行目のCreateFileMapping関数によりファイルマッピングオブジェクトの生成を行います。共有メモリのサイズは2048Byteを設定しています。ファイルマッピングオブジェクトのハンドルが取得できたら、10行目のMapViewOfFile関数によりメモリにマップします。マッピングに成功した場合、割り当てられた領域を11行目のSecureZeroMemory関数により初期化しています。

共有メモリが存在していれば、15行目のMapViewOfFileEx関数により共有メモリへのポインタを取得します。

●［取得］ボタンクリックメッセージハンドラーの作成

［取得］ボタンがクリックされたら、共有メモリから文字列を取得してエディットボックスに表示するコードを作成します。

［取得］ボタンクリックメッセージハンドラーを追加し、**リスト14-8**のようにコードを作成します。

▼リスト14-8 ［取得］ボタンクリックイベントハンドラー

```
01: void CSampleMemoryMappedFileDlg::OnClickedButton1()
02: {
03:     m_csMessage.Format(_T("%s"),m_pMap);
04:     CWnd::UpdateData(FALSE);
05: }
```

3行目でメンバー変数m_csStringに共有メモリの内容を設定し、4行目のUpdateData関数により共有メモリの内容をエディットボックスに表示しています。

●［書込］ボタンクリックメッセージハンドラーの作成

エディットコントロールに入力された文字列を共有メモリにコピーするコードを作成します。

［書込］ボタンクリックメッセージハンドラーを追加し、**リスト14-9**のようにコードを作成します。

▼リスト 14-9 ［書込］ボタンクリックメッセージハンドラー

```
01: void CSampleMemoryMappedFileDlg::OnClickedButton2()
02: {
03:     CWnd::UpdateData(TRUE);
04:     SecureZeroMemory(m_pMap,2048);
05:     memcpy_s(m_pMap,2048,m_csMessage,
                m_csMessage.GetLength()*sizeof(TCHAR));
06: }
```

3行目のUpdateData関数によりエディットボックスに入力された値を取得しています。

4行目のSecureZeroMemory関数により共有メモリの内容を初期化しています。

5行目の**memcpy_s()**はメモリ間のデータをコピーする関数で、第一引数で指定されたポインタに、第三引数で指定されたポインタの内容を、第四引数で指定したサイズ分コピーします。

● 共有メモリの解放

ダイアログ画面が閉じられると同時に、共有メモリの解放を行うようにコードを追加しましょう。ダイアログが閉じられるときには**WM_CLOSEメッセージ**が送信されますので、「クラスウィザード」を使用してWM_CLOSEメッセージハンドラーを追加します。

「クラスウィザード」画面を開き、クラス名に「CSampleMemoryMappedFileDlg」を選択してから［メッセージ］タブを選択し、メッセージリストから「WM_CLOSE」を選択して［ハンドラーの追加］ボタンを押します（**図14-10**）。

▼図14-10　WM_CLOSEメッセージハンドラーの追加

WM_CLOSEメッセージハンドラーを追加するとCSampleMemoryMappedFileDlgクラスに**OnClose関数**が作成されますので、**リスト14-10**のようにコードを追加します。

▼リスト14-10　OnClose関数

```
01: void CSampleMemoryMappedFileDlg::OnClose()
02: {
03:     UnmapViewOfFile(m_pMap);
04:     CloseHandle(m_hMap);
05:     CDialogEx::OnClose();
06: }
```

3行目のUnmapViewOfFile関数により、メモリを解放しています。

4行目のCloseHandle関数により、ファイルマップオブジェクトのハンドルを解放しています。

動かしてみよう

それでは、これまでに作成したコードを動かしてみましょう。Visual Studioでプロジェクトをビルドして、エラーがないことを確認してください。

動作の確認には2つ以上のダイアログ画面が必要になります。**13章**の「動かしてみよう」で説明した方法で、ダイアログ画面を2つ起動してください(**図14-11**)。

▼図14-11　起動直後のダイアログ画面

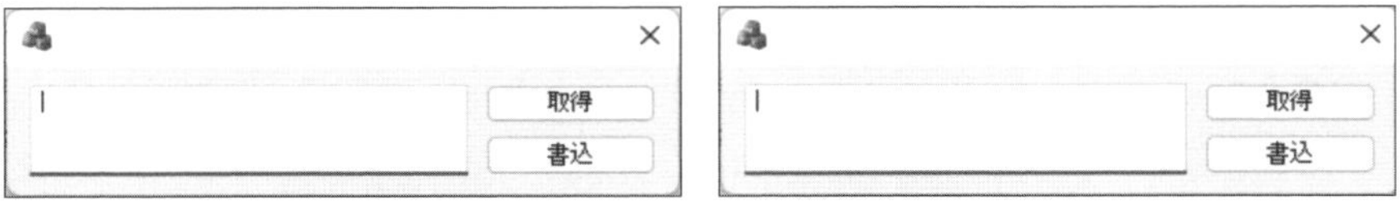

片方のダイアログ画面のエディットボックスに「Visual C++」と入力し、[書込]ボタンを押します(**図14-12**)。

▼図14-12　[書込]ボタンを押したとき

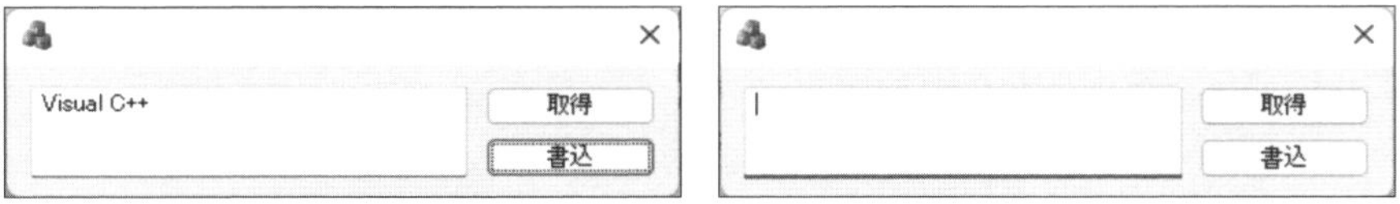

もう片方のダイアログ画面の[取得]ボタンを押します(**図14-13**)。

▼図14-13　[取得]ボタンを押したとき

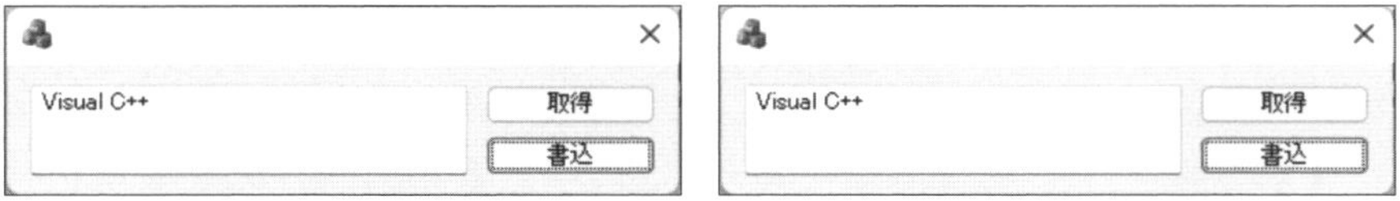

この動作により、共有メモリを通じてプロセス間でデータが交換されていることがお解かりになりましたでしょうか?

この章のまとめ

- ini ファイルはアプリケーションの設定を保存するためのファイルです。
- プロセス間通信の手段のひとつにパイプを使用することができます。
- パイプには「名前なしパイプ」と「名前付きパイプ」の 2 種類があります。
- 大量のデータを送る場合、パイプはソケットよりも高速です。
- 名前付きパイプは同一 PC 内だけでなく、他 PC のプロセスとも通信を行うことができます。
- 他のプロセスとの間でデータを交換するには、共有メモリを利用する方法があります。

《章末復習問題》

練習問題 14-1

14-01 で作成したiniファイルを読み書きするアプリケーションで、iniファイルを配置せずに、[取得]ボタンを押した場合の動作を確認してください。

練習問題 14-2

14-02 で作成した名前付きパイプのアプリケーションで、先にクライアントを起動した場合の動作を確認してください。

練習問題 14-3

14-03 で作成した共有メモリのアプリケーションでは、最初に起動したプロセスが共有メモリを作成し、後から起動したプロセスが共有メモリを開きますが、共有メモリを作成したプロセスが先に終了した場合にどのような影響があるのかを確認してください。

解答は P.577 ➡

15章

ダイナミックリンクライブラリ

これまでの章は単独で動作するアプリケーションを作成してきました。たとえばZIP圧縮・解凍など汎用性の高い関数（モジュール）を作成し、共通で利用可能なように提供することができれば、その関数を利用したときに開発の効率がよくなります。
本章では関数を共通で利用できるダイナミックリンクライブラリ(DLL)の作成方法と使い方について学んでいきましょう。

01 ダイナミックリンクライブラリ

Keyword
☑ ダイナミックリンクライブラリ
☑ DLL

ダイナミックリンクライブラリ（DLL）とは？

ダイナミックリンクライブラリ（Dynamic Link Library：DLL）とは、複数のアプリケーションが共通に利用することができるモジュールを集めた、実行可能なファイルです。DLLを使用すると、他のアプリケーションでモジュールを再利用することができるようになり開発効率をあげることができるなどの利点があります。

本章ではDLLの作成と使用方法について学んでいきましょう。

ダイナミックリンクライブラリはどのように使うの？

ダイナミックリンクライブラリの拡張子は「.dll」であることがほとんどです。ダイナミックリンクライブラリを使用するアプリケーションは.dllファイル内に書かれている必要な関数だけを読み込み、実行します（図15-1）。

ポイント

.dll ファイルは単独で実行することはできません。

▼図15-1 ダイナミックリンクライブラリの利用

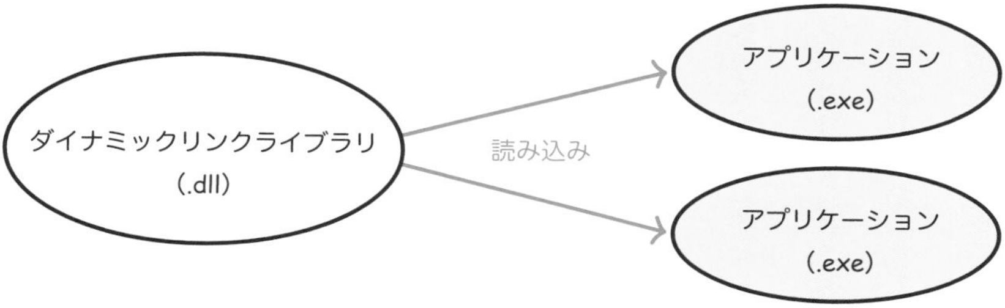

MFC DLLプロジェクトの作成

それではMFCのDLLプロジェクトを作成する方法を見てみましょう。

Visual Studioの［ファイル］メニューから［新規作成］→［プロジェクト］を選択し、「新しいプロジェクトの作成」画面を表示します。「新しいプロジェクトの作成」画面のフィルターに［C++］［Windows］［ライブラリ］を選択し、[MFCダイナミックリンクライブラリ]を選択して[次へ]ボタンを押します（図15-2）。

▼図15-2 「新しいプロジェクトの作成」画面

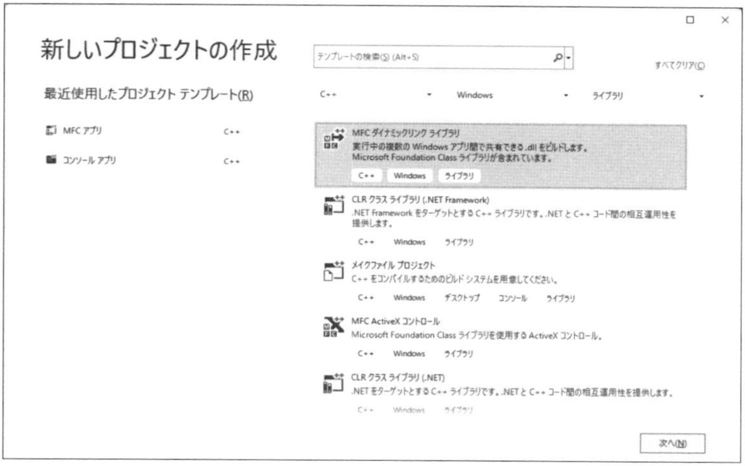

次の「新しいプロジェクトを構成します」画面で作成するプロジェクト名を入力します。**図15-3**の例ではプロジェクト名「IsbnDll」、ソリューション名に「SampleDll」を入力しています。

▼**図15-3　「新しいプロジェクトを構成します」画面**

［作成］ボタンを押すと、「MFC DLL」画面が表示されます（**図15-4**）。

▼**図15-4　「MFC DLL」画面**

「MFC DLL」画面では作成するDLLの種類を設定します。ここではそのまま［完了］ボタンを押してください。

これでDLLプロジェクトの作成が完了しました。作成完了後は、**図15-5**のようなプロジェクトが作成されます。

▼図15-5 MFC DLLプロジェクト作成後のVisual Studio

作成したプロジェクトをビルドしてみましょう。Visual Studioの[ビルド]メニューから[ソリューションのビルド]を選択します。

ビルドが完了すると、図15-2で設定したソリューションを作成したフォルダの中に、「Debug」フォルダが作成されています。このDebugフォルダの中を見てみると、IsbnDll.dllファイルが作成されていることがわかりますね(**図15-6**)。

▼図15-6 作成されたDLLファイル

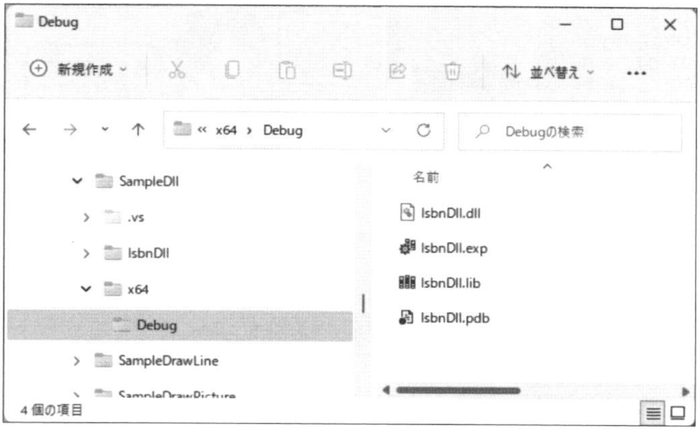

02 DLLの作成

Keyword
- ☑ エクスポート関数
- ☑ __declspec(dllexport)キーワード
- ☑ モジュール定義ファイル (.def)

エクスポート関数

1つのDLLファイルの中には、複数の関数（モジュール）を埋め込むことができます。DLLは実行可能ファイルであることは**15-01**で説明しましたが、ファイルの中身はバイナリデータですので、どこからどこまでが目的の関数なのか、区別することができません。

DLLを作成するときには目的の関数がわかるように、エクスポート関数という関数の入り口（エントリポイント）がわかるような目印をつけて、目的の関数を容易に取り出せるようにします（図15-7）。

▼図15-7　エクスポート関数のイメージ

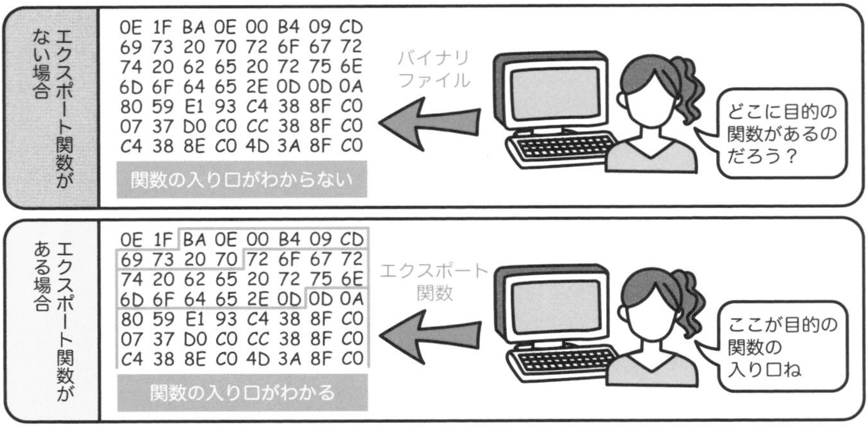

エクスポート関数の作成方法

エクスポート関数を作成するには、__declspec(dllexport)キーワードを使用する方法と、モジュール定義ファイルを使用する方法の2つがあります。

● __declspec(dllexport) キーワードを使用する

__declspec(dllexport)キーワードを使用する方法は、**構文15-1**のように関数の宣言を行います。

構文 15-1 __declspec(dllexport) キーワード

```
__declspec(dllexport) 戻り値 関数名 ( 引数 )
```

使用例は以下のようになります。

```
__declspec(dllexport) void Function1(int iSample);
```

● モジュール定義ファイルを使用する

モジュール定義ファイルを使用する方法は、MFC DLLプロジェクトを作成したときに生成されている拡張子.defのファイルにエクスポートする関数を記述します。

モジュール定義ファイルのフォーマット例を**リスト15-1**に示します。

▼リスト15-1 モジュール定義ファイルのフォーマット

```
01: LIBRARY  isbn
02: EXPORTS
03:     Function1
```

1行目の「LIBRARY」はDLLの名前を定義するための宣言文です。右側に作成するDLLの名前を設定します。

2行目の「EXPORT」はDLLのエクスポート関数を定義する宣言文で、3行目以降にエクスポートする関数名を定義します。

MFC DLLプロジェクトを作成すると、Visual Studioプロジェクトのプロパティにはモジュール定義ファイルが設定されています。ソリューションエクスプローラでDLLのプロジェクトを選択し、右クリックメニューの［プロパティ］で［プロパティページ］を開き、［構成プロパティ］→［リンカー］→［入力］の［モジュール定義ファイル］にモジュール定義ファイルが設定されていることがわかります（**図15-8**）。

▼**図15-8　モジュール定義ファイルの設定**

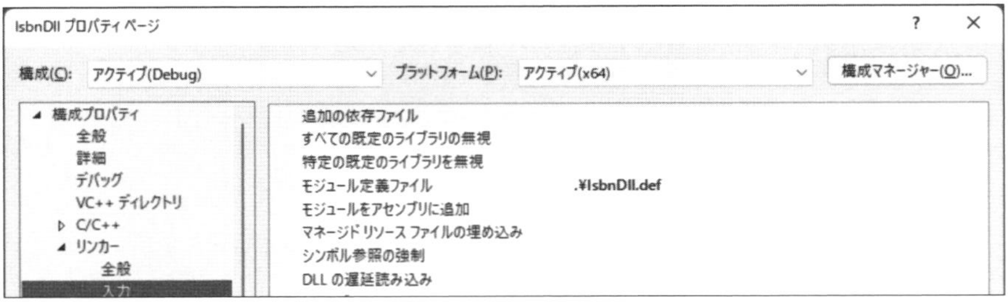

本書ではモジュール定義ファイルを使用する方法を用いて、DLLの作成方法を学んでいきます。

DLLを作成する

それではサンプルアプリケーションを作成しながら、DLLの作成方法を学んでいきましょう。

● DLL サンプルアプリケーション

これから作成するDLLサンプルアプリケーションの説明をします。

書籍の裏表紙には、ISBN（International Standard Book Number）といわれる図書コードが印刷されています（**図15-9**）。

▼図15-9　ISBNコード

ISBN978-4-7741-4231-9

9784774142319

2007年以降に発行された書籍のISBNコードは「ISBN＋数字13桁」で表現され、以下のようにフォーマットが定められています。

フラグ　-　国　-　出版者記号　-　書名記号　-　チェックデジット
ISBN978　-　4　-　7741　-　4231　-　9

ISBNコードのチェックデジットの算出方式は、「13桁コードの左から奇数桁の数字の合計×１」と「偶数桁の数字の合計×3」の合計を求め、更に求めた合計の下１桁の数字を取得して、10から取得した値を引くとチェックデジットとなります。ただし求めた下１桁が0の場合は、チェックデジットは0となります。チェックデジットの計算例を以下に示します。

例）ISBN978-4-7741-4231-9
奇数桁の数字の合計×1　(9＋8＋7＋4＋4＋3) x 1＝35
偶数桁の数字の合計×3　(7＋4＋7＋1＋2＋1) x 3＝66
上記の合計　35＋66＝101
10から求めた合計の下1桁の数字を引いた値　10－1＝9

DLLは以下の２つの関数を提供します。

①13桁のISBNコードが正しいかをチェックする関数

bool CheckIsbn(LPCTSTR lpIsbn);

引数に設定したISBNコードが正しければ、戻り値にTrueを返します。

②ISBNコードの先頭から12桁までを入力し、13桁目のチェックデジットを求める関数

int GetCheckDigit(LPCTSTR lpIsbn);

引数で渡されたISBNコードから、戻り値にチェックデジットを返します。

● ヘッダーファイルとソースファイルの追加

前節で作成した「SampleDll」ソリューションを使用して、DLLを作成していきましょう。

「SampleDll」ソリューションフォルダの中にある「IsbnDll」プロジェクトに、作成する関数を宣言するためのヘッダーファイルを追加していきます。

Visual Studioの［プロジェクト］メニューから［新しい項目の追加］を選択します（**図15-10**）。

▼図15-10　ヘッダーファイルの追加

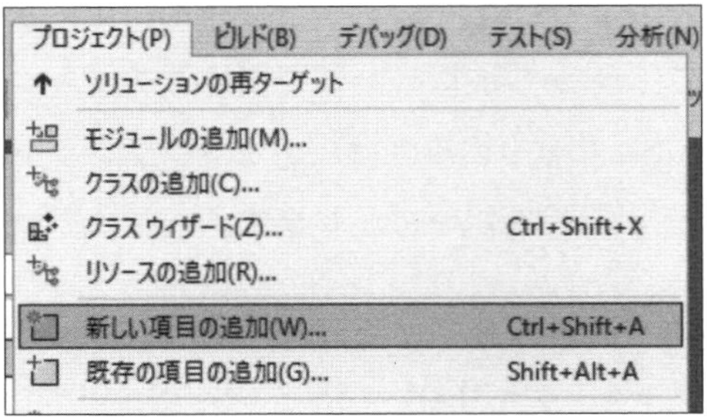

［新しい項目］を選択すると「新しい項目の追加」画面が表示されます（**図15-11**）。「新しい項目の追加」画面で、［ヘッダーファイル(.h)］を選択し、［名前］］に「Isbn.h」を入力して［追加］ボタンを押します。

▼図15-11　「新しい項目の追加」画面

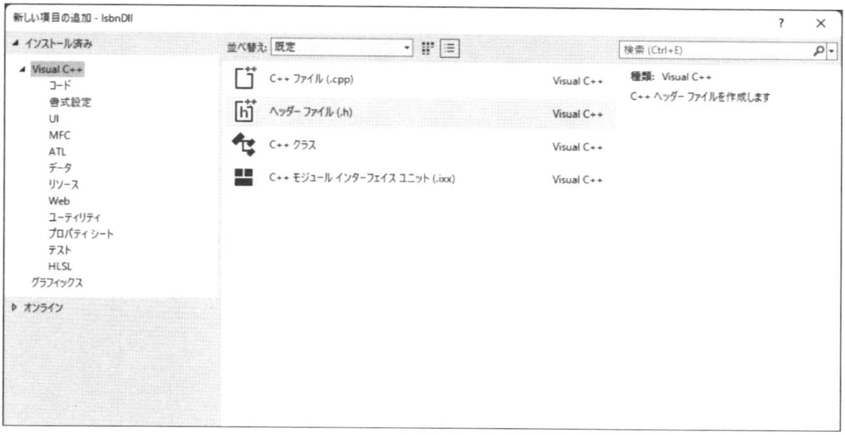

作成したヘッダーファイルIsbn.hを**リスト15-2**のように編集しましょう。

▼リスト15-2　Isbn.h

```
#pragma once
#include "pch.h"
bool CheckIsbn(LPCTSTR lpIsbn);
int GetCheckDigit(LPCTSTR lpIsbn);
```

ヘッダーファイルを作成したら「IsbnDll」プロジェクトにソースファイルを追加します。再び「新しい項目の追加」画面を開いて、[C++ ファイル(.cpp)]を選択し、[名前]に「Isbn.cpp」を入力して[追加]ボタンを押してください。

作成したソースファイルIsbn.cppを**リスト15-3**のように編集しましょう。

▼リスト15-3　Isbn.cpp

```
#include "pch.h"
#include "Isbn.h"
```

COLUMN

pch.h とは

リスト 15-2 やリスト 15-3 でインクルードした pch.h はプリコンパイル済みヘッダーファイルと言われ、Windows プログラミングでよく利用されるヘッダーファイルを集めて定義しているファイルです。新しいソースファイルを作成したときにはこのヘッダーファイルのインクルードしておくと、簡単にプログラムすることができます。

● ソースファイルの編集

作成したIsbn.cppに**リスト 15-4**のようにGetCheckDigit関数を追加しましょう。クラスウィザードを使用せずにこの通りに記載して大丈夫です。

▼リスト 15-4　GetCheckDigit 関数

```
01: int GetCheckDigit(LPCTSTR lpIsbn)
02: {
03:     int checkDigit = 0;
04:     CString csIsbn = lpIsbn;
05:     csIsbn = csIsbn.SpanIncluding(_T("0123456789"));
06:     if(csIsbn.GetLength() == 12) {
07:         for(int i = 0; i < 12; i ++) {
08:              int data = _tstoi(csIsbn.Mid(i, 1));
09:              if(((i + 1) & 1) == 0) {
10:                  data *= 3;
11:              }
12:              checkDigit += data;
13:         }
14:     }
15:     return 10 - (checkDigit % 10);
16: }
```

5行目のCStringクラスの**SpanIncluding()**は、CStringクラスのインスタンスに設定されている文字列の中から引数で与えられた文字だけを抽出する関数です。引数には0から9までの数値を設定していますので、数値以外の文字は取り除かれます。その結果、数字だけの文字が12文字であればISBNコードとして正しい文字列とし、7行目以降でISBNコードのチェックデジットを算出する処理を行います。

8行目でCStringクラスの**Mid関数**によりISBNコードを左から1文字ずつ取得しています。**_tstoi関数**は文字を数値に変換する関数です。取得した文字の位置が偶数桁であれば、10行目で変換した数値を3倍にします。

12行目で桁ごとに計算した値を合計します。15行目で合計した値から10で割った余りを求めて下一桁の数を取得し、10からその値を引いた数を返します。

次にIsbn.cppにCheckIsbn関数を追加しましょう(**リスト15-5**)。こちらもクラスウィザードを使用しなくても大丈夫です。

▼リスト15-5　CheckIsbn関数

```
01: bool CheckIsbn(LPCTSTR lpIsbn)
02: {
03:     bool result = false;
04:     CString csIsbn = lpIsbn;
05:     csIsbn = csIsbn.SpanIncluding(_T("0123456789"));
06:     if(csIsbn.GetLength() == 13) {
07:         int checkDigit = GetCheckDigit(csIsbn.Left(12));
08:         result = (checkDigit == _tstoi(csIsbn.Mid(12, 1)));
09:     }
10:     return result;
11: }
```

5行目で数値以外の文字を除外し、数字だけの文字が13文字であれば7、8行目でISBNコードのチェックを行います。

7行目でCStringクラスの**Left関数**により、数字だけになったISBNコードの左から12文字を取得して、リスト15-4で作成したチェックデジットを求める関数によりチェックデジットを取得します。

8行目ではCStringクラスのMid関数により数字だけになったISBNコードの一番左の文字を取得し、更に_tstoi関数で文字を数値に変換して、7行目で取得した値と等しければISBNコードは正しいと判断しています。

● モジュール定義ファイルの編集

モジュール定義ファイルを編集して、DLLのエクスポート関数を定義していきましょう。

ソリューションエクスプローラを開いて、IsbnDllプロジェクト内の「ソースファイル」フォルダの中にある「IsbnDll.def」をダブルクリックして、IsbnDll.defファイルを開いてください（**図15-12**）。

▼図15-12　モジュール定義ファイル（.def）

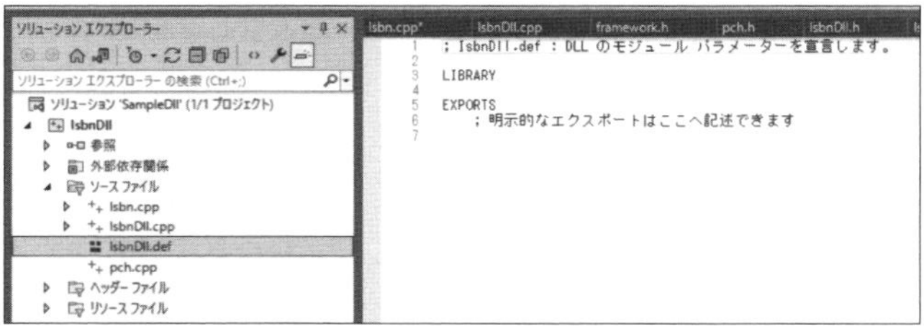

IsbnDll.defファイルを**リスト15-6**のように編集しましょう。

▼リスト15-6　モジュール定義ファイル

```
LIBRARY IsbnDll
EXPORTS
    CheckIsbn
    GetCheckDigit
```

これでモジュール定義ファイルの作成が完了しました。Visual Studioでプロジェクトをビルドして、エラーがないことを確認してください。成功すればDLLの作成は完了です。

03 DLLのリンク

Keyword　☑暗黙的なリンク　☑明示的なリンク

DLLを利用するには？

前節ではDLLを作成する方法を学びました。本節ではDLLを利用する方法を学んでいきます。

DLLを利用するには、利用するDLLを結びつけて（リンク）、DLLの存在を教えてあげることから始まります（図15-13）。

▼図15-13　DLLをリンクする

アプリケーションとDLLをリンクするには、暗黙的なリンクと明示的なリンクの2つの方法があります。

暗黙的なリンクと明示的なリンク

● 暗黙的なリンク

IsbnDllプロジェクトのDebugフォルダの中を見てください。DLLを作成すると、.dllファイルの他にも拡張子が.libのファイルが作成されています（図

15-14)。このファイルはインポートライブラリと呼ばれ、DLL内のエクスポート関数の位置などの情報が書き込まれています。暗黙的なリンクは.libファイルを使用してリンクする方法で、DLLはアプリケーションのビルド時に静的にリンクされます。

▼図15-14　.libファイル

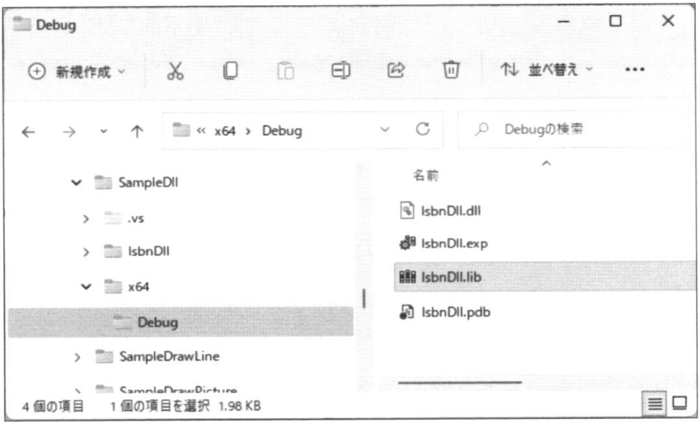

暗黙的なリンクを使用するには、この.libファイル以外にエクスポート関数が定義されているヘッダーファイルと.dllファイルが必要になります。

● 明示的なリンク

明示的なリンクは、プログラム中にLoadLibrary関数を使用してDLLファイルを動的にリンクする方法です。

明示的なリンクを使用するには.dllファイルが必要です。

暗黙的なリンクと明示的なリンクの違い

暗黙的なリンクを使用した場合、DLLに定義されている関数の使い方が間違っていれば、プロジェクトをビルドするときにエラーとなります。

明示的なリンクを使用した場合、ビルド時にDLLに定義されている関数の使い方の間違いは教えてくれません。使い方の間違いは実行してみないと知ることができません。

一般的にDLLを提供する場合には.dllファイルだけを提供することが多く、その結果明示的なリンクによりDLLを利用することになります。

DLLを提供する範囲が特定のアプリケーションに限られているのであれば、暗黙的なリンクを採用した方がDLLを利用する立場からは使いやすく感じるでしょう。

COLUMN

MFCの例外処理

例外処理とは、プログラム実行中にエラーが発生した場合に実行する処理のことです。C++ではtry～catch文を使用して例外処理を作成することができます。

またMFCには例外クラスにCExceptionクラスが用意されており、このクラスとtry～catch文を組み合わせて例外処理を作成することができます。この使用例を以下に示します。

```
try{
    // ここにプログラムを記述する
}
catch(CException* pEx){
    // ここにエラーが発生した場合の処理を記述する
    pEx->Delete();
}
```

try文の中に記述されているMFCのプログラムにエラーが発生すると、catch文の中に記述されているプログラムが実行されます。CExceptionクラスはcatch文の行の括弧内にポインタとして設定します。CExceptionクラスの中にはエラーとなった理由が格納されていますので、エラー処理が完了したらCExceptionクラスのDelete関数で削除します。MFCにはCExceptionクラスから派生した例外クラスが用意されています。詳しくはMicrosoft DOCSの例外クラス（https://docs.microsoft.com/ja-jp/cpp/mfc/exception-classes?view=msvc-170）を参照してください。

04 暗黙的なリンクを使用しDLLを利用する

Keyword ☑インポートライブラリ

DLLを利用したアプリケーションの作成

それでは前節で作成したIsbnDll.dllを利用して、入力されたISBNコードが正しいかをチェックするアプリケーションを作成していきましょう。

● ダイアログ画面の作成

これから図15-15に示すダイアログ画面を作成していきます。

▼図15-15 SampleIsbnダイアログ画面

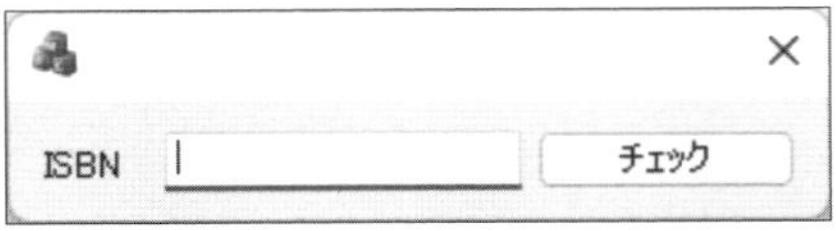

前節で使用したSampleDllソリューションに、図15-13のダイアログ画面を作成するために新しいプロジェクトを追加します。Visual Studioの［ファイル］メニューから［追加］→［新しいプロジェクト］を選択します（図15-16）。

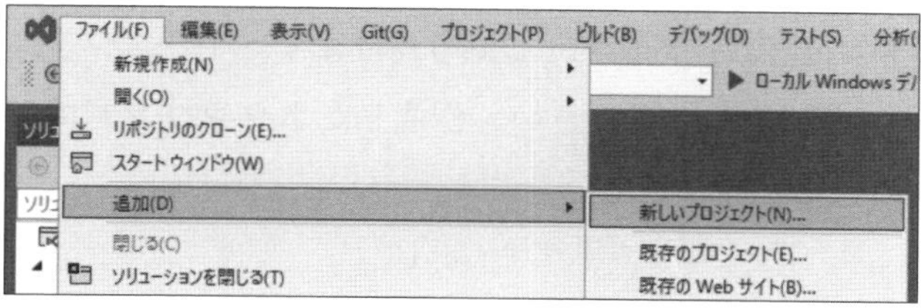

▼図15-16　新しいプロジェクトの作成

「新しいプロジェクトを追加」画面が表示されたら[MFCアプリ]を選択し、プロジェクト名に「SampleIsbn」を入力して作成します。

「MFCアプリケーション」画面が表示されたら、[アプリケーションの種類]では[ダイアログベース]を選択してください。

プロジェクトの作成が完了すると、ソリューションエクスプローラには2つのプロジェクトが表示されます(**図15-17**)。

▼図15-17　SampleIsbnプロジェクトを追加した後のSampleDllソリューション

プロジェクトの作成が完了したら、図15-15を参考にダイアログエディターでダイアログ画面を編集しましょう。

● スタティックテキストコントロールを追加する

スタティックテキストコントロールをダイアログ画面に1つ貼り付けます。Captionプロパティに「ISBN」を設定してください。

● エディットボックスコントロールを追加する

エディットボックスコントロールをダイアログ画面に1つ貼り付けます。作成したエディットボックスコントロールのIDはIDC_EDIT1として説明していきます。

● ボタンコントロールを追加する

ボタンコントロールをダイアログ画面に1つ貼り付けます。キャプションプロパティに「チェック」を設定してください。作成したボタンコントロールのIDはIDC_BUTTON1として説明していきます。

● メンバー変数の作成

「クラスウィザード」を使用して、**表15-1**に示すメンバー変数をSampleIsbnDlgクラスに追加しましょう。

▼表15-1　メンバー変数の追加

コントロールID	カテゴリ	名前	変数の種類
IDC_EDIT1	値	m_csIsbn	CString

ポイント

「クラスウィザード」画面では、SampleIsbn プロジェクトを選択することに気をつけましょう。

暗黙的なリンクを使用するには？

暗黙的なリンクを使用するためには、プロジェクトにインポートライブラリの参照を追加する必要があります。インポートライブラリの参照を追加する方法を学んでいきましょう。

SampleIsbnプロジェクトの「プロパティページ」を開き、［構成プロパティ］→［リンカー］→［入力］の［追加の依存ファイル］を選択します（**図15-18**）。

▼図15-18 「追加の依存ファイル」プロパティ

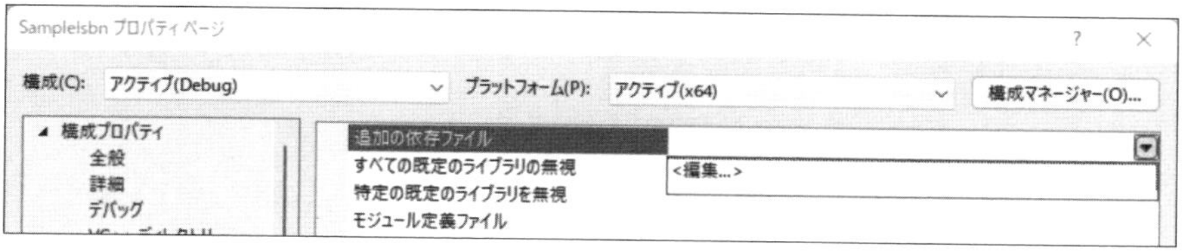

▼ボタンを押して「<編集…>」をクリックすると、「追加の依存ファイル」画面が開きます（**図15-19**）。

▼図15-19 「追加の依存ファイル」画面

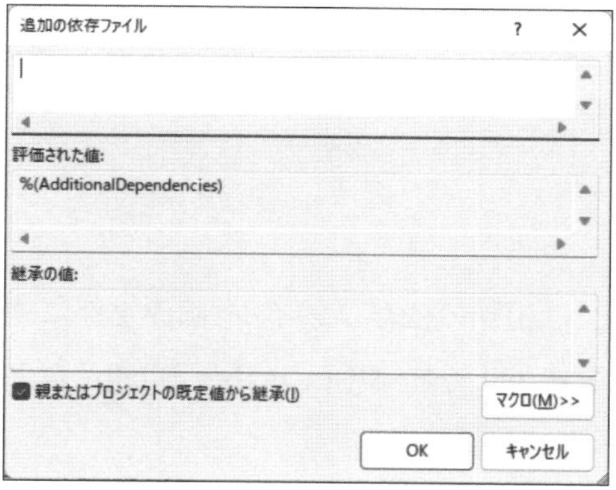

この画面の上段に利用したい.libファイルを設定します。

.libはフルパスで指定する必要がありますが、ファイルの位置をフルパスで設定してしまうとソリューションの場所を移動した場合にビルド時にエラーが発生してしまいます。マクロを使用するとソリューションの場所に依存せずにビルドすることができますので、マクロを作成する方法を学んでいきましょう。

［マクロ］ボタンを押して、「追加の依存ファイル」画面の下側に**図15-20**のようなリストを表示させてください。ここにはVisual Studioで認識できるマクロ名の一覧が表示されています。

▼図15-20　使用可能なマクロ名一覧

名前	値
$(AddAppConfigToBuil...	true
$(AfterBuildCompileTar...	AfterBuildCompileEvent
$(AfterBuildGenerateSo...	AfterBuildGenerateSources;AfterBuildGenerateSourc
$(AfterBuildLinkTargets)	CreateRecipeFile;CreateSatelliteAssemblies;CopyLoc
$(AfterClCompileTargets)	AfterClCompile
$(AfterImpLibTargets)	AfterImpLib
$(AfterLibTargets)	AfterLib
$(AfterLinkTargets)	AfterLink

.dllや.libファイルが出力されるフォルダは「$(OutDir)」マクロで取得することができますので、このマクロ名を探してダブルクリックしてください(**図15-21**)。

▼図15-21　$(OutDir) マクロの値

名前	値
$(OutDir)	C:¥Users¥user¥source¥repos¥SampleDll¥x64¥Debug¥
$(OutDirFullPath)	C:¥Users¥user¥source¥repos¥SampleDll¥x64¥Debug¥
$(OutDirWasSpecified)	false

マクロ名をダブルクリックすると、「追加の依存ファイル」画面上部にマクロ名が追加されます。追加されたマクロ名を「$(OutDir)IsbnDll.lib」のように編集し、[OK] ボタンを押してください。

「SampleIsbn」プロジェクトの「プロパティページ」に戻ると、[追加の依存ファイル] プロパティは**図15-22**のように表示されています。

ポイント

「追加の依存ファイル」プロパティには追加した IsbnDll.lib とは違うマクロ「%(AdditionalDependencies)」も同時に追加されていますが、これはプロジェクトに必要なライブラリを自動的に参照してくれるマクロですので、削除しないようにしましょう。

▼図15-22 追加後の「追加の依存ファイル」プロパティ

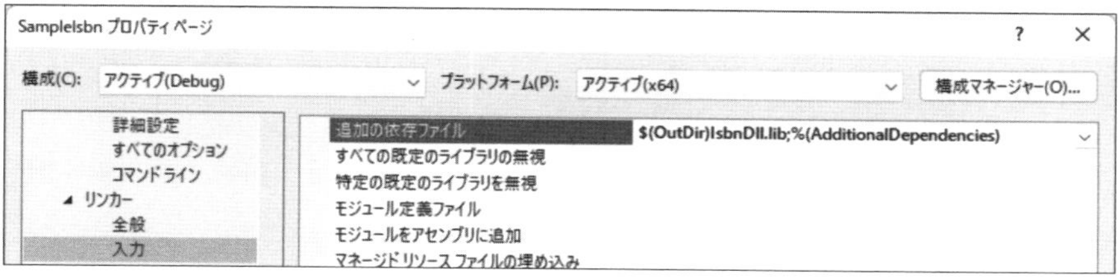

次に、SampleIsbnプロジェクトが**15-02**で作成したIsbn.hファイルを参照できるように、SampleIsbnプロジェクトのプロパティページを編集します。

SampleIsbnプロジェクトの「プロパティページ」から、[構成プロパティ]→[C/C++]→[全般]の[追加のインクルードディレクトリ]を選択し、表示される▼ボタンを押して「<編集...>」をクリックします(**図15-23**)。

▼図15-23 「追加のインクルードディレクトリ」プロパティ

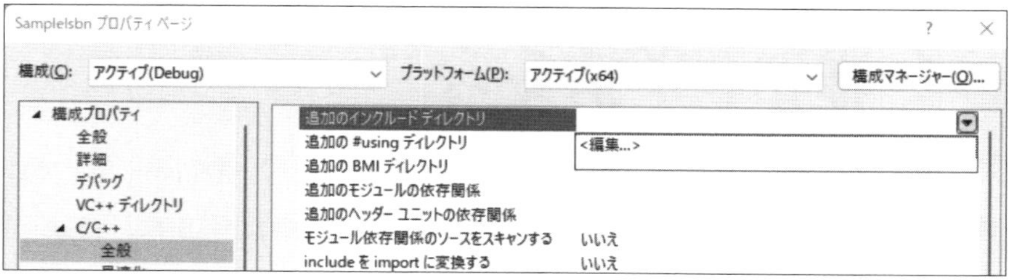

クリックすると「追加のインクルードディレクトリ」画面が表示されます(**図15-24**)。この画面は先ほど説明した「追加の依存ファイル」画面と同じ操作で編集することができます。

Isbn.hファイルはソリューションが配置されているフォルダ内のIsdnDllフォルダの中に作成されています。マクロ名の一覧から、ソリューションが配置されているフォルダの位置は「$(SolutionDir)」というマクロで取得できることがわかります。画面左上のテキストエリアをクリックして「$(SolutionDir)IsdnDll」のように編集し、[OK]ボタンを押します。

▼図15-24　「追加のインクルードディレクトリ」画面

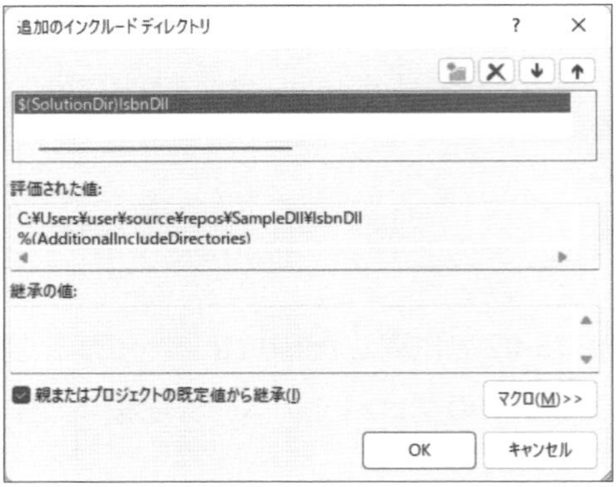

ここまでの設定が完了したら、SampleIsbnプロジェクトの「プロパティページ」で［OK］ボタンを押してください。

暗黙的なリンクを使用してみよう

ここまででDLLを使用する準備が整いました。次にSampleIsbnダイアログ画面の［チェック］ボタンをクリックしたら、入力されたISBNコードが正しいかをチェックするようにコードを追加していきましょう。

SampleIsbnプロジェクトのSampleIsbnDlg.cppファイルを開いて、**リスト15-7**のようにIsdn.hファイルのインクルードを追加します。

▼リスト15-7 SampleIsbnDlg.cppにIsdn.hファイルのインクルードを追加

```
01: #include "pch.h"
02: #include "framework.h"
03: #include "SampleIsbn.h"
04: #include "SampleIsbnDlg.h"
05: #include "afxdialogex.h"
06: #include "Isbn.h"
```

6行目が追加したコードになります。

次に[チェック]ボタンクリックメッセージハンドラーを追加して、**リスト15-8**のようにコードを追加しましょう。

▼リスト15-8 [チェック]ボタンクリックメッセージハンドラー

```
01: void CSampleIsbnDlg::OnClickedButton1()
02: {
03:     CWnd::UpdateData(TRUE);
04:     if(CheckIsbn(m_csIsbn)) {
05:         AfxMessageBox(_T("入力されたISBNコードは正しいです。"));
06:     }
07:     else{
08:         AfxMessageBox(_T("入力されたISBNコードは間違っています。"));
09:     }
10: }
```

3行目のUpdateData関数によりエディットコントロールに入力された値を取得し、4行目でIsbnDll.dllのCheckIsbn関数を呼び出して、入力されたISBNコードが正しいかをチェックしています。

動かしてみよう

それではこれまでに作成したコードを動かしてみましょう。

SampleIsbnプロジェクトをビルドするにはIsbnDll.libが必要になります。ビルドする順番が最初にIsbnDllプロジェクト、次にSampleIsbnプロジェクトとなるように、プロジェクトをビルドする順番を指定します。

Visual Studioの[プロジェクト]メニューから[プロジェクトの依存関係]を選択して、「プロジェクトの依存関係」画面を表示します(**図15-25**)。

▼**図15-25　プロジェクトの依存関係**

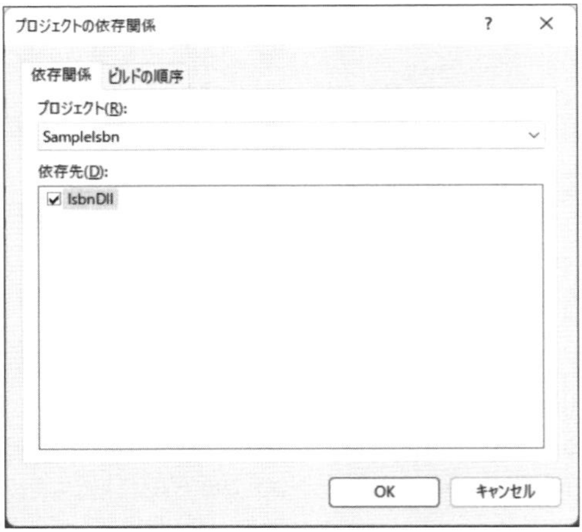

[依存関係]タブではソリューション内のプロジェクトの依存関係を設定します。

SampleIsbnプロジェクトはIsbnDllプロジェクトに依存した関係になりますので、図15-25のように[プロジェクト]に「SampleIsbn」を選択して、[依存先]に「IsbnDll」をチェックします。その結果、[ビルドの順序]タブには**図15-26**のように上に「IsbnDll」、下に「SampleIsbn」が表示されます。

▼図15-26　プロジェクトをビルドする順序

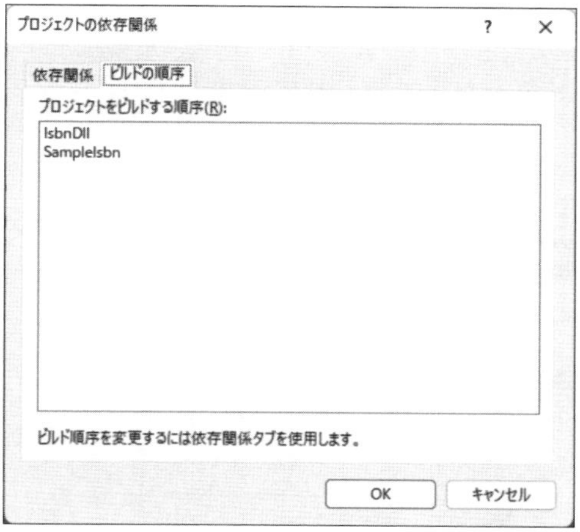

次に［デバッグ］メニューの［デバッグの開始］により実行されるプロジェクトが「SampleIsbn」となるように設定を行います。

ソリューションエクスプローラを開いて「SampleIsbn」を右クリックし、［スタートアッププロジェクトに設定］を選択してください（図15-27）。

▼図15-27　スタートアッププロジェクトに設定

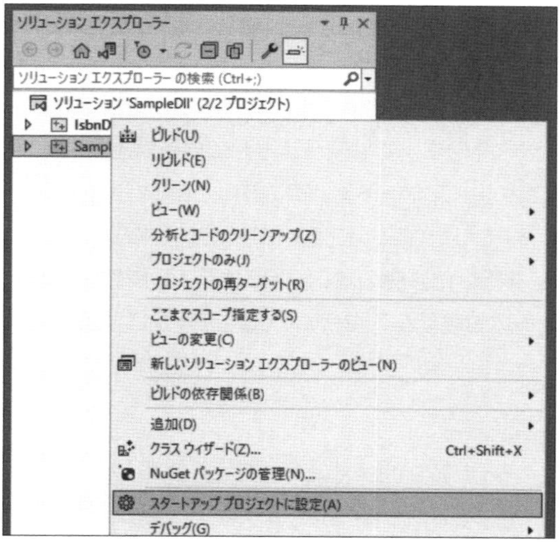

Visual Studioでソリューションをビルドして、エラーがないことを確認してからデバッグ実行してみましょう。**図15-28**のような画面が表示されますので、お手持ちの本のISBNコードを入力して確かめてみましょう。

▼図15-28　実行例

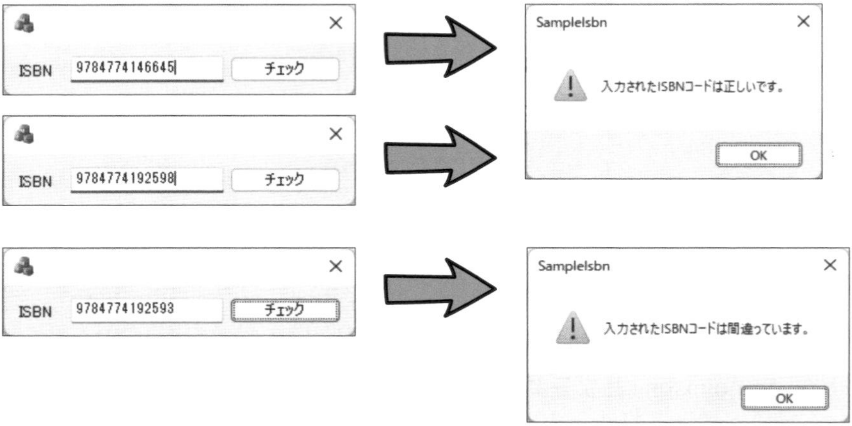

COLUMN

DLLのデバッグ

6章でデバッグの方法を学びましたが、DLLは単独では実行することができないため、**6章**で学んだデバッグ方法をそのままでは使うことができません。

しかし図15-27で示した方法により、スタートアッププログラムにDLLの呼び出し側を設定してデバッグ実行してください。DLLプロジェクトにブレークポイントを設定しておくと、DLLを呼び出す側のプログラムがDLL内の関数を呼び出したときにブレークポイントの位置でプログラムの実行を停止させることができます。

05 明示的なリンクを使用しDLLを利用する

Keyword
- LoadLibrary関数
- GetProcAddress関数

明示的なリンクを使用するには？

15-03で明示的なリンクはプログラム中にLoadLibrary関数を使用して、DLLファイルを動的にリンクする方法であると説明しました。ここではLoadLibrary関数の使用方法を見ていきましょう。

LoadLibrary関数の構文を**構文15-2**に示します。

構文　15-2　DLLファイルを読み込む

```
HMODULE DLLハンドル = LoadLibrary(LPCTSTR DLLファイル名);
```

「DLLファイル名」にはリンクするDLLファイル名を指定します。

LoadLibrary関数の実行に成功するとDLLハンドル、失敗するとNULLが返ります。

LoadLibrary関数の使用例は以下のようになります。

```
HMODULE hDll = LoadLibrary(_T("e:¥lib¥IsbnDll.dll"));
```

LoadLibrary関数によりDLLハンドルを取得した後で、DLLハンドルからエクスポート関数へのポインタを取得します。エクスポート関数へのポインタを取得するには、**GetProcAddress関数**を使用します（**構文15-3**）。

構　文　15-3　エクスポート関数へのポインタを取得する

```
関数ポインタ = GetProcAddress(HMODULE DLLハンドル,
                              LPCSTR エクスポート関数名);
```

GetProcAddress関数の実行に成功すると関数のポインタ、失敗するとNULLが返ります。GetProcAddress関数の使用例は以下のようになります。

```
CheckIsbn* pCheckIsbn = (CheckIsbn *)GetProcAddress(hDll,
"CheckIsbn");
```

LoadLibrary関数で取得したDLLハンドルを解放するには、**FreeLibrary関数**を使用します（**構文15-4**）。

構　文　15-4　DLLハンドルを解放する

```
FreeLibrary (DLLハンドル)
```

明示的なリンクを使用してみよう

前節で作成した暗黙的なリンクを使用したプログラムを、明示的なリンクを使用したプログラムに変更してみましょう。

事前に前節で設定したSampleIsbnプロジェクトのプロパティページの.libファイルの参照と、SampleIsbnDlg.cppに追加したヘッダーファイルのインクルードを削除してください。

明示的なリンクを使用する場合、DLLに定義されているエクスポート関数のプロトタイプ宣言を、DLLを利用するアプリケーション側で行います。

SampleIsbnDlg.cppの「チェック」ボタンクリックメッセージハンドラー関数が定義されている行の直前に、リスト15-9に示すコードを追加してください。

▼リスト 15-9 エクスポート関数の定義

```
typedef bool CheckIsbn(LPCTSTR lpIsbn);
```

typedefは関数やデータ型を定義するためのキーワードです。このtypedefキーワードを使用して、利用するDLLのエクスポート関数の定義を事前に行います。

「チェック」ボタンクリックメッセージハンドラーを、**リスト 15-10**のようにコードを変更しましょう。

▼リスト 15-10 [チェック] ボタンクリックメッセージハンドラー

```
void CSampleIsbnDlg::OnClickedButton1()
{
    CWnd::UpdateData(TRUE);
    HMODULE hDll = LoadLibrary(_T("IsbnDll.dll"));
    if(hDll != NULL) {
        CheckIsbn* pCheckIsbn =
            (CheckIsbn *)GetProcAddress(hDll, "CheckIsbn");
        if (pCheckIsbn != NULL) {
            if(pCheckIsbn(m_csIsbn)) {
                AfxMessageBox(_T("ISBNコードは正しいです。"));
            }
            else{
                AfxMessageBox(_T("ISBNコードは間違っています。"));
            }
            FreeLibrary(hDll);
        }
        else{
            AfxMessageBox(_T("エクスポート関数が見つかりません。"));
        }
    }
    else{
        AfxMessageBox(_T("DLLの読み込みに失敗しました。"));
    }
}
```

4行目のLoadLibrary関数によりIsbnDll.dllのハンドルを取得しています。

SampleDllソリューションの場合、.dllファイルは実行ファイルと同一のフォルダ内に作成されているはずですので、このような記述で問題ありませんが、.dllファイルが実行ファイルとは別のフォルダにあればフルパスで指定します。

DLLのハンドルが取得できたら6行目のGetProcAddress関数によりCheckIsbn関数のポインタを取得し、8行目でCheckIsbn関数を利用してISBNコードのチェックを行います。

DLLの使用が終わったら14行目のFreeLibrary関数によりDLLハンドルを解放します。

動かしてみよう

それではこれまでに作成したコードを動かしてみましょう。Visual Studioでプロジェクトをビルドして、エラーがないことを確認してください。

暗黙的なリンクのときと同様に動作を確認できたでしょうか？

使用方法は異なりますが、暗黙的なリンクも明示的なリンクも同様にDLLを使用することができますので、使い方の違いを理解しましょう。

この章のまとめ

- ダイナミックリンクライブラリ（DLL）は、複数のアプリケーションから共通に利用することができる関数を集めた実行可能なファイルです。
- DLL では関数の入り口がわかるように目印をつけます。
- エクスポート関数の作成には、__declspec(dllexport) キーワードを使用する方法と、モジュール定義ファイル (.def) を使用する方法があります。
- DLL を利用するには、アプリケーションに利用する DLL を結びつけて（リンク）、DLL の存在を教えてあげます。
- DLL をリンクするには暗黙的なリンクと明示的なリンクの 2 つの方法があります。

《章末復習問題》

練習問題 15-1

IsbnDll.dllを利用して、ISBNコードを先頭から12桁入力した結果、13桁目のチェックデジットを求める画面を、暗黙的なリンクを利用して作成してください。

練習問題 15-2

IsbnDll.dllを利用して、ISBNコードを先頭から12桁入力した結果、13桁目のチェックデジットを求める画面を、明示的なリンクを利用して作成してください。

解答は P.579 ➡

16章

C++/CLI プログラミング

これまでの章はMFCを中心にアンマネージコードのプログラミングを学んできました。
本章ではマネージコードのプログラミングについて学んでいきましょう。

01 C++/CLIとは

Keyword ☑ C++/CLI ☑ 名前空間 ☑ 値型 ☑ 参照型

C++/CLIとは？

C++/CLI(Common Language Infrastructure:共通言語基盤)は、.NET上で動作するプログラムを作成するために、C++を拡張した言語です。
CLIとは.NETのプログラム実行環境の仕様を定義したもので、ECMA(ヨーロッパ電子計算機工業会)によって標準化されています。CLIをMicrosoftによって実装したものが、第1章で説明したCLR(共通言語ランタイム)です(図16-1)。

▼図16-1　CLIとCLR

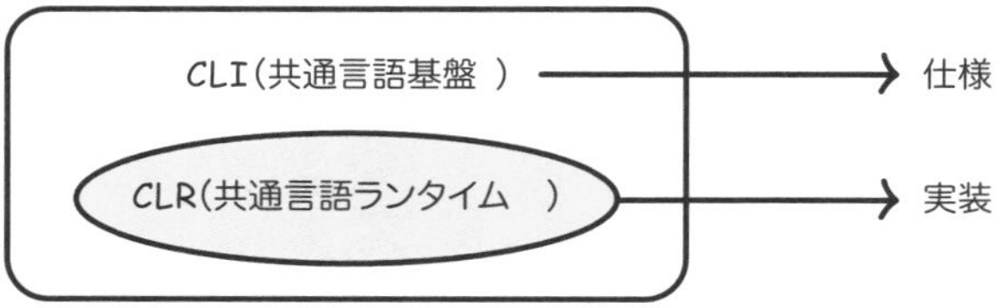

CLIの概念の説明はややこしく感じられたと思いますが、要は「Visual C++でマネージコードを記述する場合には、C++/CLIというプログラミング言語で記述する必要がある」ということを覚えておいてください。

Visual C++で作成する、.NETアプリの制約事項

Visual C++で.NETに対応したマネージドコードのアプリを作成する場合、以下のような制約事項があります。

- Visual C++では直接実行可能なファイル（拡張子.exe）を作成することはできません。ダイナミックリンクライブラリ（拡張子.dll）は作成可能です。
- .NET対応のアプリはWindows、Linux、Mac OSなどの複数OSをターゲットとしていますが、Visual C++を使用する場合は、Windows OSのみをターゲットとすることになります。
- Visual C++で.NETに対応したWindowsフォームやWPF（Windows Platform Foundation）アプリを作成する場合、フォームデザイナーやXAMLデザイナーを使用することができません。

上記の制約事項はありますが、これからVisual C++ならではのプログラミング手法を説明していきますので、その方法を学んでいきましょう。基礎知識を学んだ後で、マネージコードを利用したアプリを作成していきます。

名前空間とは？

名前空間（namespace）とは、使用したいクラスやメソッドなどが他の同名クラスや同名メソッドなどにより名前が衝突しないように、一意となるような名前を設定する概念のことです。

図16-2は複数の同じ名前のクラスABCが作成され、利用する側に提供されていることを示した例です。クラスABCを利用する立場では名前だけで利用したいクラスを解決すると、コード中に利用しているクラスがどのクラスなのかを区別することが困難です。

▼図16-2　クラス名の衝突

名前空間を使用すると、クラス名が他のクラスと同じ名前を命名してもどのクラスを利用しているのかを区別することができます。

マネージコードのプログラミングは.NETのクラスライブラリを使用します。.NETでは提供されているクラスの数が多く、クラス名の衝突が置きやすいので、名前空間によりクラス名の衝突を回避しています。

アンマネージコードのプログラミングは、たとえばMFCを使用している場合でもクラス名の衝突は起き得ますが、クラスの数が少なければ影響はそれほど大きくありません。

また、アンマネージコードではヘッダーファイルに定義されているクラス名が衝突していれば、インクルードすることにより衝突が発見されます。

Visual C++以外のほとんどのオブジェクト指向プログラミング言語ではヘッダーファイルの概念を持っていませんが、名前空間を使用することができます。よってマネージコードでは、どのプログラミング言語でも名前空間の使用が必須になります。

C++では**namespace宣言**により名前空間を作成することができます（**構文16-1**）。

構文 16-1 名前空間の作成

```
namespace 名前
```

名前空間「ABC」にクラス「XYZ」を定義する例を**リスト16-1**に示します。

▼リスト16-1 名前空間の作成例

```
01: namespace ABC
02: {
03:     class XYZ
04:     {
05:     };
06: };
```

クラスXYZは名前空間ABCの中に存在しています。この名前空間ABCの存在がわからないとクラスXYZの存在も知ることはできません。

名前空間の指定は**2章**で説明したスコープ解決演算子を用います。

リスト16-1の名前空間ABCを指定して、XYZクラスのインスタンスを生成する例を以下に示します。

```
ABC::XYZ xyz;
```

また、階層構造で名前空間を作成することができます。たとえば、

```
namespace ABC::DEF
```

のように記述することで、名前空間ABCの中に名前空間DEFを作成することができます。

リスト16-1の1行目の名前空間「ABC」を「ABC::DEF」に変更した場合、XYZクラスのインスタンスを生成する例を以下に示します。

```
ABC::DEF::XYZ xyz;
```

名前空間の階層が深くなると名前空間を記述するだけでコードが長くなっ

てしまいます。**using宣言**を使用すると名前空間の記述を省略することができます（**構文16-2**）。

構　文　16-2　使用する名前空間の宣言

```
using namespace 名前
```

名前空間「ABC::DEF」の使用を宣言するには、以下のように記述します。

```
using namespace ABC::DEF
```

マネージコードのデータ型

マネージコードで使用するデータ型は、**3章**で説明したアンマネージコードの特殊なデータ型に比較してわかりやすいものになっています。**表16-1**にアンマネージコードに相当するマネージコードのデータ型のリストを示します。

▼表16-1　アンマネージコードに相当するマネージコードのデータ型

マネージコードのデータ型	アンマネージコードのデータ型
System::Int32	int,INT,long,LONG
System::Char	char
System::Int16	short
System::UInt32	unsigned int, UINT, unsigned long, DWORD
System::Byte	unsigned char, BYTE
System::UInt16	unsigned short, WORD
System::Single	float
System::Double	double
System::Boolean	bool, BOOL
System::IntPtr	HANDLE
System::String	TCHAR, LPCTSTR, char*
System::Void	void

ポイント

マネージコードでも int 型や bool 型の変数を作成することができます。その場合、データ型は System::Int32 や System::Boolean として扱われます。

マネージコードのクラス

● 値型と参照型

2章では変数は「アドレス」と「アドレスの内容」の２つの値を持ち、C言語では「アドレス」をポインタとして扱うことができると説明しました。たとえば、intやBYTEなどの固定長のデータを持つ変数には「アドレスの内容」が代入されています。また、文字列やクラスのインスタンスなどの可変長のデータを持つ変数には、参照する「アドレス」が代入されています。

マネージコードのデータ型には、アドレスの内容が代入されている**値型**と、参照するアドレスが代入されている**参照型**の２つがあります（**図16-3**）。

値型の変数は**スタック**と呼ばれるメモリ領域に生成され、生成元には変数の値を渡します。

参照型の変数は**マネージヒープ**と呼ばれるメモリ領域に生成され、生成元には変数への参照を渡します。マネージヒープは.NETのガベージコレクタにより管理され、不要になった変数は自動的に破棄されます。

▼図16-3　マネージコードのデータ型の種類

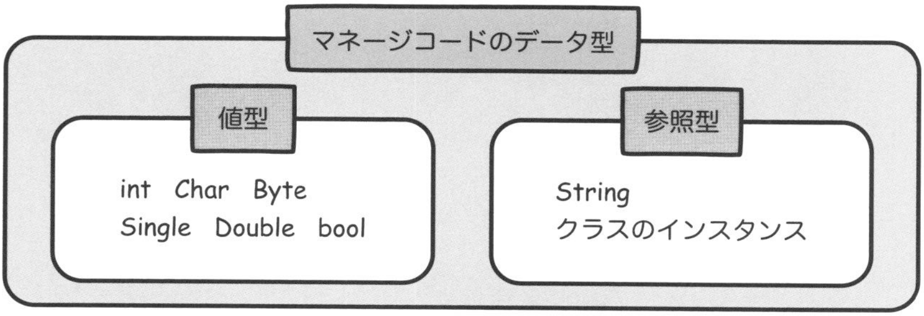

● クラスを定義する

マネージコードで参照型のクラスを定義するには、**refキーワード**を使用します（**構文16-3**）。

構文 16-3 参照型クラスの定義

```
ref class クラス名
```

refは参照(reference)を表しています。

また**valueキーワード**を使用すると、値型のクラスを定義することができます（**構文16-4**）。

構文 16-4 値型クラスの定義

```
value class クラス名
```

● クラスのインスタンスを生成する

参照型の変数を生成するには、**gcnew演算子**を使用します（**構文16-5**）。

構文 16-5 参照型の変数を生成する

```
参照型^ 変数名 = gcnew 参照型();
```

構文16-5の左辺「参照型」の右側にある「^」は参照を表しており、アンマネージコードの「*」の表現と区別されています。またアンマネージコードでの「ポインタ」と区別するため、マネージコードでは**ハンドル**と呼びます。

02 マネージコードを使ってみよう

Keyword ☑Windowsフォーム

マネージコードのプロジェクトを作成しよう

それではVisual Studioでマネージコードのプロジェクトを作成してみましょう。この節では次節で使用するWindowsフォームアプリケーションを作成して、マネージコードでの違いを学んでいきたいと思います。

Visual Studio 2013以降からVisual C++でのWindowsフォームアプリケーションの作成は非推奨となり、Windowsフォーム用のプロジェクトテンプレートは提供されなくなりました。本来であれば、C#やVisual Basic等の他のプログラミング言語を用いて開発を行うべきですが、本書では最大限Visual C++を活用した解説を行いたいと思います。前節で説明した通り、.NET上ではVisual C++では直接実行可能なファイル（拡張子.exe）を作成することができなくなりましたので、Visual C++でクラスライブラリを作成して、それを実行させる部分でC#を使用します。

Visual Studioの［ファイル］メニューから［新規作成］→［プロジェクト］を選択し、「新しいプロジェクトの作成」画面を開きます。

「新しいプロジェクトの作成」画面を［C++］［Windows］［ライブラリ］でフィルタリングした後、[CLR クラスライブラリ (.NET)] を選択して［次へ］ボタンを押します（**図16-4**）。

▼図16-4 「新しいプロジェクトの作成」画面

ポイント

「新しいプロジェクトの作成」画面を［C++］［Windows］［ライブラリ］でフィルタリングした後、［CLR クラスライブラリ (.NET)］の他に［CLR クラスライブラリ (.NET Framework)］という項目も表示されます。「(.NET)」と記述されている方は .NET 用のプロジェクトを作成する場合に選択し、「(.NET Framework)」と記述されている方は .NET Framework バージョン 4 用のプロジェクトを作成する場合に選択しますので、間違わないようにしてください。

「新しいプロジェクトを構成します」画面で、［プロジェクト名］に「SampleCLR」、［場所］にプロジェクトを保存するフォルダを入力し、［ソリューションとプロジェクトを同じディレクトリに配置する］をチェックしないで［作成］ボタンを押します。

Windowsフォームの作成

これから、**図16-5**のようなWindowsフォーム画面を作成していきます。

▼図16-5　作成するWindowsフォーム画面

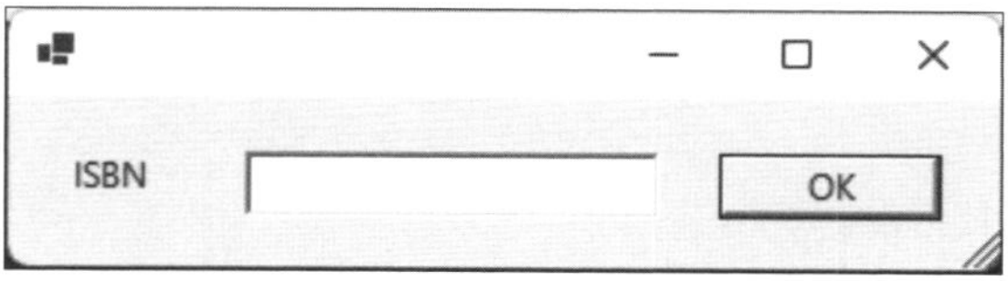

Visual C++は.NETのWindowsフォームのクラスライブラリを直接参照することができないため、以下の手順によりクラスの参照を追加します。

作成した「SampleCLR」プロジェクトを一度閉じてから、プロジェクトを作成したフォルダ内のSampleCLR.vcxprojファイルを、メモ帳などのテキストエディタで開きます。開いた後で一番下の行までスクロールし、**リスト16-2**の4～6行目までのコードを追加します。

▼リスト16-2　SampleCLR.vcxprojファイルの修正（抜粋）

```
01:    <ItemGroup>
02:      <Image Include="app.ico" />
03:    </ItemGroup>
04:    <ItemGroup>
05:      <FrameworkReference Include="Microsoft.WindowsDesktop.App.WindowsForms" />
06:    </ItemGroup>
07:    <Import Project="$(VCTargetsPath)¥Microsoft.Cpp.targets" />
08:    <ImportGroup Label="ExtensionTargets">
09:    </ImportGroup>
10:  </Project>
```

SampleCLR.vcxprojファイルを上書き保存した後、Visual Studioで

「SampleCLR」プロジェクトを開きなおします。プロジェクト内に作成されたSampleCLR.hを開き、**リスト16-3**の通りに修正します。

▼リスト16-3　SampleCLR.h

```
01: #pragma once
02: using namespace System;
03: using namespace System::Windows::Forms;
04: namespace SampleCLR {
05:     public ref class SampleCLRForm : public Form
06:     {
07:     private:
08:         Label^ labelIsbn;
09:         TextBox^ textBoxIsbn;
10:         Button^ buttonOK;
11:     public:
12:         SampleCLRForm() {
13:             this->labelIsbn = gcnew Label();
14:             this->labelIsbn->Location = Drawing::Point(20, 20);
15:             this->labelIsbn->Size = Drawing::Size(40, 23);
16:             this->labelIsbn->Text = "ISBN";
17:             this->textBoxIsbn = gcnew TextBox();
18:             this->textBoxIsbn->Location = Drawing::Point(80, 20);
19:             this->textBoxIsbn->Size = Drawing::Size(140, 23);
20:             this->buttonOK = gcnew Button();
21:             this->buttonOK->Location = Drawing::Point(240, 20);
22:             this->buttonOK->Size = Drawing::Size(75, 23);
23:             this->buttonOK->Text = "OK";
24:             this->ClientSize = Drawing::Size(335, 60);
25:             this->Controls->Add(this->buttonOK);
26:             this->Controls->Add(this->textBoxIsbn);
27:             this->Controls->Add(this->labelIsbn);
28:         }
29:     };
30: }
```

3行目は.NETの**System::Windows::Forms名前空間**の使用を宣言しています。

5行目でクラス名をSampleCLRFormに変更しています。このクラスはSystem::Windows::Forms::Formクラスを継承したクラスとして宣言していますが、3行目のusingにより「System::Windows::Forms::」を省略しています。

8～10行目は画面で使用するコントロールの宣言を行っています。これから作成する画面は、ラベル、テキストボックス、ボタンコントロールを使用しています（**図16-6**）。これらは**8章**で説明したMFCのスタティックテキスト、エディット、ボタンコントロールとほぼ同等の機能を持つコントロールです。これらのコントロールもSystem::Windows::Forms名前空間のクラスのため、省略系で記述しています。

▼図16-6　使用しているコントロール

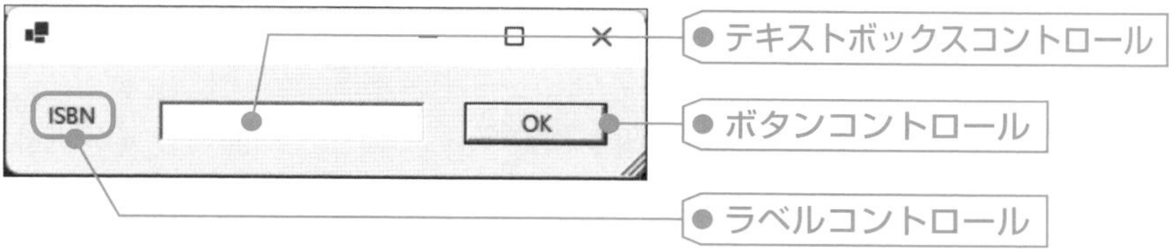

12～28行目はクラスのコンストラクタの処理になります。ここでは画面のレイアウトを設定しています。

13～16行目はラベルコントロールの設定を行っています。

13行目は、8行目で宣言したラベルコントロールの実体を生成しています。14行目はLocationプロパティでコントロールを表示する位置を指定しています。指定する際にはSystem::Drawing::Pointクラスを使用します。コンストラクタの引数で画面左上からのX座標とY座標を指定してします。

15行目はSizeプロパティでコントロールの大きさを指定しています。指定する際にはSystem::Drawing::Sizeクラスを使用します。コンストラクタの引数でコントロールの幅と高さを指定しています。

16行目はTextプロパティでラベルに表示する文言を指定しています。

ここまでのラベルコントロールの設定内容を**図16-7**に示します。

▼図16-7 ラベルコントロールの設定内容

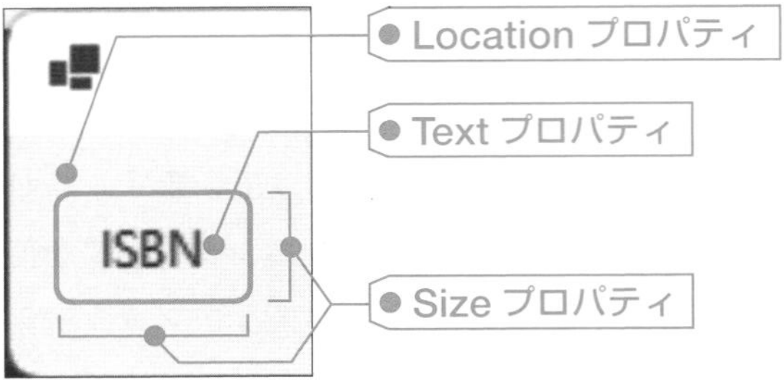

17～19行目まではテキストボックスコントロール、20～23行目まではボタンコントロールの設定を行っています。Windowsフォームのコントロールは**System::Windows::Forms::Controlクラス**から派生したクラスになっており、ラベルコントロールで説明したプロパティは、テキストボックスやボタンコントロールでも同様に設定することができます。

24行目はFormクラスの**ClientSizeプロパティ**により、画面のサイズを指定しています。指定方法はコントロールのSizeプロパティと同じです。

25～27行目はFormクラスの**Controlコレクション**の**Addメソッド**でコントロールを追加しています。これによりフォームがコントロールの所有者となり、フォーム内にコントロールが配置されます。

ここまで作成したプロジェクトをビルドして、エラーがないことを確認してください。エラーがなければSampleCLRForm.dllの作成が完了しました。

C#プロジェクトの追加

作成したクラスライブラリを実行するC#プロジェクトを作成します。Visual Studioの［ファイル］メニューから［追加］→［新しいプロジェクト］を選択します。「新しいプロジェクトを追加」画面では［C#］、[Windows]、［コンソール］でフィルタリングし、［コンソールアプリ］を選択して［次へ］を押します（図16-8）。

▼**図16-8　C#プロジェクトの追加**

次の「新しいプロジェクトを構成します」画面では、[プロジェクト名]に「ConsoleMain」を入力して[次へ]を押します。

次の「追加情報」画面では、[フレームワーク]に「.NET 6.0(長期的なサポート)」が選択されていることを確認して[作成]を押します(**図16-9**)。

▼**図16-9　追加情報**

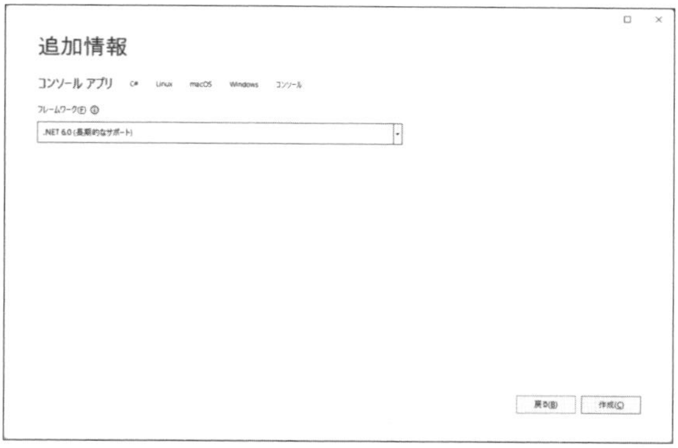

ConsoleMainプロジェクトが作成されたら、コンソールアプリプロジェクトからWindowsフォームのクラスライブラリを参照できるようにします。ソリューションエクスプローラーで[ConsoleMain]の部分をダブルクリックすると、**図16-10**のようなXMLが表示されます。

▼図16-10　出力の種類

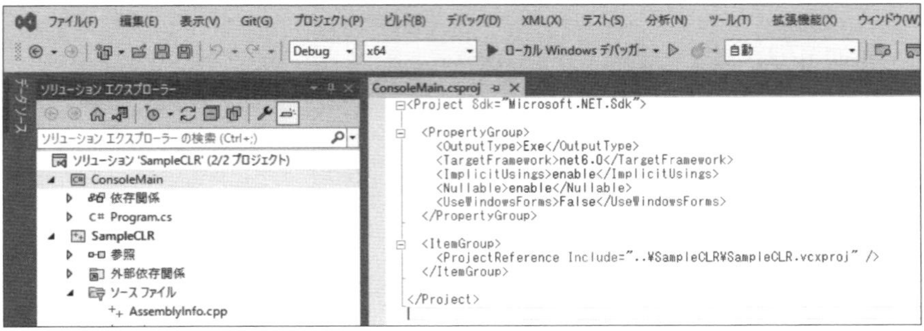

このXMLを**リスト16-4**の通りに修正します。

▼リスト16-4　Windowsフォームクラスライブラリ参照の追加

```
01:   <ItemGroup>
02:     <ProjectReference Include="..¥SampleCLR¥SampleCLR.vcxproj" />
03:   </ItemGroup>
04:   <ItemGroup>
05:     <FrameworkReference Include="Microsoft.WindowsDesktop.App.
          WindowsForms" />
06:   </ItemGroup>
07: </Project>
```

4～6行目が追加したコードになります。リスト16-2と同じコードですね。次にSampleCLRプロジェクトへの参照を追加します。ソリューションエクスプローラーでConsoleMainプロジェクトを展開し、［依存関係］の右クリックメニューから[プロジェクト参照の追加]を選択します（**図16-11**）。

▼図16-11　プロジェクト参照の追加

参照マネージャー画面で［SampleCLR］をチェックして、［OK］ボタンを押します（**図16-12**）。

▼図16-12　SampleCLRプロジェクトの参照追加

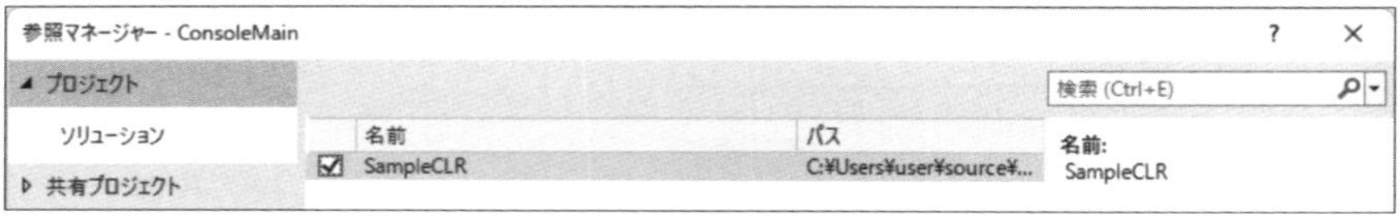

ConsoleMainプロジェクト内にはProgram.csファイルが作成されていますので、この内容を修正します。Program.csを開いて**リスト16-5**の通りに修正します。

▼リスト16-5　SampleCLR.dllをキックするC#プログラム

```
01: using System.Windows.Forms;
02: using SampleCLR;
03: using(SampleCLRForm form = new SampleCLRForm())
04: {
05:     form.ShowDialog();
06: }
```

簡単に説明すると、3行目でSampleCLRFormクラスのインスタンスを生成した後で、5行目の**ShowDialogメソッド**を実行することで、フォームが表示されるようになります。

動かしてみよう

ここまででVisual C++で作成したWindowsフォームを実行できるようになりました。Visual Studioでプロジェクトをビルドして、エラーがないことを確認してください。

ソリューションエクスプローラーのConsoleMainプロジェクトの右クリックメニューから、[デバッグ]→[新しいインスタンスの開始]を選択します。選択すると**図16-13**のようにコンソール画面が開いた後で、Windowsフォームが表示されるようになります。

▼図16-13　実行結果

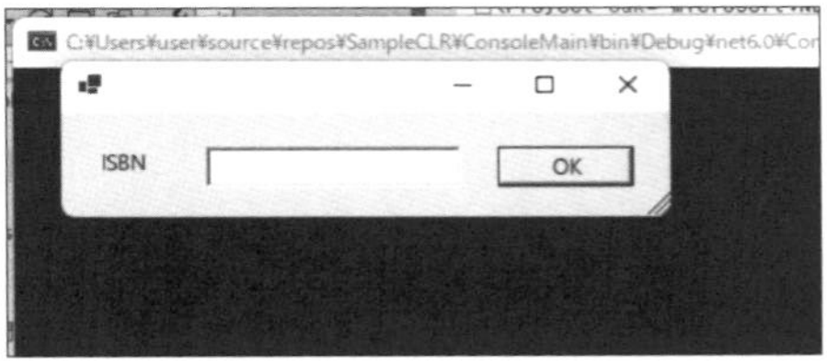

03 アンマネージコードとマネージコードを混在させてみよう

Keyword
- 共通言語ランタイムサポート
- マーシャリングライブラリ

アンマネージコードとマネージコードを混在させる

マネージコードからアンマネージDLLを呼び出すマネージコードでアプリケーションを作成するときに、既存のアンマネージコードを流用して作成したい場合、アンマネージコードをマネージコードに移植することでも対応できますが、移植には時間やコストがかかってしまいます。

Visual C++ は、アンマネージコードの中にマネージコードを記述したり、その反対にマネージコードの中にアンマネージコードを記述することができるという、他のプログラミング言語にはない特徴があります。その特徴により、アンマネージコードをマネージコードでラップ（包み隠し）して、利用する側からはマネージコードしか見えないようにすることが、Visual C++を利用すれば可能になります（図16-14）。

本節では、アンマネージコードとマネージコードを混在させる方法について、学んでいきましょう。

▼図16-14　アンマネージコードをマネージコードでラップ

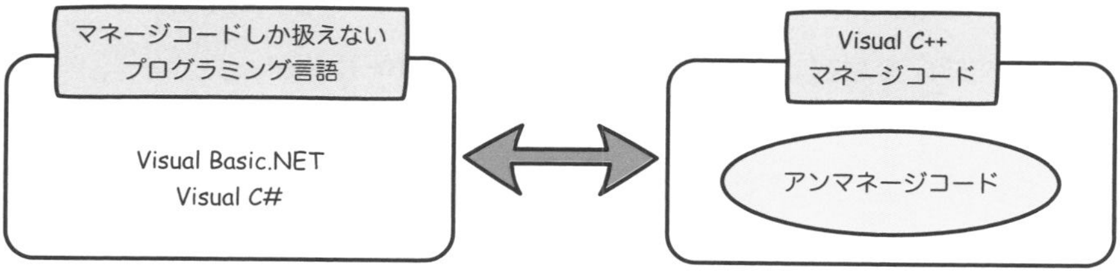

マーシャリング

マネージコードとアンマネージコードを相互に利用する場合の問題は、相互のデータ型の変換です。文字列型などお互いに似たような型が存在しますが、管理方法の違いからマネージコードからアンマネージコードのデータを直接取り扱ったり、アンマネージコードからマネージコードのデータを直接取り扱ったりするようなことはできません。そのためにデータ型を相互に変換する必要がありますが、データ型を変換する操作のことをマーシャリングといいます。

.NETでは、マネージコードとアンマネージコードのデータ型を相互に変換するマーシャリングは自動的に行われるため、ほとんどのケースで既定のマーシャリングにより期待した値に変換されるでしょう。しかし、既定のマーシャリングだけで期待した値に変換されるのかは実行してみないとわからない場合もあります。マーシャリングの実行コストは小さくないので、実行してみて問題が見つかれば手動（コーディング）によるマーシャリングを行います。

それでは実際にマーシャリングの方法を体験してみましょう。**14-01**「iniファイルの読み書き」で説明したWindows APIを.NETで使用できるように、C++/CLRで対応します。

16-02で作成したSampleCLRソリューション内にSampleAPIプロジェクトを作成します。Visual Studioの［ファイル］メニューから［追加］→［新しいプロジェクト］を選択します。「新しいプロジェクトを追加」画面では［C++］、[Windows]、［ライブラリ］でフィルタリングし、［CLRクラスライブラリ (.NET)］を選択して［次へ］を押します（**図16-15**）。

▼図16-15　新しいプロジェクトの追加

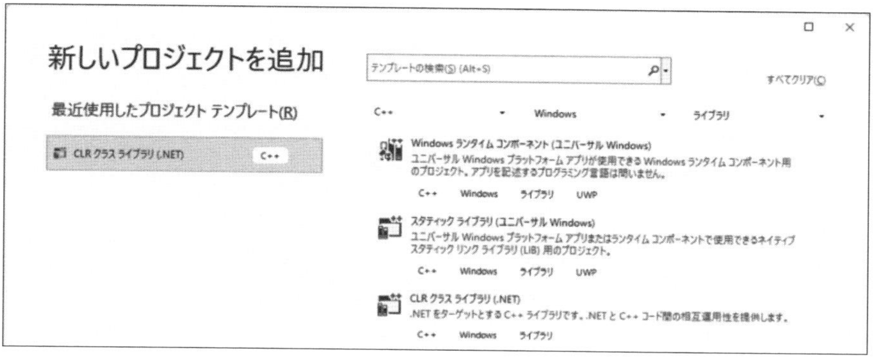

次の「新しいプロジェクトを構成します」画面では、［プロジェクト名］に「SampleAPI」を入力して［作成］を押します。

これからGetPrivateProfileString()、GetPrivateProfileInt()に対応するメソッドを提供するPrivateProfileクラスを作成していきます。表16-1「アンマネージコードに相当するマネージコードのデータ型」を確認しながら、**14-01**で説明したAPIのデータ型を.NETのデータ型に置き換えていきます。**リスト16-6**のようにSampleAPI.hにプロトタイプを記載します。

▼リスト 16-6　SampleAPI.h の PrivateProfile クラス

```
01: #pragma once using
02: namespace System;
03: namespace System::Text;
04: namespace SampleAPI {
05:     public ref class PrivateProfile
06:     {
07:          public:
08:            UInt32 GetString(String^ lpAppName,
                                 String^ lpKeyName,
                                 String^ lpDefault,
                                 StringBuilder^ lpReturnedString,
                                 UInt32 nSize, String^ lpFileName);
09:            UInt32 GetInt(String^ lpAppName,
                              String^ lpKeyName,
                              UInt32 nDefault,
                              String^ lpFileName);
11:     };
12: }
```

8行目のGetString()の第４引数に**StringBuilder**という型を指定していますが、これは可変長の文字列を扱う際に使用するクラスライブラリです。このクラスライブラリを使用するために3行目でSystem::Text名前空間の使用の宣言を行っています。

GetPrivateProfileString()の第4引数は取得した文字列の格納先ポインタを指定しますが、このようなケースのマーシャリングでStringBuilderクラスを使用します。

次にSampleAPI.cppに実体を記載していきます。**リスト16-7**のようにマネージコードとアンマネージコードが混在した形になります。

▼リスト16-7 SampleAPI.cppのPrivateProfileクラス

```
#include "pch.h"
#include "SampleAPI.h"
#include <Windows.h>
namespace SampleAPI {
    UInt32 PrivateProfile::GetString(
                String^ lpAppName,
                String^ lpKeyName,
                String^ lpDefault,
                StringBuilder^ lpReturnedString,
                UInt32 nSize, String^ lpFileName)
    {
        return ::GetPrivateProfileString(
                    lpAppName, lpKeyName,
                    lpDefault, lpReturnedString,
                    nSize, lpFileName);
    }
    UInt32 PrivateProfile::GetInt(
                String^ lpAppName,
                String^ lpKeyName,
                UInt32 nDefault, String^ lpFileName)
    {
        return ::GetPrivateProfileInt(
                    lpAppName, lpKeyName, nDefault, lpFileName);
    }
}
```

この段階では.NETのデータ型StringとStringBuilderを指定している引数に対して、**図16-16**のようなエラーが表示されます。

▼図16-16 型変換エラー

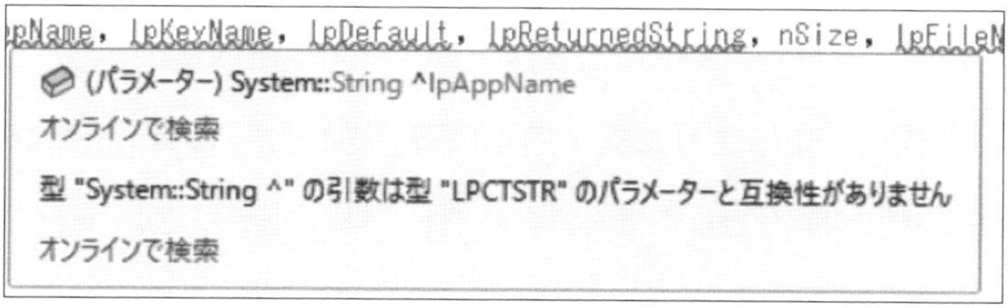

COLUMN

プラットフォーム呼び出し（PInvoke）

C# などの他の .NET 対応言語でアンマネージ DLL を利用する場合は、プラットフォーム呼び出し（PInvoke）を使用します。Visual C++ では共通言語ランタイムサポートのコンパイルオプションに「MSIL 共通言語ランタイムサポート (/clr)」を指定すれば使用可能ですが、.NET 対応のアプリは「.NET Core ランタイムサポート (/clr:netcore)」を指定する必要があるため、プラットフォーム呼び出しを使用することはできません（**図 16-A**）。

▼図16-A　共通言語ランタイムサポート

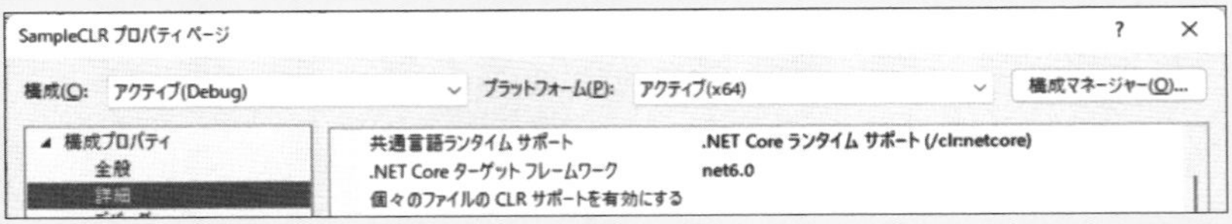

● StringBuilder クラス

ここで簡単にStringBuilderクラスの使い方を説明します。

StringBuilderクラスのインスタンスを生成するには、構文16-5で説明したgcnew()を使用します。

StringBuilderクラスに文字列を格納する際には、クラス内で保持している文字列の末尾に文字列を追加する形で格納していきます。StringBuilderクラスに文字列を追加するには、**Appendメソッド**を使用します（**構文16-6**）。

構　文　16-6　StringBuilder クラスのインスタンスに文字列を追加する

```
StringBuilder クラスのインスタンス ->Append( 追加する文字列 );
```

StringBuilderクラスに格納された文字列を取得するには、**ToStringメソッド**を使用します（**構文16-7**）。

構文 16-7 StringBuilderクラスのインスタンスから文字列を取得する

```
StringBuilderクラスのインスタンス->ToString();
```

StringBuilderクラスに格納された文字列をすべて削除するには、Clearメソッドを使用します（**構文16-8**）。

構文 16-8 StringBuilderクラスのインスタンスから文字列をすべて削除する

```
StringBuilderクラスのインスタンス->Clear();
```

マーシャリングライブラリ

数値型の引数にはエラーはなく既定のマーシャリングで問題はなさそうですので、文字列型だけ手動のマーシャリングが必要なことがわかります。手動のマーシャリングを行うマーシャリングライブラリの使用方法を紹介します。

マーシャリングライブラリは、マネージコード用には.NETクラスライブラリの名前空間msclr::interopに定義されています。またアンマネージコード用には<msclr¥marshal.h>等のヘッダーファイルに定義されています。

マネージとアンマネージのデータ型を変換する方法はいくつか存在しますが、ここではmarshal_contextクラスのmarshal_asメソッドの構文を記載します（**構文16-9**）。

構文 16-9 アンマネージとマネージのデータ型を変換する

```
変換後のデータ型 変換後の値 =
  marshal_contextクラスのインスタンス
  ->marshal_as<変換前のデータ型>(変換前の値);
```

それではマーシャリングライブラリを使用して、リスト16-7の問題を解消してみましょう。最初に**marshal_context**クラスのインスタンスはソース内で頻繁に使用するので、ヘッダーにクラスのインスタンスを生成しておきます。SampleAPI.hを**リスト16-8**のように修正します。

▼リスト16-8　SampleAPI.hのPrivateProfileクラス

```
01: #pragma once
02: #include <msclr¥marshal.h>
03: using namespace System;
04: namespace System::Text;
05: using namespace msclr::interop;
06: namespace SampleAPI {
07:     public ref class PrivateProfile
08:     {
09:        public:
10:          UInt32 GetString(
                       String^ lpAppName, String^ lpKeyName,
                       String^ lpDefault, StringBuilder^ lpReturnedString,
                       UInt32 nSize, String^ lpFileName);
11:          UInt32 GetInt(
                       String^ lpAppName, String^ lpKeyName,
                       UInt32 nDefault, String^ lpFileName);
12:          bool WriteString(
                       String^ lpAppName, String^ lpKeyName,
                       String^ lpString, String^ lpFileName);
13:     };
14:      private:
15:         marshal_context^ context = gcnew marshal_context();
16: }
```

2行目でマーシャリングライブラリを使用するためにmsclr¥marshal.hをインクルードし、5行目で名前空間msclr::interopの宣言を行っています。

14、15行目で、内部で使用するmarshal_contextクラスのインスタンスを生成しています。

次にSampleAPI.cppを**リスト16-9**のように修正します。

▼リスト 16-9　SampleAPI.cpp の PrivateProfile クラス

```
01: #include "pch.h"
02: #include "SampleAPI.h"
03: #include <Windows.h>
04: #include <msclr¥marshal.h>
05: namespace SampleAPI {
06:     UInt32 PrivateProfile::GetString(
                    String^ lpAppName, String^ lpKeyName,
                    String^ lpDefault, StringBuilder^ lpReturnedString,
                    UInt32 nSize, String^ lpFileName)
07:     {
08:         wchar_t* buffer;
09:         buffer = new wchar_t[nSize];
10:          UInt32 result = ::GetPrivateProfileString(
              context->marshal_as<LPCTSTR>(lpAppName),
              context->marshal_as<LPCTSTR>(lpKeyName),
              context->marshal_as<LPCTSTR>(lpDefault),
              buffer, nSize,
              context->marshal_as<LPCTSTR>(lpFileName));
11:         lpReturnedString->Clear();
12:         lpReturnedString->Append(
              context->marshal_as<String^>(buffer));
13:         delete[] buffer;
14:         return result;
15:     }
16:     UInt32 PrivateProfile::GetInt(
                    String^ lpAppName, String^ lpKeyName,
                    UInt32 nDefault, String^ lpFileName)
17:     {
18:         return ::GetPrivateProfileInt(
               context->marshal_as<LPCTSTR>(lpAppName),
               context->marshal_as<LPCTSTR>(lpKeyName), nDefault,
               context->marshal_as<LPCTSTR>(lpFileName));
19:     }
20: }
```

4行目でマーシャリングライブラリを使用するためにヘッダーをインクルードしています。

10、12、18行目ではマーシャリングライブラリのmarshal_as()を使用して、マネージからアンマネージに文字列を渡しています。マネージからアンマネージの方向の文字列のマーシャリングはそれほど難しくありません。アンマネージからマネージの方向では少し工夫が必要です。

6行目以降でGetPrivateProfileString()の処理を行っていますが、第4引数lpReturnedStringのStringBuilderクラスのマーシャリングに、

```
context->marshal_as<LPTSTR>(lpReturnedString)
```

のようなコードを記載した場合、StringBuilderクラスがマーシャリングライブラリで解釈できないため、ビルド時に以下のエラーが表示されます。

```
C4996: This conversion is not supported by the library or
the header file needed for this conversion is not included.
```

マネージコードで扱う文字列は基本的にワイド文字となりますので、ワイド文字が渡される前提で8行目にwchar_t型のポインタを用意し、9行目で第5引数nSizeで指定されたサイズ分のメモリを確保します。

10行目のGetPrivateProfileString()の第4引数には、用意したwchar_t型のポインタを指定して取得します。

11行目のStringBuilderクラスのClear()によりクラス内部の文字列を初期化し、12行目のAppend()で取得した文字列を代入します。代入時にmarshal_as()によってアンマネージからマネージの文字列にマーシャリングしています。

13行目でwchar_t型のポインタを解放し、14行目でGetPrivateProfileString()の戻り値を返しています。

動かしてみよう

作成したクラスライブラリをC#から実行して、動作を確認してみましょう。**16-02**の「C#プロジェクトの追加」で説明した手順で新しいC#プロジェクトを作成します。プロジェクト名には「ConsoleAPI」を入力してください。

次にSampleAPIプロジェクトへの参照を追加します。ソリューションエクスプローラーでConsoleAPIプロジェクトを展開し、[依存関係]の右クリックメニューから[プロジェクト参照の追加]を選択して、[SampleAPI]をチェックします。

ConsoleAPIプロジェクト内のProgram.csを**リスト16-10**のように修正します。

▼リスト16-10　ConsoleAPIプロジェクトのProgram.cs

```
01: using System.Text;
02: using System.Diagnostics;
03: using SampleAPI;
04: string iniPath = @"C:¥SampleIniFile.ini";
05: PrivateProfile profile = new PrivateProfile();
06: UInt32 sujiKey = profile.GetInt(
            "SujiSection", "SujiKey", 0, iniPath);
07: Debug.WriteLine(
       "SujiSectionのSujiKeyは" + sujiKey.ToString() + "です。");
08: StringBuilder sb = new StringBuilder();
09: sb.Capacity = 10;
10: profile.GetString(
        "MojiSection", "mojiKey", String.Empty, sb, 10, iniPath);
11: Debug.WriteLine("MojiSectionのmojiKeyは" + sb.ToString() + "です。");
```

INIファイルは**14章**のリスト14-2と同じファイルを使用します。4行目にINIファイルのパスを設定していますが、ご自身の環境に合わせて修正してください。

INIファイルから取得した結果は7、11行目のDebug.WriteLine()によってVisual Studioの出力ウィンドウに出力されます。このDebug.WriteLine()は.NETのSystem.Diagnostics名前空間のクラスとそのメソッドのため、2行目で名前空間の使用を宣言しています。

Visual Studioでプロジェクトをビルドして、エラーがないことを確認してください。ソリューションエクスプローラーから「ConsoleAPI」プロジェクトを右クリックし、[デバッグ]→[新しいインスタンスの開始]を選択して実行してください。実行するとVisual Studioの出力ウィンドウに以下のように出力されて、INIファイルの読み込みができていることがわかります。

```
SujiSectionのSujiKeyは100です。
MojiSectionのmojiKeyはABCDEFGです。
```

アンマネージDLLをマネージコードに対応させてみよう

それでは、**15章**で作成したアンマネージDLLをマネージDLLに変換させることに挑戦してみましょう。

アンマネージDLLをマネージDLLに変換する方法は、マネージDLLのプロジェクトを作成し、そのプロジェクトからアンマネージDLLのコードを参照して、アンマネージな部分をラップすることで対応していきます(**図16-17**)。

▼図16-17　作成するDLLのイメージ

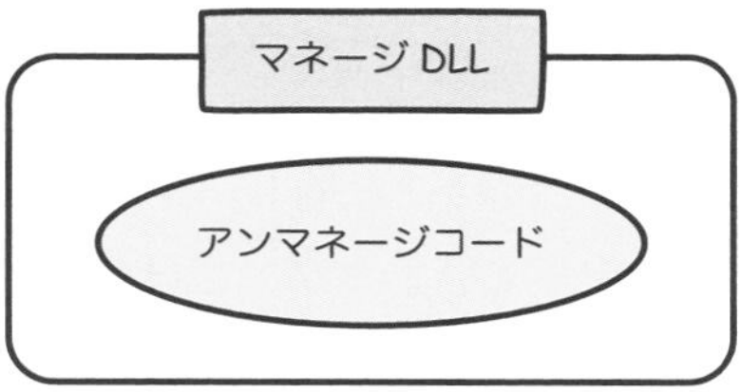

● プロジェクトを作成する

SampleCLRソリューションにプロジェクトを追加します。Visual StudioでSampleCLRソリューションを開いた状態から、［ファイル］→［追加］→［新しいプロジェクト］を選択し、「新しいプロジェクトを追加」画面を表示します。

「新しいプロジェクトを追加」画面では［C++］、［Windows］、［ライブラリ］でフィルターし、［CLRクラスライブラリ(.NET)］を選択して［次へ］ボタンを押します。「新しいプロジェクトを構成します」画面では［プロジェクト名］に「IsbnDllCLR」を入力して、［作成］ボタンを押してください。

MFCで作成したコードを利用できるように、作成したプロジェクトの設定を変更します。

IsbnDllCLRプロジェクトのプロパティページを開き、［構成プロパティ］→［詳細］を選択して、［MFCの使用］を「共有DLLでMFCを使う」に変更してください（図16-18）。

▼図16-18 プロジェクトプロパティの変更

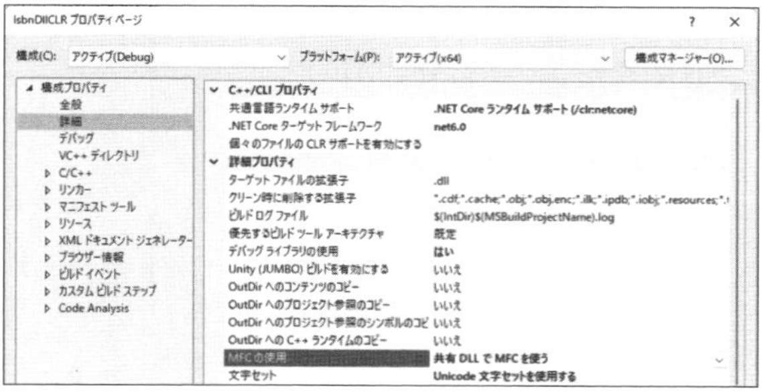

次に、IsbnDllCLRプロジェクトで生成されたプリコンパイル済みヘッダーファイルを使用しないように設定を変更します。この設定により、アンネージプロジェクトに定義されているプリコンパイル済みヘッダーファイルが有効になります。

IsbnDllCLRプロジェクトプロパティページの［構成プロパティ］→［C/C++］→［プリコンパイル済みヘッダー］を選択して、［プリコンパイル済みヘッダー］を「プリコンパイル済みヘッダーを使用しない」に変更して、［OK］ボタンを押してください（**図16-19**）。

▼**図16-19　「プリコンパイル済みヘッダーを使用しない」に変更**

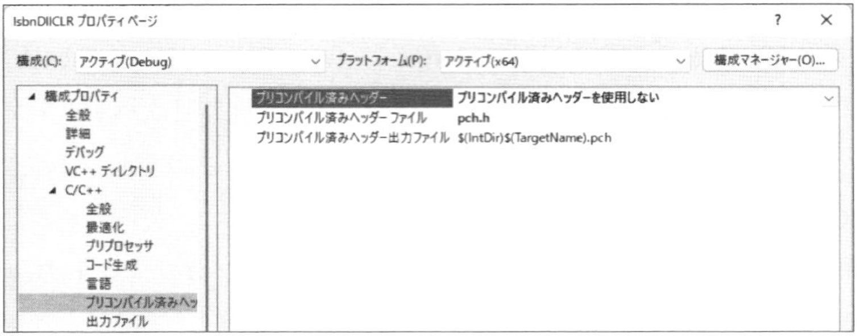

● IsbnDllCLR プロジェクトに参照ファイルを追加する

IsbnDllプロジェクトのIsbn.hとIsbn.cppファイルへの参照をIsbnDllCLRプロジェクトに追加します。ソリューションエクスプローラーから［IsbnDllCLR］→［ソースファイル］を選択し、右クリックメニューを 開いて、［追加］→［既存の項目］を選択してください（**図16-20**）。

▼**図16-20　既存の項目の追加**

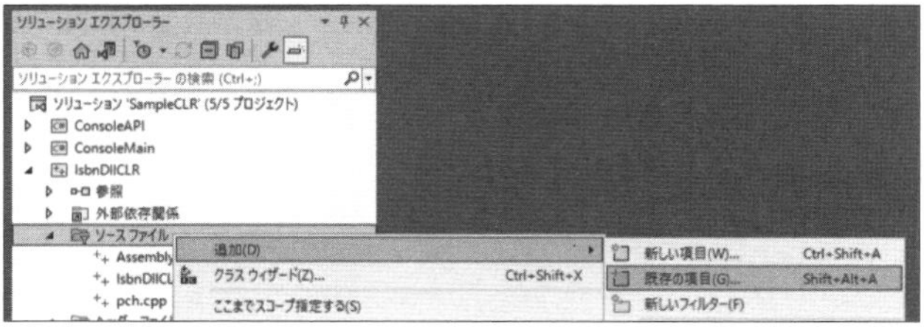

ファイルダイアログが開きますので、IsbnDllプロジェクトのフォルダ内にあるIsbn.cppを選択して、［追加］ボタンを押してください。［ヘッダーファイル］にも同様にIsbn.hを追加しましょう。

ファイルを追加した後のソリューションエクスプローラーは、**図16-21**のように表示されます。

▼図16-21 ファイル追加後のソリューションエクスプローラー

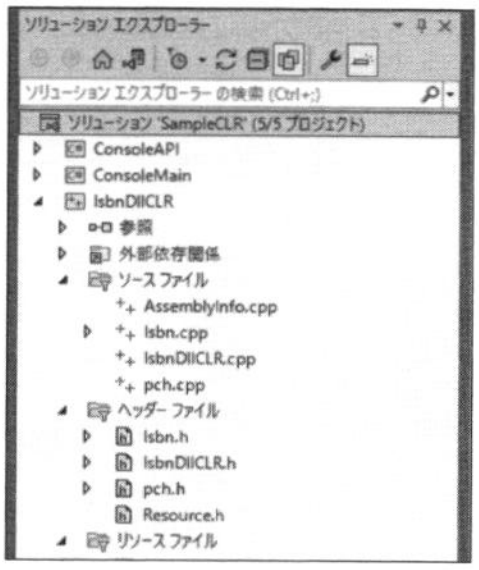

● アンマネージコードのラッパークラスを作成する

アンマネージDLLでの機能提供は基本的に関数単位で行われますが、マネージDLLではクラス単位で行われます。

IsbnDllCLRプロジェクト作成直後のIsbnDllCLR.hを見てみましょう（**リスト16-11**）。

▼リスト16-11 IsbnDllCLR.h

```
01: #pragma once
02: using namespace System;
03: namespace IsbnDllCLR {
04:     public ref class Class1
05:     {
06:         // TODO: このクラスのメソッドをここに追加してください。
07:     };
08: }
```

3行目でプロジェクト名IsbnDllCLRが名前空間として定義されています。

4行目で仮の参照クラスClass1が定義されています。DLLが提供する機能はこのクラスの中にメソッドとして定義していきます。

アンマネージDLLでは機能を提供するためにエントリポイントを設定する必要がありましたが、マネージDLLではヘッダーファイルの中のクラスとメソッドの定義を公開するだけで機能が提供されるようになります。

このIsbnDllCLR.hを利用して、アンマネージコードのラッパー関数を作成しましょう。**リスト16-12**のようにコードを修正してください。

▼リスト16-12　修正したIsbnDllCLR.h

```
01: #pragma once
02: #include <msclr¥marshal.h>
03: #include "..¥..¥SampleDll¥IsbnDll¥Isbn.h"
04: using namespace System;
05: using namespace msclr::interop;
06: namespace IsbnDllCLR {
07:     public ref class Isbn
08:     {
09:     public: static bool CheckIsbnCLR(String^ isbn)
10:     {
11:         marshal_context^ context = gcnew marshal_context();
12:         return CheckIsbn(context->marshal_as<LPCTSTR>(isbn));
13:     };
14:     };
15: }
```

2行目でマーシャリングライブラリを使用するために、marshal.hのインクルードを行っています。

3行目でIsbn.hのインクルードを追加しています。「..¥」はプロジェクトフォルダがあるその上のフォルダを指しています。ご自身の環境に合わせてパスを修正してください。

5行目でマーシャリングライブラリを使用するために、名前空間msclr::interopの使用を宣言しています。

6行目でクラス名を「Class1」から「IsbnDllCLR」に変更しています。
9行目に新しくCheckIsbnCLRメソッドを追加しています。CheckIsbnCLR()はIsbnDll.dllのCheckIsbn関数のラッパー関数になります。

10行目でmarshal_contextクラスのインスタンスを生成しています。

11行目でCheckIsbnCLR関数の引数に渡されているString型の文字列を、marshal_asメソッドによりアンマネージの文字列に変換してCheckIsbn関数に渡しています。

● SampleCLRプロジェクトのコードを修正する

16-03で作成したSampleCLRプロジェクトにIsbnDllCLRプロジェクトのマネージDLLへの参照を追加します。ソリューションエクスプローラーから[SampleCLR]プロジェクトを選択して、右クリックメニューの[追加]→[参照]を選択します。「参照の追加」画面で[IsbnDllCLR]をチェックして[OK]ボタンを押します。

IsbnDllCLR.dllを使用する準備が整いましたので、SampleCLRプロジェクトのWindowsフォームから呼び出せるように、リスト16-3のSampleCLR.hのコードを修正していきます。最初に23行目の下に処理を追加します（**リスト16-13**）。

▼リスト16-13　イベントハンドラーの追加

```
23: this->buttonOK->Text = "OK";
24: this->buttonOK->Click += gcnew System::EventHandler
    (this, &SampleCLRForm::buttonOK_Click);
```

24行目が追加したコードになります。ボタンを押されたイベントでbuttonOK_Click()というイベントハンドラーを実行する処理を追加しています。

次にbuttonOK_Click()を実装します。リスト16-3のSampleCLR.hの10行目の下に処理を追加します（**リスト16-14**）。

▼リスト16-14　SampleCLR.h

```
10: Button^ buttonOK;
11: System::Void buttonOK_Click(System::Object^ sender, System::EventArgs^ e)
12: {
13:     if (IsbnDllCLR::Isbn::CheckIsbnCLR(this->textBoxIsbn->Text)) {
14:         MessageBox::Show("入力されたISBNコードは正しいです。");
15:     }
16:     else {
17:         MessageBox::Show("入力されたISBNコードは正しくありません。");
18:     }
19: }
```

11～19行目が追加したコードになります。

「参照の追加」画面でIsbnDllCLR.dllへの参照を追加したことにより、名前空間IsbnDllCLRを指定できるようになりました。13行目でIsbnクラスのCheckIsbnCLRメソッドを使用して、テキストボックスに入力されたISBNコードが正しいか判定しています。判定した結果をメッセージボックス関数で表示しています。

動かしてみよう

それでは、これまでに作成したコードを動かしてみましょう。

最初にプロジェクトをビルドする順番を変更しましょう。プロジェクトのビルド順番は、IsbnDll→IsbnDllCLR→SampleIsbnCLRプロジェクトとなるように、**15章**で説明した手順を参照して変更してください。

また、スタートアッププロジェクトがSampleIsbnCLRプロジェクトとなるように、**15章**で説明した手順を参照して設定を行いましょう。

Visual Studioでプロジェクトをビルドして、エラーがないことを確認してから実行してください。**15章**と同じように動作することを確認できたでしょうか？

ここであげたアンマネージとマネージコードの変換方法は、ごくわずかな一例に過ぎません。C++ Interopを使用することで、アンマネージコードの資産を有効に活用でき、マネージコードの生産性をあげることが可能になりますので、学習してみてください。

この章のまとめ

- C++/CLI は .NET 上で動作するプログラムを作成するために、C++ を拡張した言語です。
- マネージとアンマネージのデータ型を相互に変換するためにマーシャリングを行います。
- マネージとアンマネージのデータ型を相互に変換する際には規定のマーシャリングで対応し、必要に応じて手動のマーシャリングを行います。
- 手動マーシャリングを行うには marshal_context クラスを利用します。

《章末復習問題》

練習問題 16-1

リスト16-7にWritePrivateProfileString()用の関数を追加して、実装してください。

練習問題 16-2

ISBNコードを先頭から12桁入力した結果、13桁目のチェックデジットを求めるWindowsフォーム画面を作成してください。IsbnDll.dllのコードを使用できるようにIsbnDllCLR.dllを変更してください。

ヒント：

求めたチェックデジットはメッセージボックスに表示してください。.NETでint型の数値はToString()で文字に変換することができます。以下にint型の変数Aの値を文字列に変換する例を記載します。

```
int a = 0;
a.Tostring();  // 数値を文字列に変換
```

解答は P.581 ➡

17章

C++/WinRT プログラミング

本章ではWindowsランタイムを利用したプログラミングについて学んでいきましょう。

01 C++/WinRTとは

Keyword　☑ C++/WinRT

Windowsランタイムと C++/WinRT

Windowsランタイム（WinRT）とは、任意のプログラミング言語を使用して作成した共通モジュールで、Windows 8以降に登場したUWP（Universal Windows Desktop）で利用されることが前提のモジュールです。このモジュールを使用する際にも、プログラミング言語を選ぶことがない特徴を持っています。

.NETの考え方と似ていますが、.NETは各々の処理内容が異なるクラスライブラリの集合体のような位置づけに対し、Windowsランタイムは1つの完結したモジュールとして作成し、提供されます。

C++/WinRTとは、Visual C++からWindowsランタイムを作成、使用するための言語です。C++に近い構文のため、C++/CLRよりもわかりやすいかもしれません。これからC++/WinRTのプログラミングを学んでいきますが、その前に特徴のある文字列の処理について説明します。

C++/WinRTではWindowsランタイムを作成するために専用のデータ型や関数などが提供されており、それらは**winrt名前空間**に定義されています。その中で文字列を扱う**hstring型**が最も使用するクラスになるでしょう。hstringはC++が扱うことができる文字データとWindowsランタイムが扱う文字データとの橋渡しを行うデータ型です。hstring型の変数作成時に初期値を代入するには、**構文17-1**のように記述します。

構　文　17-1　hstring型の変数の初期化

```
winrt::hstring 変数名(wchar_t型文字列のポインタ);
```

hstring型の変数abcに初期値xyzを与えたい場合は、以下のように記述します。

```
winnt:hstring abc(L“xyz”);
```

hstring型の変数への代入と比較は、C言語の算術演算子を使用することができます。上記に記載した変数の初期値代入は、以下のように記述することもできます。

```
winnt:hstring abc;
abc = L“xyz”;
```

hstring型の文字列をwchar_t型の文字列として取り出すには、**c_strメソッド**を使用します（**構文17-2**）。

構　文　17-2　hstring型の変数からwchar_t型の文字列へのポインタを取得する

```
const wchar_t* 戻り値 = hstring変数名.c_str();
```

02 Windows App SDK

Keyword　☑ Windows App SDK
☑ WinUI3

Windows App SDKとWinUI3

Windowsデスクトップアプリを開発するには、MFC、Windowsフォーム、WPFなど従来のWin32アプリを使用する方法と、Microsoftストアアプリ開発用の**UWP（Universal Windows Platform）**を使用する方法があります。

UWPアプリの開発にはWindowsランタイムを使用しますが、従来のWin32アプリから使用することができませんでした。また、Win32アプリの開発にはWindows 32 APIを使用しますが、UWPアプリからは使用することができませんでした（図17-1）。

▼図17-1　Windows App SDK登場以前のWindowsデスクトップアプリ開発

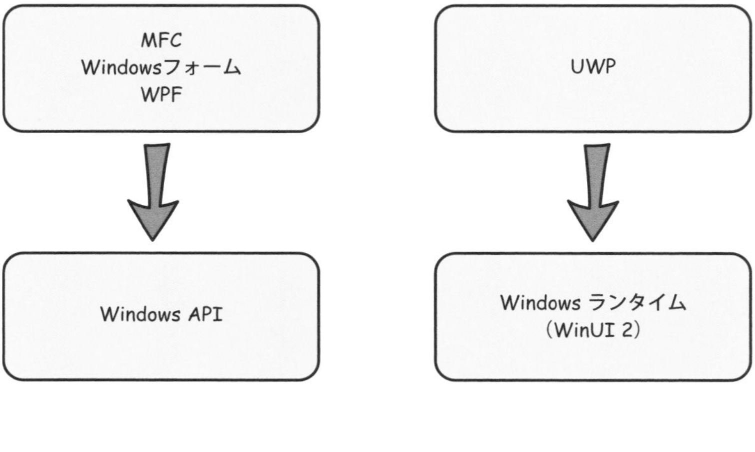

このことからWin32アプリとUWPでは開発のアプローチが異なっていましたが、どちらの技術を使用しても同じように開発できるようにすることを目的として、Microsoftは2021年に**Windows App SDK**を発表しました。Windows App SDKの中でUI（User Interface）関連のランタイムは**WinUI 3**と呼ばれています（**図17-2**）。

▼図17-2　Windows App SDK登場後のWindowsデスクトップアプリ開発

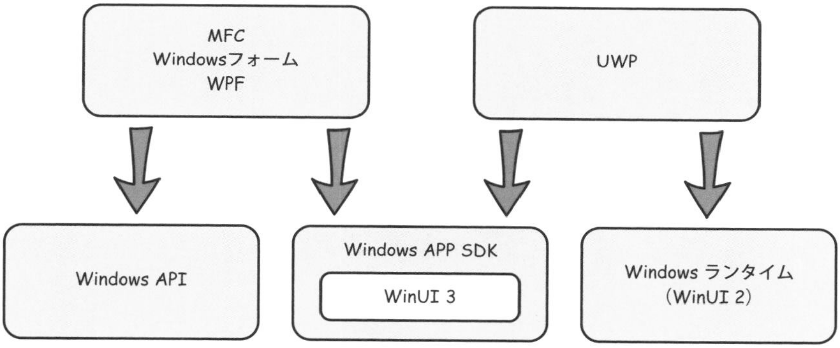

ポイント

UWPのみが使用できるUI関連のWindowsランタイムはWinUI 2と呼ばれています。

Windows App SDKは登場したばかりで、今後も機能の追加が計画されています。これからのWindowsデスクトップアプリ開発の主流はWindows App SDKに移っていくことになるでしょう。

WinUI 3プロジェクトを作成してみよう

それではVisual C++でWinUI 3に対応したアプリを作成してみましょう。Visual Studioの［ファイル］メニューから［新規作成］→［プロジェクト］を選択し、「新しいプロジェクトの作成」画面を開きます。

「新しいプロジェクトの作成」画面を［C++］［Windows］［WinUI］でフィルタリングした後、[空白のアプリ、Windowsアプリケーションプロジェクトでパッケージ化（デスクトップのWinUI 3）]を選択して［次へ］ボタンを押します（**図17-3**）。

▼**図17-3　WinUI 3用プロジェクトの作成**

「新しいプロジェクトを構成します」画面で［プロジェクト名］に「SampleRT」、［場所］にプロジェクトを保存するフォルダを入力し、［ソリューションとプロジェクトを同じディレクトリに配置する］をチェックしないで［作成］ボタンを押します。

「新しいユニバーサルWindowsプラットフォームプロジェクト」画面が表示され、サポートするWindowsバージョンを指定することができますが、ここではそのまま［OK］ボタンを押します（**図17-4**）。

▼図17-4 「新しいユニバーサルWindowsプラットフォームプロジェクト」画面

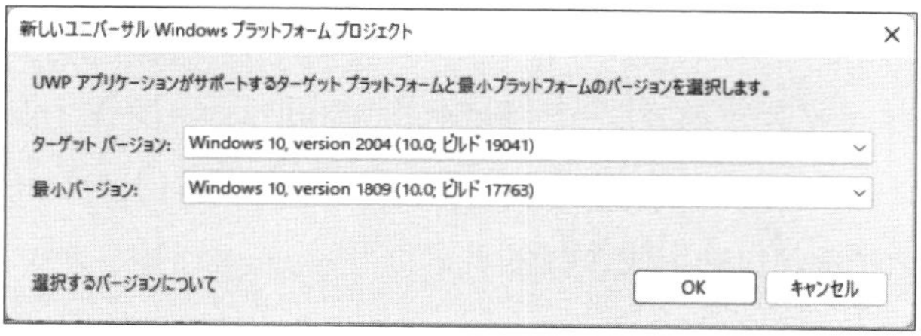

プロジェクトが作成されると、**図17-5**のようにSampleRTソリューションの中に「SampleRT (Desktop)」と「SampleRT (Packege)」の2つのプロジェクトが存在していることがわかります。

▼図17-5 作成されたプロジェクト

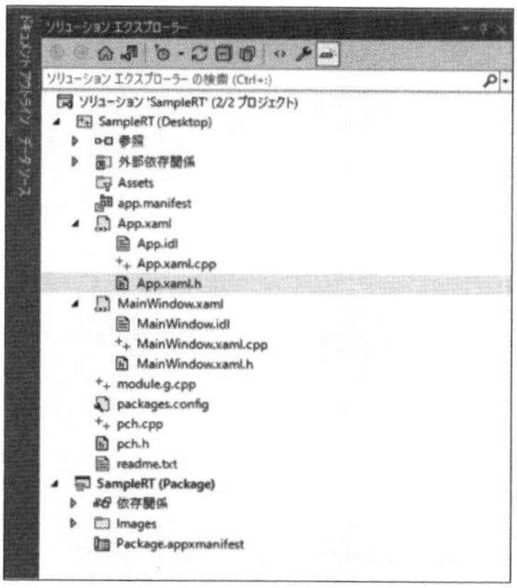

「新しいプロジェクトの作成」画面で[空白のアプリ、Windowsアプリケーションプロジェクトでパッケージ化]を選択した場合、アプリを作成するプロジェクトと、アプリのパッケージ(インストーラー)を作成するプロジェクトが作成されます。

「SampleRT (Desktop)」プロジェクトの構成を見てみましょう。

拡張子.xamlのファイルApp.xamlとMainWindow.xamlがあります。これは**XAML(Extensible Application Markup Language:ザムル)**と呼ばれ、UIの構造を定義しているファイルです。

XAMLファイルの下の階層に拡張子.idlのファイルApp.idl、MainWindow.idlがあります。これは**MIDL（Microsoft Interface Definition Language:マイクロソフトインターフェイス定義言語）**と呼ばれ、Windows ランタイムクラスを定義しているファイルです。この定義に従って、同一階層上のソースファイルとヘッダファイルが自動生成されます。

module.g.cppというファイルがあります。このファイル名をダブルクリックすると、**図17-6**のように警告画面が表示されることがあります。

▼図17-6　module.g.cppの警告画面

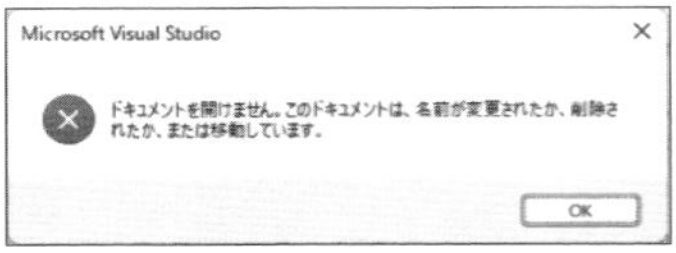

ファイル名に「.g」が含まれているファイルは、ビルド後に生成されるファイルであることを示しています。ビルド前でファイルが存在していない場合に、このような警告が表示されます。

それではプロジェクトをビルドしてみましょう。プロジェクト生成時にはVisual Studio 2019でビルドする設定になっているため、ビルドエラーになります。プロジェクトプロパティの［構成プロパティ］→［全般］の［プラットフォームツールセット］を［Visual Studio 2022 (v143)］に変更します（**図17-7**）。変更後にビルドしてエラーがないことを確認してください。

▼図17-7 プラットフォームツールセットの変更

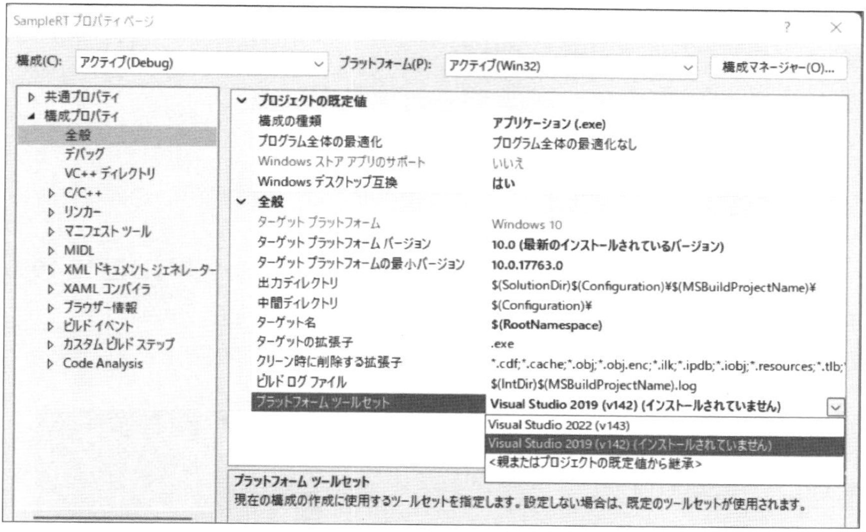

それではデバッグ実行をしてみましょう。本来UWPアプリはストアからダウンロードしたものでなければ実行できませんが、デバッグ実行できるようにWindowsの設定を変更します。Windowsの設定メニューから[プライバシーとセキュリティ]→[開発者向け]をクリックします(**図17-8**)。

▼図17-8 Windowsの開発者向けメニュー

「開発者向け」メニューの中から、[開発者モード]を[オン]に変更します(**図17-9**)。

▼図17-9　開発者モード

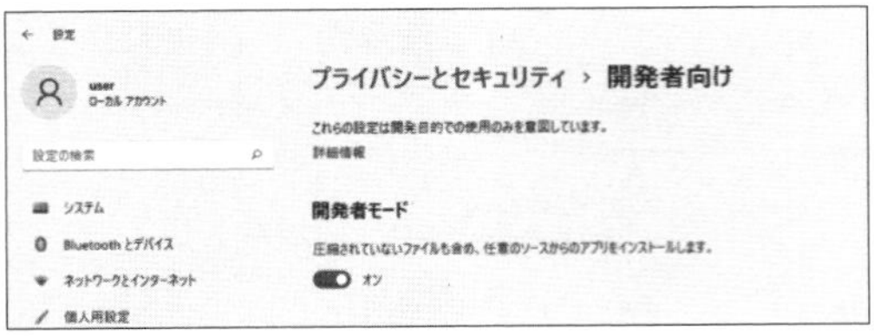

これでデバッグ実行できる準備が整いました。デバック実行は**図17-10**の通り［SampleRT (Package)］を選択して実行してください。

▼図17-10　UWPアプリのデバッグ実行

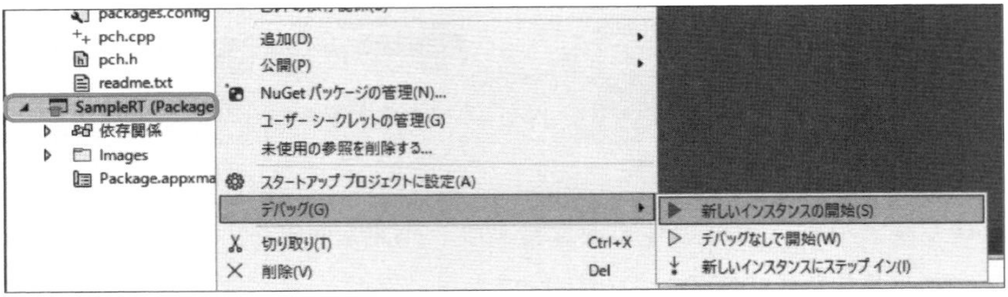

デバッグ実行すると、**図17-11**のような画面が表示されます。

▼図17-11　デバッグ実行後の画面

画面中央の「Click Me」ボタンをクリックすると、**図17-12**のようにボタンのテキストが「Clicked」に変わります。

▼図17-12 ボタンクリック後のボタンのテキスト

デバッグ実行後はプログラム一覧の中に［SampleRT (Package)］アプリが登録されています（図17-13）。必要に応じてアプリを削除してください。

▼図17-13 登録されたアプリ

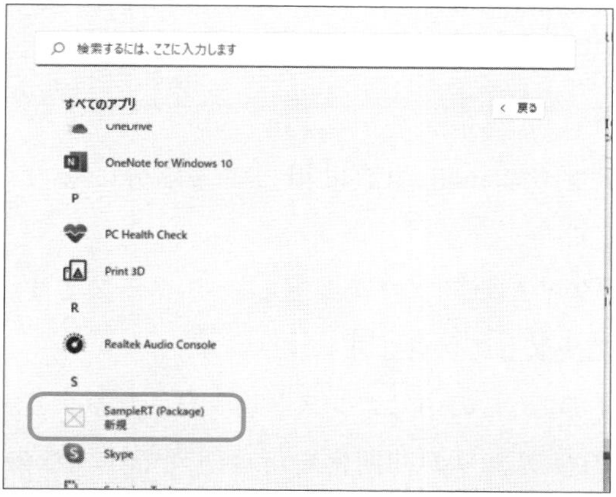

WinUI 3プロジェクトのソースを見てみよう

それでは「SampleRT (Desktop)」プロジェクトに生成されたソースを確認していきます。最初にApp.xaml.cppを見てみましょう（リスト17-1）。

▼リスト17-1 App.xaml.cppのソースコード（抜粋）

```
01: App::App()
02: {
03:     InitializeComponent();
       // 中略
04: }
05: void App::OnLaunched(LaunchActivatedEventArgs const&)
06: {
07:     window = make<MainWindow>();
08:     window.Activate();
09: }
```

App.xaml.cppはコンソールアプリのmain関数に相当する部分になり、UWPアプリはここから起動します。

1行目のAppはWindowsランタイムのアプリテンプレートクラスです。今後はこのテンプレートに従って実装していきます。

App::App()と記載されていますので、この中はコンストラクタになります。

3行目のInitializeComponent()はアプリの初期化を行う処理です。この関数は自動で生成されるので、内容を意識する必要はありません。

5行目のOnLaunched()は、アプリが起動されたときに呼び出されるイベントハンドラーです。7行目でMainWindow画面を作成し、8行目で画面を起動する処理を行っています。

次にMainWindow.xaml.cppを見てみましょう（リスト17-2）。

▼リスト17-2 MainWindows.xaml.cppのソースコード（抜粋）

```
01: namespace winrt::SampleRT::implementation
02: {
03:     MainWindow::MainWindow()
04:     {
05:         InitializeComponent();
06:     }
07:     int32_t MainWindow::MyProperty()
08:     {
09:         throw hresult_not_implemented();
10:     }
11:     void MainWindow::MyProperty(int32_t /* value */)
12:     {
13:         throw hresult_not_implemented();
14:     }
15:     void MainWindow::myButton_Click(
             IInspectable const&, RoutedEventArgs const&)
16:     {
17:         myButton().Content(box_value(L"Clicked"));
18:     }
19: }
```

3～6行目はMainWindowクラスのコンストラクタで、InitializeComponent()で画面の初期化処理を行っています。

7～14行目でMyProperty()という処理が記述されていますが、これらについては後程説明します。

15行目でMainWindow::myButton_Click()という処理が記述されていますが、ここがボタンをクリックしたときに実行される処理のようですね。

17行目のmyButtonはボタンコントロールクラスのインスタンス名ですが、関数であるかのように括弧がついています。これはC++/WinRT特有の記述で、クラスのインスタンスにもメソッドのように括弧をつけることを理解しておいてください。

ボタンコントロールクラスの**Contentプロパティ**で、ボタンのテキストに"Clicked"を設定しています。ContentプロパティにはIInspectableインターフェイスと呼ばれるデータ型を渡す必要があり、hstring型などの文字列を直接渡すことはできません。**box_value()**はhstring型をIInspectableインターフェイスに変換する**ボックス化**と呼ばれる処理を行っています。

次にMainWindow.idlを見てみましょう（**リスト17-3**）。

▼リスト17-3　MainWindow.idl

```
01: namespace SampleRT
02: {
03:     [default_interface]
04:     runtimeclass MainWindow : Microsoft.UI.Xaml.Window
05:     {
06:         MainWindow();
07:         Int32 MyProperty;
08:     }
09: }
```

このファイルには以前に述べた通り、Windowsランタイムの定義が記述されています。書式はクラスファイルに似ていますね。

1行目はランタイムクラスの所属する名前空間の宣言です。

3行目はこのランタイムクラスのデフォルトのインターフェイスであることを示しています。

4行目はランタイムクラス名がMainWindowで、Microsoft.UI.Xaml.Windowクラスから派生したクラスであることを示しています。その下の括弧内でランタイムクラスにどのようなメソッドやプロパティが存在しているのかを定義します。

6行目はMainWindowクラスのコンストラクタです。

7行目はInt32型のMyPropertyプロパティがあることを示しています。このことから、リスト17-2の7～14行目はこのプロパティ用の処理であることがわかります。これらは使用しなければ無視しても問題ありません。

最後にMainWindow.xamlを見てみましょう（**リスト17-4**）。

▼リスト 17-4　MainWindow.xaml

```
01: <Window
        x:Class="SampleRT.MainWindow"
        xmlns="http://schemas.microsoft.com/winfx/2006/xaml/presentation"
        xmlns:x="http://schemas.microsoft.com/winfx/2006/xaml"
        xmlns:local="using:SampleRT"
        xmlns:d="http://schemas.microsoft.com/expression/blend/2008"
        xmlns:mc="http://schemas.openxmlformats.org/markup-compatibility/2006"
        mc:Ignorable="d">
02:     <StackPanel Orientation="Horizontal" HorizontalAlignment="Center"
         VerticalAlignment="Center">
03:         <Button x:Name="myButton" Click="myButton_Click">Click Me</Button>
04:     </StackPanel>
05: </Window>
```

前に説明した通り、このファイルには画面の構造が定義されています。書式はXMLファイル形式です。XMLのタグ名はクラス、XMLの属性はプロパティやメソッドを表しています。

1行目はアプリのウィンドウクラスである**Microsoft.UI.Xaml.Windowクラス**を定義しています。Windowsタグ内で囲まれた5行目までの間に、ウィンドウ内に表示するコントロールを定義しています。

MFCやWindowsフォームでは、コントロールの位置を画面左上からのピクセル単位で指定して配置しています。UWPは**マルチデバイス**をサポートするため、コントロールの配置はデバイスに依存した形で行われます。2行目に記述されている**StackPanelコントロール**は、コントロールを適切に配置してくれるためのコントロールになります。

Orientationには、コントロール内に複数のコントロールが張り付けられている場合、左から右の順に配置するか、上から下の順に配置するかを指定します。Horizontalを指定すると「左から右」に配置されます。

HorizontalAlignmentには、コントロール描画を左寄せ、右寄せ、中央のいずれかで指定できます。Centerを指定すると「中央」になります。

VerticalAlignmentには、コントロール描画を上寄せ、下寄せ、中央のいずれかで指定できます。Centerを指定すると「中央」になります。

3行目の**Buttonコントロール**の「**x:Name**」は、コントロールのインスタンス名を指定するプロパティです。「**Click**」はButtonコントロールのクリックイベントで、myButton_Clickがイベントハンドラーになります。<Button></Button>で囲まれた部分は、ボタンに表示するテキストを表しています。リスト17-2ではContentプロパティでテキストを設定していましたが、XAMLでも同様にContentプロパティを使用することができます。

リスト17-4の定義により図17-13の画面が構成されていますので、画面とXAMLを見比べながら確認してみてください。

03 WinUI 3からMFC DLLを利用する

Keyword　☑WinUI 3　☑MFC DLL

WinUI 3プロジェクトを作成してみよう

それでは作成された「SampleRT (Desktop)」プロジェクトを使用して、**16章**と同様にアンマネージDLLを利用したアプリを作成してみましょう。

「国立国会図書館サーチ」サイトに、書影APIというサービスが提供されています

- **国立国会図書館サーチが提供する書影API**
  https://iss.ndl.go.jp/information/api/api-lists/thumbnail_info/

書影APIを利用すると、書籍のISBNコードから書影（表紙の画像）を得ることができます。入力されたISBNコードが正しい場合、書影APIを利用して書影を取得して画面に表示するアプリをこれから作成していきます。

書影APIは以下のURLにHTTP Getリクエストを送信し、HTTPレスポンスに書影（画像）を返却する仕様になっています。

```
https://iss.ndl.go.jp/thumbnail/[isbn]
```

これから作成するアプリの画面を**図17-14**に示します。

▼図 17-14　書影を表示するアプリの画面

画面上でISBNコードを入力して、ボタンを押したら画面下に書影を表示します。書影の表示はHTMLを表示することができるブラウザコントロールを使用します。WinUI 3ではChromiumベースのEdgeをベースとしたブラウザコントロールの**WebView2ランタイム**がサポートされていますので、これを使用してみましょう。

● WebView2 SDKのインストール

Visual Studio 2022の標準機能でWebView2を使用することができないため、WebView2のSDKのダウンロードを行います。ソリューションエクスプローラーの「SampleRT (Desktop)」プロジェクトの右クリックメニューから［NuGetパッケージの管理］を選択します（**図17-15**）。

▼図17-15　NuGetパッケージの管理

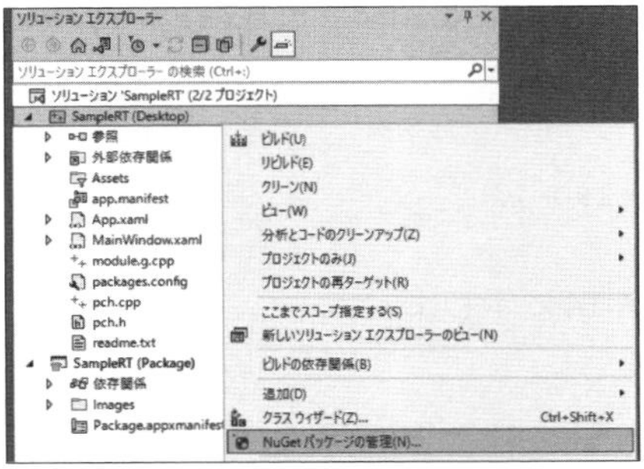

「Nugetパッケージマネージャー」が開いたら［参照］タブを選択し、検索ボックスに「WebView2」を入力します。［Microsoft.Web.WebView2］を選択し、［インストール］ボタンをクリックします（**図17-16**）。

▼図17-16　WebView2 SDKのダウンロード

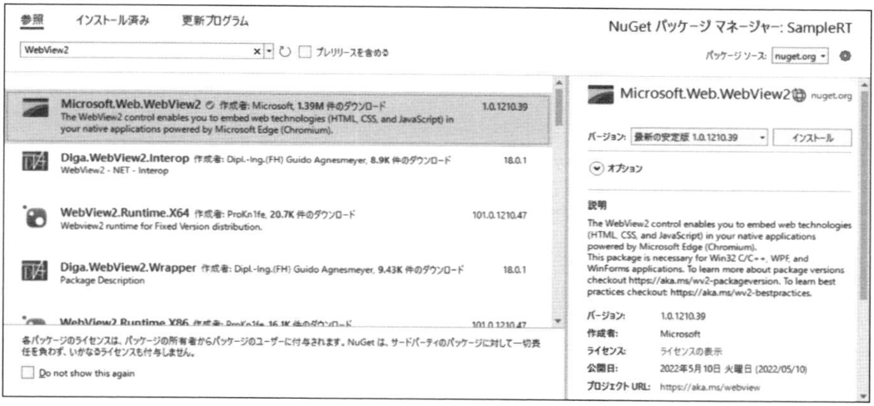

インストールが始まると「変更のプレビュー」画面が表示されます。［OK］ボタンをクリックしてください（**図17-17**）。

▼図17-17　「変更のプレビュー」画面

インストールが完了すると、「Nugetパッケージマネージャー」画面の［インストール済］タブに［Microsoft.Web.WebView2］が表示されます（**図17-18**）。

▼図17-18　WebView2インストール済

COLUMN

プロジェクト作成直後の注意点

プロジェクト作成直後にビルドしないでWebView2 SDKをダウンロードすると、ビルド時に以下のエラーが表示されます。

```
1>C:¥Users¥user¥source¥repos¥SampleRT¥packages¥Microsoft.
Windows.CppWinRT.2.0.210806.1¥build¥native¥Microsoft.Windows.
CppWinRT.targets(560,9): error MSB3073: コマンド "mdmerge
@"Debug¥SampleRT.vcxproj.mdmerge.rsp"" はコード 2 で終了しました。
1>プロジェクト "SampleRT.vcxproj" のビルドが終了しました -- 失敗。
========== ビルド: 0 正常終了、1 失敗、0 更新不要、0 スキップ ==========
```

この後module.g.cppなどの自動生成ファイルが作成できなくなり、対処のしようがありません。プロジェクト作成直後のビルドは忘れないようにしてください。

● MainWindow.xamlの変更

WebView2の使用の準備が整ったら、MainWindow.xamlをリスト17-5のように編集します。

▼リスト17-5　変更後のMainWindow.xaml

```
01: <Window
        x:Class="SampleRT.MainWindow"
            …中略
        xmlns:controls="using:Microsoft.UI.Xaml.Controls">
02:     <Grid>
03:         <Grid.RowDefinitions>
04:             <RowDefinition Height="Auto"/>
05:             <RowDefinition Height="*"/>
06:         </Grid.RowDefinitions>
07:         <Grid.ColumnDefinitions>
08:             <ColumnDefinition Width="*"/>
09:         </Grid.ColumnDefinitions>
10:         <StackPanel Grid.Row="0"
                        HorizontalAlignment="Left"
                        VerticalAlignment="Top"
                        Orientation="Horizontal"
                        Margin="10,10,0,0" Height="40" Width="600">
11:             <TextBlock Height="23" Width="70"
                           Margin="0,0,20,0" Text="ISBNコード"/>
12:             <TextBox x:Name="IsbnText" Height="32"
                           Width="200" Margin="0,0,20,0"/>
13:             <Button x:Name="myButton" Content="Go"
                           Click="myButton_Click"/>
14:             <TextBlock x:Name="messageText" Margin="20,10,0,0"/>
15:         </StackPanel>
16:         <controls:WebView2 x:Name="MyWebView" Grid.Row="1"
             HorizontalAlignment="Stretch" VerticalAlignment="Stretch" />
17:   </Grid>
18: </Window>
```

2〜16行目で**Gridコントロール**の定義を行っています。Gridコントロールは表形式のテーブルを作成し、その中にコントロールを配置するためのコントロールです。3〜6行目では**Grid.RowDefinitions**、すなわち表の行の定義を行っています。RowDefinitionが2つありますので、行数は2になります。行の高さを**Heightプロパティ**で指定します。「Auto」は内部に配置されるコントロールによって自動的に決定されます。「*」は表の高さから他行のHeightで指定された分を引いた余りが割り当てられます。

7～9行目ではGrid.ColumnDefinitions、すなわち表の列の定義を行っています。ColumnDefinitionが1つありますので、列数は1になります。列の幅をWidthで指定します。指定内容はRowDefinitionと変わらないですね。

10行目のStackPanelコントロールの設定について説明します。

Grid.RowプロパティでStackPanelをGridの何行目に表示するか指定しています。ここでは「0」を指定していますので先頭行に表示されます。

HorizontalAlignmentをLeft、VerticalAlignmentをTop に指定して、StackPanel内のコントロールの配置を左上に寄せています。

Marginプロパティは他コントロールとの間隔を空けるために使用します。カンマ区切りで左、上、右、下の順で間隔を指定します。「10,10,0,0」は左に10、上に10ピクセル分の余白が生じることになります。これによりStackPanelが画面左上に完全に寄らないようにしています。

StackPanelのサイズを、Heightプロパティにより高さ40ピクセル、Widthプロパティにより幅420ピクセルに指定しています。

11行目のTextBlockは、MFCのスタティックテキストと同等のコントロールです。Textプロパティにより表示する文字列を指定しています。

12行目のTextBoxコントロールで文字の入力を受け付けます。x:Nameプロパティでコントロール名に「IsbnText」を設定しています。

13行目のButtonコントロールは、コントロールに表示する文字を「Go」に変更しています。

14行目のTextBlockはエラー表示用に用意しています。

16行目でWebView2コントロールの設定について説明します。

x:Nameプロパティで、コントロール名に「MyWebView」を設定しています。

Grid.Rowプロパティは「1」を指定していますので、WebView2は2行目に表示されます。HorizontalAlignmentとVerticalAlignmentはStackPanelでも説明した通りですが、このWebView2は表の枠の中に配置されていますので、枠内にどのように表示するかを設定しています。ここでは両方とも「Stretch」を指定していますので、枠内で縦横を最大に「引き延ばして」表示する、という意味になります。

● IsbnDll.dll の使用準備

IsbnDll.dllを使用するための準備を行います。**15章**で作成したIsbn.hとIsbnDll.libをコピーし、「SampleRT (Desktop)」プロジェクトのソースコードが格納されているフォルダ内に張り付けます（**図17-19**）。IsbnDll.libはIsbnDll.dllが作成されているフォルダ内に格納されていますので、探してみてください。

後述しますが、コピーするIsbnDll.libのプラットフォーム（「x86」または「x64」）と「SampleRT (Desktop)」プロジェクトのプラットフォームは一致させる必要がありますので注意してください。

▼図17-19　Isbn.hとIsbnDll.libをコピー

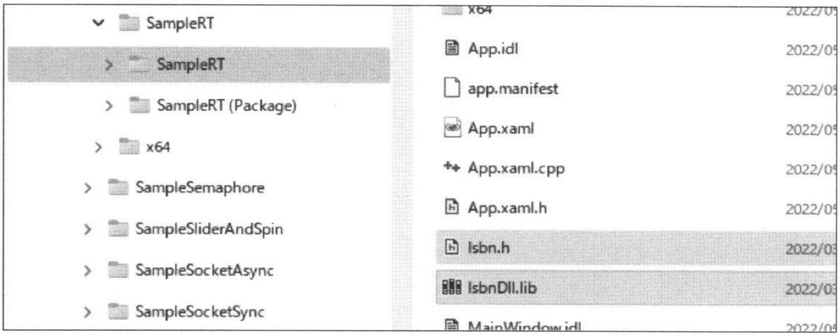

「SampleRT (Desktop)」プロジェクトのプロパティを開き、［構成プロパティ］→［リンカー］→［入力］を選択して、［追加の依存ファイル］に「IsbnDll.lib」を追加します（**図17-20**）。

▼**図17-20　IsbnDll.libの参照の追加**

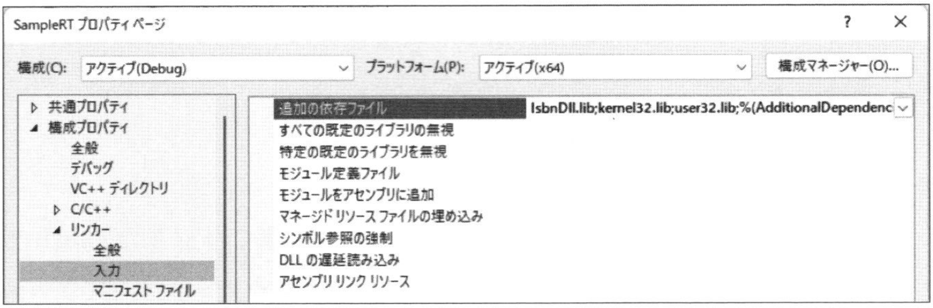

次にIsbnDll.dllをコピーし、「SampleRT (Package)」プロジェクト内のbin¥(プラットフォーム)¥(ソリューション構成)¥AppXフォルダ内に格納します(**図17-21**)。この際に「SampleRT (Package)」プロジェクトと同じプラットフォームの.dllファイルをコピーしてくる必要がありますので、注意してください。

▼**図17-21　IsbnDll.dllの格納先**

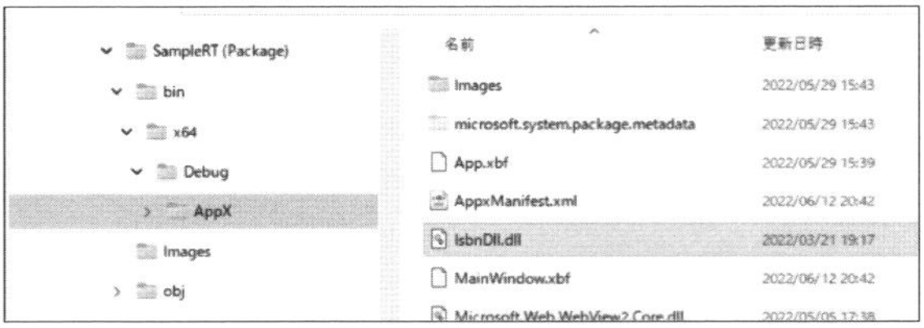

● MainWindow.xaml.csの変更

ボタンを押したらTextBoxに入力されたISBNコードが正しいかをチェックし、正しければWebView2コントロールを介して書影APIにアクセスするコードを記述します。

ISBNコードのチェックにはIsbnDll.dllを使用しますので、MainWindow.xaml.cppの「using namespace winrt;」が記述されている上の行あたりに以下のコードを追加します。

```
#include "IsbnDll.h"
```

次に、既存のmyButton_Clickイベントハンドラーを変更します（**リスト17-6**）。

▼リスト17-6　変更後のmyButton_Clickイベントハンドラー

```
01: void MainWindow::myButton_Click(IInspectable const&,
                                    RoutedEventArgs const&)
02: {
03:     hstring isbn = IsbnText().Text();
04:     if (CheckIsbn(isbn.c_str())) {
05:            messageText().Text(L"");
06:            Uri uri(L"https://iss.ndl.go.jp/thumbnail/" + isbn);
07:            MyWebView().Source(uri);
08:        }
09:        else {
10:            messageText().Text(L"ISBNコードが正しくありません。");
11:        }
12: }
```

3行目でTextBoxコントロールの値をhstring型の変数isbnに代入しています。

4行目でIsbnDll.dllの関数CheckIsbnによって、ISBNコードのチェックを行っています。ISBNコードであると判断されたら5～7行目の処理に入ります。

WebView2コントロールに表示するURLを指定するために、**Uriクラス**を使用します。6行目ではUriクラスのインスタンスを生成し、コンストラクタに書影APIのURLを指定しています。7行目でWebView2コントロールの**Sourceプロパティ**で表示するURLを指定しています。

10行目は入力された文字列がISBNコードではなかった場合の処理で、TextBlockにエラーを表示しています。5行目はその表示をクリアしています。

● SampleRT プロジェクトの実行

ソリューションエクスプローラーから[SampleRT (Desktop)]を選択して、ビルドを実行してください。エラーがないことを確認したら[SampleRT (Package)]を選択してデバッグ実行してください。

画面が起動したら、ISBNコードを入力して[Go]ボタンをクリックしてみてください。

TextBoxコントロールに入力された文字がISBNコードでない場合、**図17-22**のようなエラーが表示されます。

▼図17-22　エラーメッセージの表示

ISBNである場合、WebView2コントロールを通じて書影が表示されます(**図17-23**)。

▼図17-23　WebView2コントロールの表示

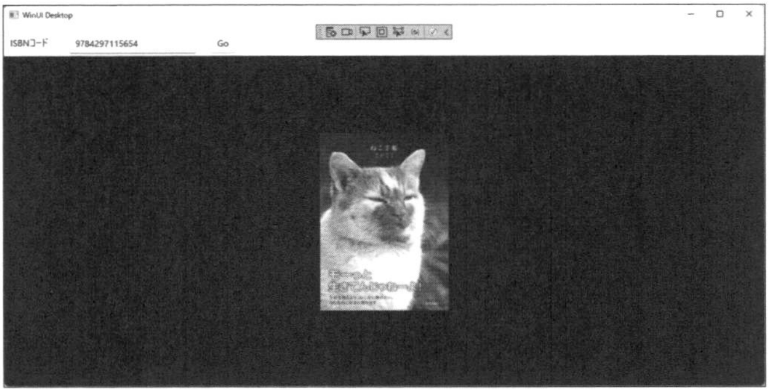

ISBNコードに対する書影情報がなければ、**図17-24**のように表示されます。

▼図17-24　ISBNコードに対する書影情報がない場合の表示

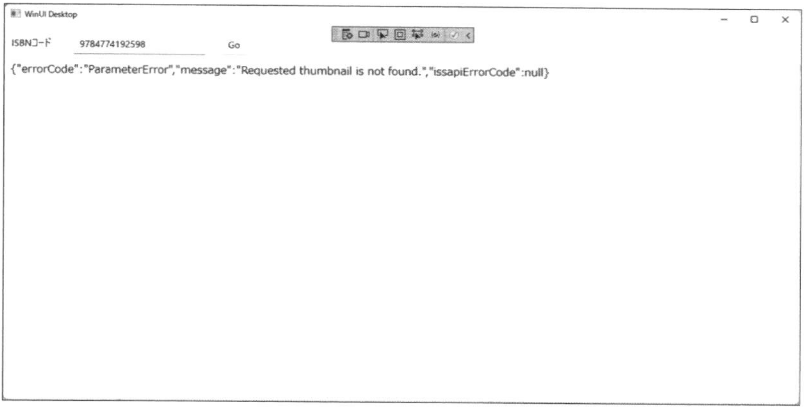

この章のまとめ

- Windowsランタイム（WinRT）は、任意のプログラミング言語を使用して作成した共通モジュールです。このモジュールを使用する際にも、プログラミング言語を選ぶことがない特徴を持っています。

- C++/WinRTは、Visual C++からWindowsランタイムを作成、使用するための言語です。

- Windows App SDKは、従来のMFC、Windowsフォーム、WPFのWin32アプリとUWPアプリの両方で使用することができるランタイムです。

- WinUI 3は、Windows App SDKの中のユーザーインターフェース関連のランタイムです。

《章末復習問題》

練習問題 17-1

リスト17-5を、ボタンを押したらテキストボックスに入力されたURLをブラウザコントロールで表示するように変更してみましょう。

練習問題 17-2

ISBNコードを先頭から12桁入力した結果、13桁目のチェックデジットを求めるUWPアプリを作成してください。

ヒント：

チェックデジットを求めた結果を表示するには、以下のソースコードを使用してください。

```
wchar_t buffer[256];
swprintf_s(buffer, 256, L" チェックデジットは %d です。", checkDigit);
```

2章で説明したprintf_s()はマルチバイト文字用の関数のため、Windowsランタイムで扱えるワイド文字に対応したswprintf_s()を使用して対応します。

解答は P.583 ➡

COLUMN

UWP アプリから Windows API を呼び出す

MFC で作成した DLL を UWP アプリで使用しました。しかし、なぜ MFC の DLL を実行することができたのでしょうか？

ソリューションエクスプローラーで「SampleRT (Desktop)」の参照を開いてみてください。この中に「Visual C++ 2015-2019 Runtime for Universal Windows Platform Apps」という項目があります。これは 8 章で説明した「Microsoft Visual C++ 再頒布可能パッケージ」の UWP 版に相当し、このランタイムにより実行できるようになっています。

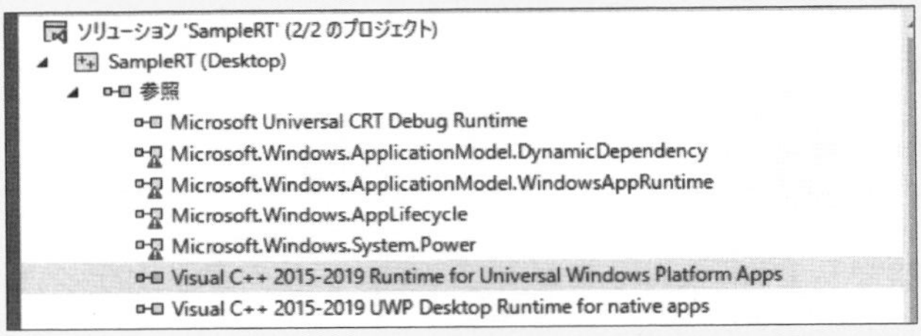

今回使用したライブラリは GUI を伴わない文字列の処理のみでしたので、UWP でも特に問題なく使用することができたのだと思います。MFC で作成した DLL は何でも呼び出せるわけではなく、MFC の内部で使用している Windows API に依存します。使用できる Windows API は Microsoft Docs の API に記載されています。例えば 14 章で学んだ CreateNamedPipe() の要件の「サポートされている最小のクライアント（サーバ）」には以下のように「UWP アプリ」と記載されています。

要件

サポートされている最小のクライアント	Windows 2000 Professional [デスクトップ アプリ |UWP アプリ]
サポートされている最小のサーバー	Windows 2000 Server [デスクトップ アプリ |UWP アプリ]

しかし、例えば GetPrivateProfileString() のように「UWP アプリ」と記載されていなくても動作する API はあります。ただ、ストアアプリに登録することが目的であれば使用を避けた方が無難でしょう。

章末復習問題 解答

1章

【練習問題 1-1】

解答 .NET上でのみ動作するコードのことです。

解説 詳細は **1-02** を参照してください。

【練習問題 1-2】

解答 .NETに依存せずにWindows OS上で直接動作するコードのことです。

解説 詳細は **1-02** を参照してください。

【練習問題 1-3】

解答 ③④

解説 詳細は **1-02** を参照してください。

2章

【練習問題 2-1】

解答 ① ヘッダー
② プロトタイプ
③ インクルード

解説 詳細は **2-05** を参照してください。

【練習問題 2-2】

解答 引数として渡されている変数の内容を変更したい場合。

解説 関数の引数としてポインタを使う場面は、引数として渡されている変数の内容を変更したい場合です。引数として渡されている変数の値を変更しないのであれば、ポインタを使用する必要はありません。詳細は **2-06** を参照してください。

【練習問題 2-3】

解答 ① オブジェクト
② 基底
③ 派生

解説 C++言語がC言語の機能も備えているという意味において、C++言語はC言語を基底クラスとして派生したプログラミング言語であると言えます。詳細は**2-07**を参照してください。

3章

【練習問題 3-1】

解答 ④

解説 詳細は**3-02**を参照してください。

【練習問題 3-2】

解答 多言語に対応している文字コードで表現の幅が広いため。

解説 詳細は**3-02**を参照してください。

【練習問題 3-3】

解答 文字コードの互換性を保つことができるため。

解説 詳細は**3-02**を参照してください。

4章

【練習問題 4-1】

解答 ③

解説 詳細は**4-01**を参照してください。

【練習問題 4-2】

解答 InitInstance関数

解説 詳細は **4-02** を参照してください。

【練習問題 4-3】

解答 「MFC アプリケーションウィザード」の［アプリケーションの種類］で［マルチドキュメント］を選択する。

解説 詳細は **4-01** を参照してください。

5 章

【練習問題 5-1】【練習問題 5-2】【練習問題 5-3】

解答 & 解説

「クラスウィザード」を使用してMFCのCObjectクラスから派生したCTestClassクラスを作成すると、TestClass.hとTestClass.cppファイルが作成されます。

練習問題 5-1 ～ 3 のコード追加がすべて完了すると、TestClass.hは以下のようになります。

```
class CTestClass : public CObject
{
public:
    CTestClass();
    virtual ~CTestClass();
private:
    int TestMethod(DWORD arg1, int * arg2);
    long lTest;
};
```

TestClass.cppは、以下のようになります。

```
#include "pch.h"
#include "MFCApplication1.h"
#include "TestClass.h"
CTestClass::CTestClass()
{
    lTest = 0;
}
CTestClass::~CTestClass()
{
}
int CTestClass::TestMethod(DWORD arg1, int * arg2)
{
```

```
    return 0;
}
```

6章

【練習問題 6-1】

解答 ②

解説 詳細は **6-02** を参照してください。

【練習問題 6-2】

解答 ③または④

解説 詳細は **6-03** を参照してください。

7章

【練習問題 7-1】

解答 以下に解答例を示します。

```
CString furits(_T(" りんご バナナ "));
furits.Insert(4, _T(" みかん "));
```

解説 詳細は **7-01** を参照してください。

【練習問題 7-2】

解答 以下に解答例を示します。

```
CString furits(_T(" りんご バナナ "));
furits.Insert(4, _T(" みかん "));

CFile cFileWrite;
cFileWrite.Open(_T("C:¥¥sample.txt"),
                CFile::modeCreate|CFile::modeWrite);
cFileWrite.Write(furits, furits.GetLength()*sizeof(TCHAR));
cFileWrite.Close();
```

解説 詳細は **7-02** を参照してください。解答例では、C:¥sample.txtにファイルを作成しています。書きこまれたファイルの文字コードはUnicodeのために、ファ

章末復習問題解答

イルをメモ帳で開いても文字化けして読むことができません。メモ帳の［開く］メニューでファイルダイアログを開き、［文字コード］に［UTF-16 LE］を選択してから作成したファイルを開くようにすると、正しい結果が表示されます。

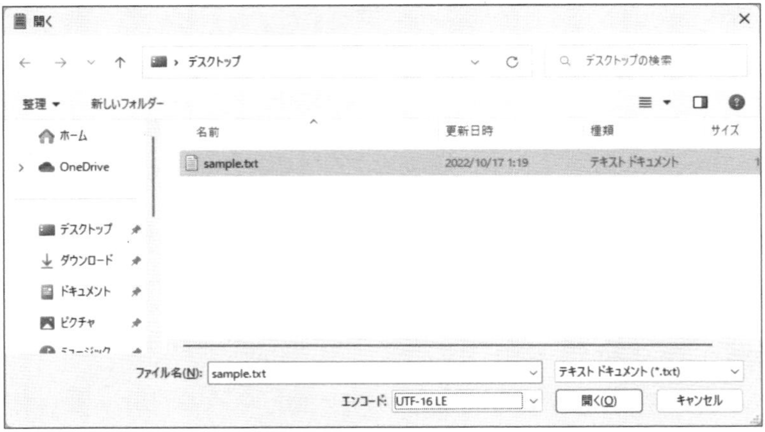

【練習問題 7-3】

解答　2023 年 5 月 16 日

解説　プログラムにより日数を求める例を以下に示します。

```
COleDateTime cTime;
cTime.SetDateTime(2011, 1, 1, 0, 0, 0);
COleDateTimeSpan cSpan;
cSpan.SetDateTimeSpan(500, 0, 0, 0);
cTime += cSpan;
TRACE("¥n***** 2022/1/1の500日後は%Sです。*****¥n", cTime.Format(_T("%Y/%m/%d")));
```

実行すると「出力」ウィンドウには、以下のように出力されます。詳細は、**7-03** を参照してください。

```
***** 2022/1/1 の 500 日後は 2023/05/16 です。****
```

8 章

【練習問題 8-1】

解答 & **解説**

コンボボックスコントロールのTypeプロパティを「ドロップダウン」に変更すると、以下のような画面になります。

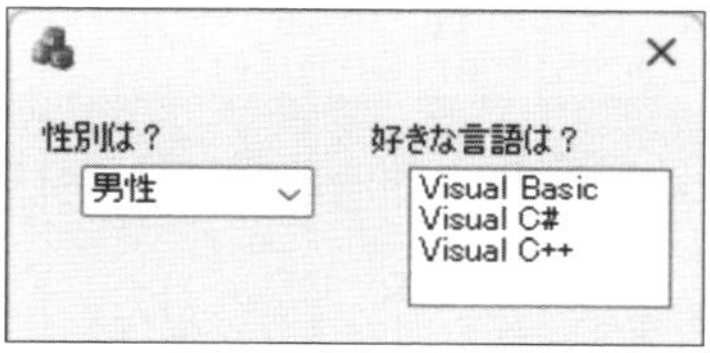

コンボボックスはテキスト入力可能になりますが、ドロップダウンリストにない項目を入力するとどうなるでしょうか？

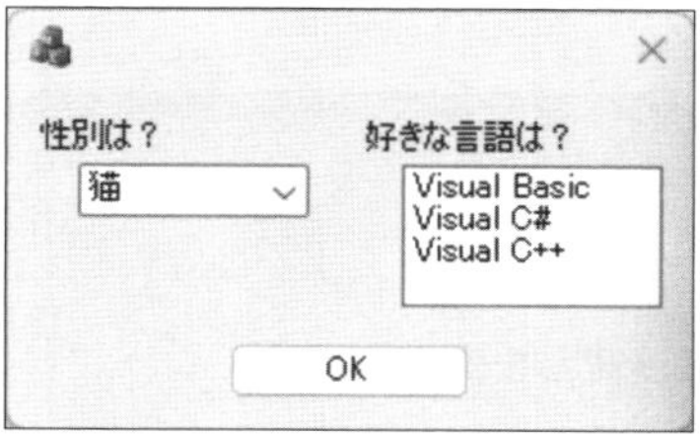

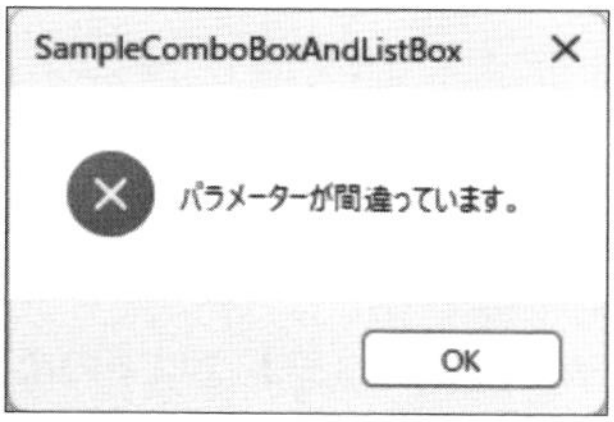

上記のようにエラーメッセージが表示されます。デバッグ実行で確かめるとエラーの理由がわかります。リスト 8-4 の 4 行目でコンボボックスコントロールのGetCurSel関数の戻り値が-1 で返ります。5 行目でGetLBText関数の第一引数に許可されていない範囲の値が設定されたため、MFCが上記のエラーメッセージを表示してプログラムの実行が中断されます。コンボボックスコントロールのTypeプロパティを「ドロップダウン」にした場合は、コントロール変数はカテゴリをValueに設定して文字列を直接取得するようにします。

【練習問題 8-2】

解答 & **解説**

スライダが移動したことを知るにはWM_VSCROLLメッセージを使用します。

「クラスウィザード」画面を開いて［メッセージ］タブを選択します。そして［メッセージ］一覧の中から［WM_HSCROLL］を選択して、［ハンドラーの追加］ボタンを押します。OnVScroll関数が作成されますので、以下のようにコードを記述します。

```
1: void CSampleSliderAndSpinDlg::OnVScroll
   (UINT nSBCode, UINT nPos, CScrollBar* pScrollBar)
2: {
3:     if (*pScrollBar == m_cSlider){
4:         m_cSpin.SetPos32(m_cSlider.GetPos());
5:     }
6:     CDialogEx::OnVScroll(nSBCode, nPos, pScrollBar);
7: }
```

3～5行目が追加したコードになります。横方向のスライダコントロールのコードと変わりありませんね。

9 章

【練習問題 9-1】

解答 & **解説**

リスト 9-2 のコードを以下のように変更します。

```
void CSampleDrawLineDlg::OnPaint()
{
    if (IsIconic())
    {
・・・中略
    }
    else
    {
       CPaintDC dc(this);
       CPen myPen;
       myPen.CreatePen(PS_SOLID, 5, RGB(255,0,0));
       CPen* pOldPen = dc.SelectObject(&myPen);
       dc.MoveTo(10,20);
       dc.LineTo(200,120);
       dc.MoveTo(200,20);
       dc.LineTo(10,120);
       dc.SelectObject(pOldPen);
       CDialogEx::OnPaint();
    }
}
```

14 ～ 15 行目が追加したコードになります。変更したコードの実行結果を以下に示します。

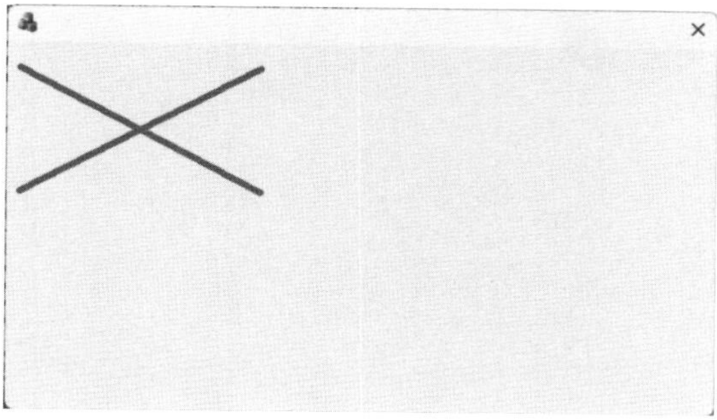

【練習問題 9-2】

解答 & 解説

リスト 9-4 のコードを以下のように変更します。

```
 1: void CSampleDrawRectAndCircleDlg::OnPaint()
 2: {
 3:     if (IsIconic())
 4:     {
・・・中略
 5:     }
 6:     else
 7:     {
 8:         CPaintDC dc(this);
 9:         CPen myPen;
10:         myPen.CreatePen(PS_SOLID, 5, RGB(255,0,0));
11:         CPen* pOldPen = dc.SelectObject(&myPen);
12:         CBrush hatchBrush;
13:         hatchBrush.CreateHatchBrush(HS_VERTICAL, RGB(0,0,0));
14:         CBrush* pOldBrush = dc.SelectObject(&hatchBrush);
15:         dc.Rectangle(10,10,150,100);
16:         CBrush solidBrush;
17:         solidBrush.CreateSolidBrush(RGB(255,0,0));
18:         dc.SelectObject(&solidBrush);
19:         dc.Ellipse(180,10,300,100);
20:         dc.SelectObject(pOldBrush);
21:         dc.SelectObject(pOldPen);
22:         CDialogEx::OnPaint();
23:     }
24: }
```

12 ～ 18 行目が変更したコードになります。変更したコードの実行結果を、以下に示します。

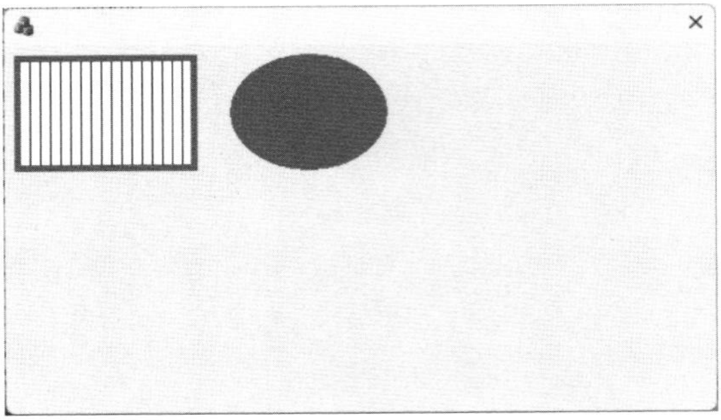

【練習問題 9-3】

解答 & 解説

リスト 9-5 の 12 行目のコードを以下のように変更します。

```
12: _tcscpy_s(lf.lfFaceName, _T("Tahoma"));
```

上記のように変更したコードの実行例を以下に示します。

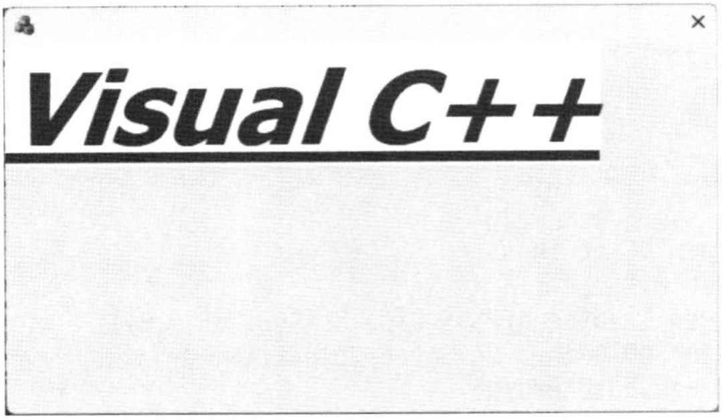

【練習問題 9-4】

解答 & **解説**

リスト 9-7 の 11 行目をコメントにして実行してみましょう。

```
11: dc.SetStretchBltMode(COLORONCOLOR);
```

実行例を以下に示します。

図 9-11 と見比べてみてください。SetStretchBltMode() を指定しない場合は、BLACKONWHITE で描画されることがおわかりかと思います。

10 章

【練習問題 10-1】

解答 & **解説**

10-03 で作成したダイアログ画面を作成します。「クラスウィザード」画面でメンバー変数の追加を行います。「コントロール変数の追加」画面でのメンバー変数の追加例を以下に示します。

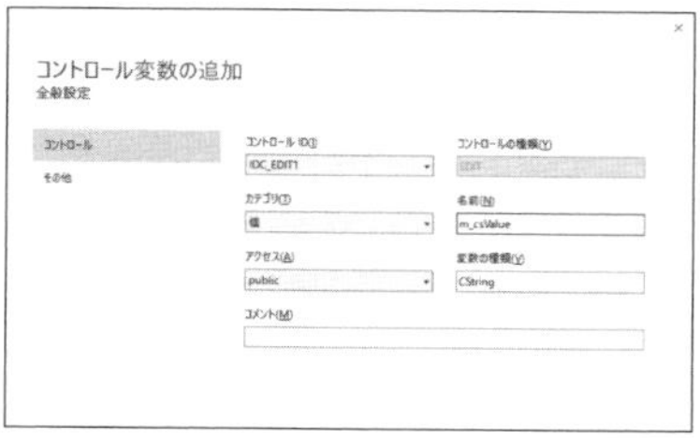

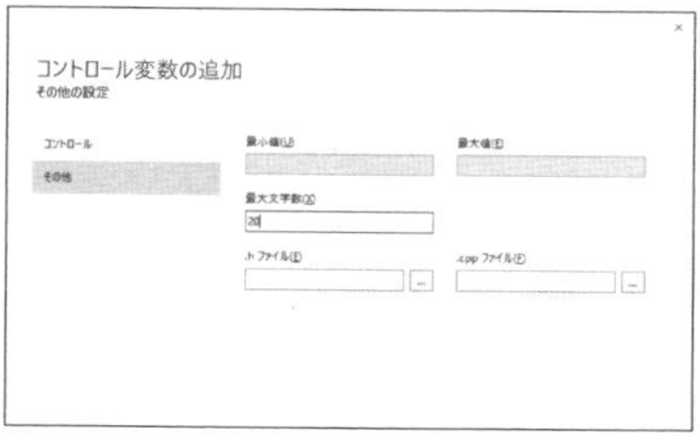

ボタンクリックメッセージハンドラーを作成して、以下のようにコードを追加します。

```
void CSampleDDVDlg::OnClickedButton1()
{
    if (CWnd::UpdateData(TRUE)) {
        CString message = _T(" 入力された値は ")
                                  + m_csValue + _T("です。");
        AfxMessageBox(message);
    }
}
```

作成したコードを実行して、エディットボックスに文字を入力してみましょう。以下に入力例を示します。

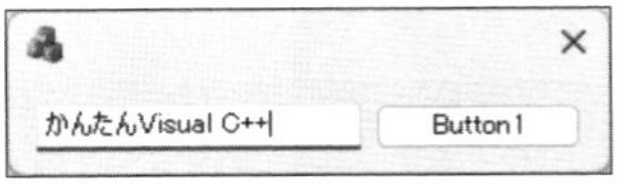

エディットボックスには20文字を超えて入力することができません。ボタンを押すと以下のようにメッセージボックスが表示されます。

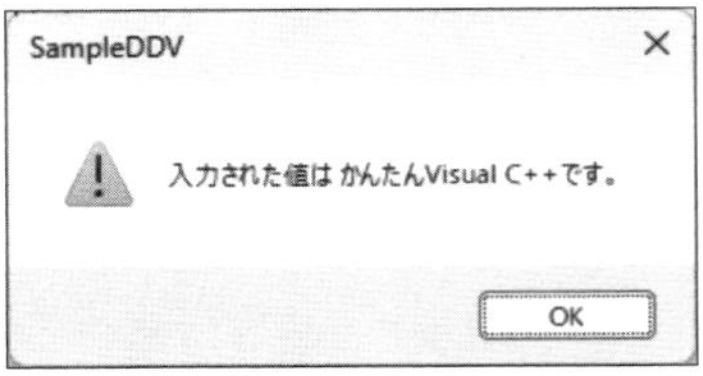

【練習問題 10-2】

解答 ①②③

解説 ①と②は **10-01**、③は **10-02** を参照してください。

11 章

【練習問題 11-1】

解答 & **解説**

新しいMFCアプリケーションプロジェクト「SampleSDIEditView」を作成したとして説明します。 MFCアプリケーションウィザードの「アプリケーションの種類」画面では「単一のドキュメント」を選択します。

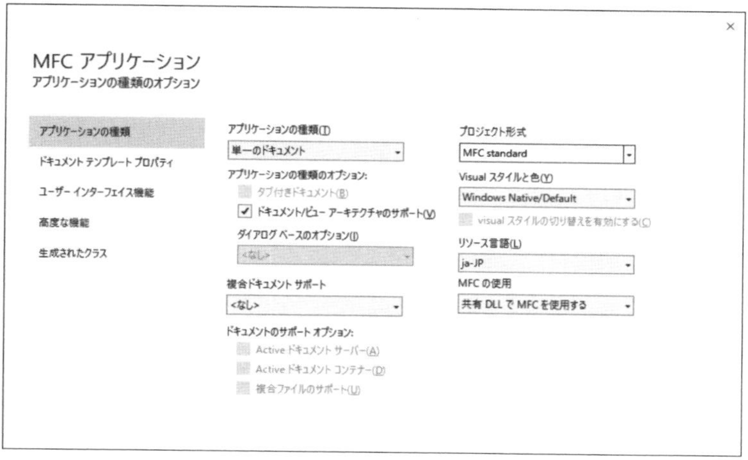

「生成されたクラス」画面では、[基底クラス] に [CEditView] を選択します。

作成したプロジェクトをビルドしてデバック実行してみましょう。下記のようにメモ帳のようなアプリケーションを簡単に作成することができます。

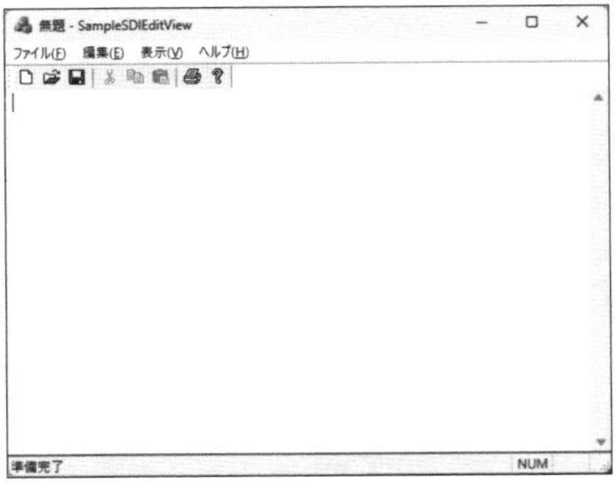

【練習問題 11-2】

解答 & 解説

新しいMFCアプリケーションプロジェクト「SampleHtmlView」を作成したとして説明します。MFCアプリケーションウィザードの「生成されたクラス」画面では、［基底クラス］に［CHtmlView］を選択します。

作成したプロジェクトをビルドするとビルドエラーが発生すると思います。エラーの発生個所はSampleSDIHtmlViewView.cppのOnInitialUpdate()です。

```
1: void CSampleSDIHtmlViewView::OnInitialUpdate()
2: {
3:     CHtmlView::OnInitialUpdate();
4:     Navigate2(
       _T("http://msdn.microsoft.com/ja-jp/visualc/default.aspx"),
          nullptr, nullptr);
5: }
```

4行目のNavigate2()はCHtmlViewクラスのメンバー関数で、第一引数 に開くサイトを指定します。第二、第三引数のnullptrはNULLと同じ意味です。Navigate2()は3つのオーバーロード関数があり、3つ引数を指定するオーバーロード関数は第一引数が文字列型ではなく、型が一致しないことがビルドエラーの原因です。第二、第三引数を削除することでビルドエラーを簡単に解消できます。以下のように、第一引数で指定されているURLをお好みのサイトに変更して実行してみてください。

```
4:     Navigate2(_T("https://gihyo.jp/");
```

CHtmlViewクラスはInternet Explorerベースのブラウザコントロールを使用しているため、指定したURLによっては非推奨のブラウザを使用していると表示されたり、JavaScriptの実行でエラーが発生するかもしれません。

12 章

【練習問題 12-1】

解答 & **解説**

新しいMFCダイアログベースのプロジェクト「Question12-1」を作成したとして説明します。

ダイアログ画面を以下のように作成します。

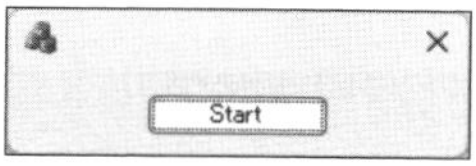

「クラスウィザード」を使用して、以下の関数を作成します。

```
public:
   static UINT ThreadProc(LPVOID pParam);
```

作成した関数を以下のようにコードを追加します。

```
UINT CCuestion121Dlg::ThreadProc(LPVOID pParama)
{
    Sleep(1000);
    return 0;
}
```

ダイアログ画面のボタンクリックメッセージハンドラーを追加します。ボタンのコントロールIDはIDC_BUTTON1として説明します。
追加したボタンクリックメッセージハンドラーを、以下のようにコードを追加します。

```
1: void CCuestion121Dlg::OnClickedButton1()
2: {
3:     CWinThread* pThread = AfxBeginThread(ThreadProc,NULL);
4:     WaitForSingleObject(pThread->m_hThread,INFINITE);
5: }
```

3、4行目が追加したコードになります。ここまで作成したコードをビルドしてデバッグ実行してください。ボタンを押すと同時に画面が停止した状態になりますが、1秒後にボタンが再び押せるような状態になります。

【練習問題 12-2】

解答 & **解説**

新しいMFCダイアログベースのプロジェクト「Question12-2」を作成したとして説明します。
【練習問題 12-1】 と同じダイアログ画面を作成します。「クラスウィザード」を使用して、以下のメンバー変数を追加します（表 12-10と同じ変数です）。

```
public: CEvent m_cEvent;
```

【練習問題 12-1】 と同じThreadProc関数を追加して、コードを以下のように作成します。

```
UINT CQuestion122Dlg::ThreadProc(LPVOID pParam)
{
    CQuestion122Dlg* pDlg = (CQuestion122Dlg*)pParam;
    Sleep(1000);
    pDlg->m_cEvent.SetEvent();
    return 0;
}
```

ダイアログ画面のボタンクリックメッセージハンドラーを追加して、以下のようにコードを作成します。

```
void CQuestion122Dlg::OnClickedButton1()
{
    AfxBeginThread(ThreadProc,this);
    CSingleLock lock(&m_cEvent);
    lock.Lock();
}
```

ここまで作成したコードをビルドして、デバッグ実行してください。**【練習問題 12-1】**と同様の動作になります。

【練習問題 12-3】

解答 ①

解説 同時に２つまでアクセス可能なように排他制御を行うことができるのは、CSemaphore クラスだけです。

13 章

【練習問題 13-1】

解答 & **解説**

13-03 で作成した「SampleSocketAsync」プロジェクトを利用して説明します。ダイアログ画面に［切断］ボタンを以下のように追加します。

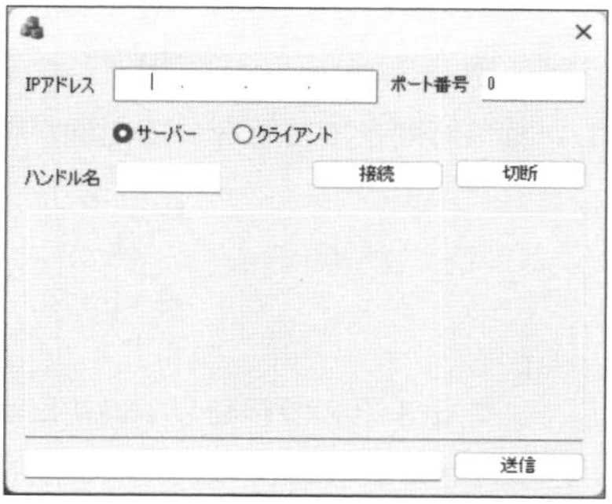

「クラスウィザード」を使用して、［切断］ボタンクリックメッセージハンドラーを追加します。追加したボタンコントロールの ID は、IDC_BUTTON3 として説明します。ボタンクリックメッセージハンドラーに以下のようにコードを作成します。

```
void CSampleSocketAsyncDlg::OnClickedButton3()
{
    if(m_cAsyncSock! = NULL) m_cAsyncSock.Close();
    if(m_cLitenerSock! = NULL) m_cLitenerSock.Close();
}
```

【練習問題 13-2】

解答 ① Create　② Listen　③ Create　④ Connect
⑤ Accept　⑥ Send　⑦ Receive　⑧ Close

解説 **13-02** を参照してください。

14 章

【練習問題 14-1】

解説 **14-01** の「iniファイルを読み込むには?」で説明した構文の通り、GetPrivateProfileString関数の第三引数で設定している文字列が取得されることを確認しましょう。

【練習問題 14-2】

解説 クライアントを先に実行すると何の反応もありませんね・・。ステップ実行して動作を確認してみましょう。リスト14-6の19行目のWaitNamedPipe関数の実行で即座に処理が完了します。WaitNamedPipe()で指定した名前を持つパイプが存在しないと、設定した待ち時間まで待たないで処理が終わることがわかります。

【練習問題 14-3】

解説 実際に動作を確認してみましょう。プロセスを2つ起動して最初に起動したプロセスを先に終了します。残ったプロセスが［取得］ボタンや［書込］ボタンを押しても問題は発生しません。

CreateFileMapping()により作成されたファイルマッピングオブジェクトは、それを使用しているすべてのプロセスがUnmapViewOfFile()とCloseHandle()を呼ぶまで、オブジェクトが閉じられない仕組みになっています。

15章

【練習問題 15-1】

解答 & **解説**

15-02 で作成した「SampleDll」ソリューションとDLLを使用して説明します。
「SampleDll」ソリューションに、新しいMFCダイアログベースのプロジェクト「Question15-1」を作成します。
ダイアログ画面を以下のように編集します。

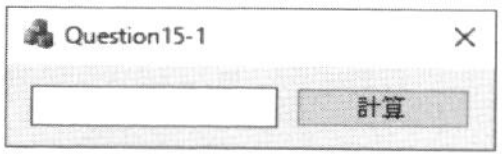

エディットコントロールに **15-04** の表15-1のメンバー変数m_csIsbnを追加します。暗黙的なリンクを作成するために、**15-04** の「暗黙的なリンクを使用するには？」で説明した手順を実施してIsbnDllを使用できるように準備を行います。
「クラスウィザード」を使用して、[計算] ボタンクリックメッセージハンドラーを追加します。追加したボタンコントロールのIDはIDC_BUTTON1として説明します。ボタンクリックメッセージハンドラーに以下のようにコードを作成します。

```
void CQuestion151Dlg::OnClickedButton1()
{
   CWnd::UpdateData(TRUE);
   int iCheckDigit = GetCheckDigit(m_csIsbn);
   CString csMessage;
   csMessage.Format(_T(" チェックデジットは %d です。"), iCheckDigit);
   MessageBox(csMessage);
}
```

ここまで作成したコードをデバッグ実行してください。

【練習問題 15-2】

解答 & **解説**

15-02 で作成した「SampleDll」ソリューションとDLLを使用して説明します。
「SampleDll」ソリューションに、新しいMFCダイアログベースのプロジェクト「Question15-2」を作成します。

ダイアログ画面は**練習問題 15-1** と同様に作成します。

「クラスウィザード」を使用して、［計算］ボタンクリックメッセージハンドラーを追加します。作成されたハンドラーの直前にエクスポート関数を以下のように定義します。

```
typedef int GetCheckDigit(LPCTSTR lpIsbn);
```

［計算］ボタンクリックメッセージハンドラーに以下のようにコードを作成します。

```
void CQuestion152Dlg::OnClickedButton1()
{
    CWnd::UpdateData(TRUE);
    HMODULE hDll = LoadLibrary(_T(".¥¥IsbnDll.dll"));
    if(hDll != NULL) {
        GetCheckDigit* pGetCheckDigit =
         (GetCheckDigit*)GetProcAddress(hDll,"GetCheckDigit");
        if (pGetCheckDigit != NULL) {
            int iCheckDigit = pGetCheckDigit(m_csIsbn);
            CString csMessage;
           csMessage.Format(_T(" チェックデジットは %d です。"),
           iCheckDigit);
           MessageBox(csMessage);
        }
    }
}
```

ここまで作成したコードをデバッグ実行してください。実行結果は**練習問題 15-1** と同様になります。

16章

【練習問題 16-1】

解答 & 解説

SampleAPI.hに関数宣言を追加します。ここでは例としてWriteString()という関数を以下のように追加したこととして説明します。

```
bool WriteString(String^ lpAppName, String^ lpKeyName,
String^ lpString, String^ lpFileName);
```

SampleApi.cppに以下のように関数を作成します。

```
bool PrivateProfile::WriteString(String^ lpAppName,
     String^ lpKeyName, String^ lpString, String^ lpFileName)
{
     return ::WritePrivateProfileString(
            context->marshal_as<LPCTSTR>(lpAppName),
            context->marshal_as<LPCTSTR>(lpKeyName),
            context->marshal_as<LPCTSTR>(lpString),
            context->marshal_as<LPCTSTR>(lpFileName));
}
```

【練習問題 16-2】

解答 & 解説

16-03 で使用したSampleDllソリューションを利用して説明します。IsbnDllCLRプロジェクトのIsbnDllCLR.hにコードを追加します。リスト16-12のIsbnクラスに、以下のようにメソッドを追加します。

章末復習問題解答

```
public: static int GetCheckDigitCLR(String^ isbn)
{
    marshal_context^ context = gcnew marshal_context();
    return GetCheckDigit(context->marshal_as<LPCTSTR>(isbn));
}
```

リスト 16-3 で作成したWindowsフォームを使用して動作を確認してみましょう。リスト 16-14 のボタンクリックイベントを以下の通りに修正します。

```
private: System::Void button1_Click(
            System::Object^ sender, System::EventArgs^ e)
{
    int checkDigit =
            IsbnDllCLR::Isbn::GetCheckDigitCLR(this->textBoxIsbn->Text);
    MessageBox::Show(" チェックデジットは " + checkDigit.ToString() + " です。");
}
```

ここまで作成したコードをデバッグ実行してください。実行例を以下に示します。

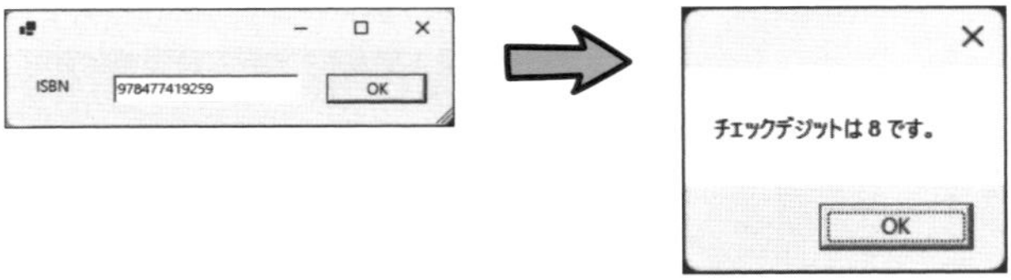

17 章

【練習問題 17-1】

解答 & 解説

リスト 17-5 を以下のように修正します。

```
void MainWindow::myButton_Click(
        IInspectable const&, RoutedEventArgs const&)
{
    hstring site = IsbnText().Text();
    Uri uri(site);
    MyWebView().Source(uri);
}
```

実行例を以下に示します。

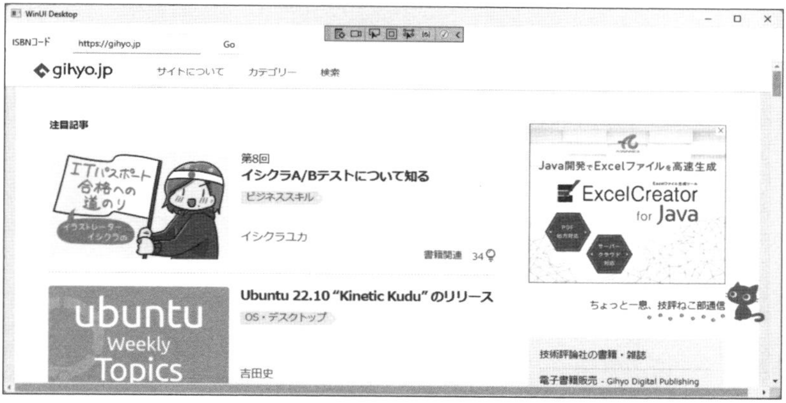

【練習問題 17-2】

解答 & 解説

リスト 17-5 を以下のように修正します。

```
void MainWindow::myButton_Click(
        IInspectable const&, RoutedEventArgs const&)
{
    hstring isbn = IsbnText().Text();
    int checkDigit = GetCheckDigit(isbn.c_str());
    wchar_t buffer[256];
    swprintf_s(buffer, 256, L"チェックデジットは %d です。", checkDigit);
    messageText().Text(buffer);
}
```

実行例を以下に示します。

索引 Standard Textbook of Programming Language

記号

A

B

C

H

I

J·K

L

M

N

O

P

R

S

T

U

V

W･X･Z

あ行

か行

さ行

た行

な行

は行

ま・や行

ら・わ行

【著者略歴】
堀 義博（ほり よしひろ）
神奈川県在中のシステムエンジニア。1999 年から IT 業界に従事し、その当時から MFC を使用した業務システムの開発に携わる。数年前までは Visual C++ を使用する機会がなかったところ、最近何故か使う機会が多くなり、「C# は楽だ」と思う今日この頃。

かんたん Visual《ビジュアル》 C++《シープラスプラス》 ［改訂 3 版《かいていさんぱん》］

2011 年　6 月 25 日　初　版　第 1 刷発行
2017 年　10 月 26 日　第 2 版　第 1 刷発行
2022 年　12 月　9 日　第 3 版　第 1 刷発行

著　者　堀《ほり》　義博《よしひろ》
発行者　片岡　巌
発行所　株式会社技術評論社
東京都新宿区市谷左内町 21-13
電話　03-3513-6150 販売促進部
03-3513-6160 書籍編集部

印刷／製本　株式会社加藤文明社

定価はカバーに表示してあります。

ISBN978-4-297-13126-5 C3055
Printed in Japan

装丁 ● 田邉恵里香
本文デザイン ● イラスト工房（株式会社アット）
朝日メディアインターナショナル株式会社
和田奈加子
編集 ● 原田崇靖
DTP ● 安達恵美子

宛先：〒 162-0846
東京都新宿区市谷左内町 21-13
株式会社技術評論社 書籍編集部
「かんたん Visual C++ ［改訂 3 版］」質問係
FAX：03-3513-6167